U0186312

Python
数据分析与可视化
从入门到精通

高博 刘冰 李力◎编著

北京大学出版社
PEKING UNIVERSITY PRESS

内 容 提 要

本书以"零基础"为起点，系统地介绍了 Python 在数据处理与可视化分析方面的应用。全书内容共分 3 篇 12 章，具体安排如下。

第 1 篇：基础篇，包括第 1~4 章。主要介绍了 Python 语言的基本情况与现状、环境搭建与软件安装，以及 Python 语言的基本知识。

第 2 篇：应用篇，包括第 5~11 章。主要介绍了 Python 的数据存取方法、数据清洗和预处理、大数据可视化分析基础，以及 2D、3D 等图形的绘制与可视化分析的方法与相关应用。

第 3 篇：实战篇，包括第 12 章。以抓取中国天气网相关数据存入 MySQL 数据库，并绘制相应图形为主线，综合本书各章知识点，介绍了数据采集、清理、保存及绘制可视化图形的基本步骤和方法。

本书既适合希望从事 Python 数据处理与可视化的用户学习，也适合作为广大职业院校相关专业参考用书，还可作为相关培训班的教材用书。

图书在版编目（CIP）数据

Python 数据分析与可视化从入门到精通 / 高博，刘冰，李力编著 . —— 北京：北京大学出版社，2020.2

ISBN 978-7-301-31048-9

Ⅰ . ① P… Ⅱ . ① 高… ② 刘… ③ 李… Ⅲ . ① 软件工具 – 程序设计 Ⅳ . ① TP311.561

中国版本图书馆 CIP 数据核字 (2020) 第 015608 号

书　　　名	Python数据分析与可视化从入门到精通	
	PYTHON SHUJU FENXI YU KESHIHUA CONG RUMEN DAO JINGTONG	
著作责任者	高博 刘冰 李力　编著	
责 任 编 辑	张云静	
标 准 书 号	ISBN 978-7-301-31048-9	
出 版 发 行	北京大学出版社	
地　　　址	北京市海淀区成府路205 号　　100871	
网　　　址	http://www.pup.cn　　　新浪微博：@ 北京大学出版社	
电 子 信 箱	pup7@ pup.cn	
电　　　话	邮购部 010–62752015　发行部 010–62750672　编辑部 010–62570390	
印 刷 者	河北滦县鑫华书刊印刷厂	
经 销 者	新华书店	
	787毫米 × 1092毫米　16开本　21印张　471千字	
	2020年2月第1版　2021年11月第5次印刷	
印　　　数	10001–13000册	
定　　　价	79.00元	

前言
Preface

大数据时代，Python 数据分析与可视化之利器

为什么写这本书？

时至今日，大数据已经进入了千家万户。新闻推送、广告植入、教育培训……无一不是应用了大数据的结果，就连垃圾分类也应用了大数据技术进行分析和跟踪。面对铺天盖地的大数据，怎样才能快速发现其中的趋势、找到数据走势，从而改变工作模式，这是摆在数据工作者面前的难题。数据可视化借助图形化手段，能够清晰有效地传达与交流信息，并提供一种快速有效的发现数据特点的直观方式。Python 语言天生具有处理数据和绘制图形的优势，当仁不让地成为数据可视化的最佳编程语言。

作为一种脚本语言，Python 已经存在很长时间了，但最近几年突然成为热点。究其原因，是人们发现 Python 在处理大数据、数据可视化、操作云计算、维护虚拟化等方面具有得天独厚的优势。

（1）Python 有庞大的库和组件，可以快速处理大量数据、绘制可视化图形、操作数据库、进行网络编程、开发桌面和 Web 应用、实现人工智能等。

（2）Python 是一种面向对象的现代语言，有其他编程语言基础的人很容易学习和上手。

（3）Python 是免费和开源的。

可以说，掌握了 Python 语言，就达到了"一览众山小"的境界。

同时，Python 语言的 NumPy、SciPy 库能够非常快速和方便地操作大量数据、进行科学计算，Matplotlib 库能够以简洁的代码绘制出漂亮的图形，灵活、准确地运用好 Python 的各种库和组件，就能够实现数据可视化的目的。为此，本书从 Python 语言基础出发，带领读者重点学习如何使用 Python 语言采集数据、存储数据、清理和分析数据，以及将数据绘制成 2D、3D 图形等相关知识，以简单明了的方式让读者尽快了解如何使用 Python 进行数据分析和可视化。

这本书有什么特点？

本书力求简单实用、深入浅出、快速上手。全书内容分为 3 篇 12 章，从 Python 环境搭建和语言基础，到数据清理、分析和绘制可视化图形，以及最后的完整案例，覆盖了 Python 数据分析与可视化开发的整个生命周期。从整体上来看，本书有以下特点。

（1）没有高深理论，每章都以实例为主，读者参考书中源码运行，就能得到与书中一样的结果。

（2）专注于 Python 数据分析与可视化操作中实际用到的技术。相比大而全的书籍资料，本书能让读者尽快上手，开始项目开发。

（3）书中的"新手问答"和"小试牛刀"栏目能让读者尽快巩固知识，举一反三，学以致用。

本书既适合 Python 新手入门，一步步学懂弄通书中的每个知识点，快速掌握 Python 常用功能；也适合 Python 老手回顾所学、查漏补缺，提升自己在数据采集、数据分析与处理、图形绘制与数据可视化等方面的能力。

这本书里写了些什么？

本书内容分为 3 篇共 12 章，具体结构如下。

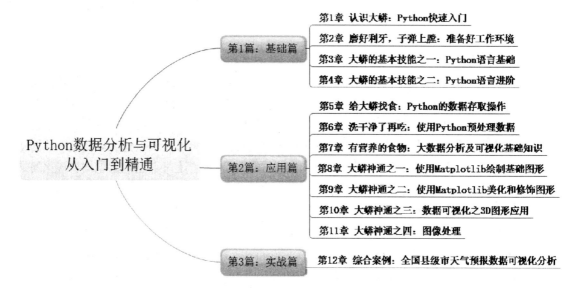

内容讲解介绍如下。

第1篇：基础篇，包括第1~4章。主要介绍了Python语言的基本情况与现状、环境搭建与软件安装，以及Python语言的基本知识。

第2篇：应用篇，包括第5~11章。主要介绍了Python的数据存取方法、数据清洗和预处理、大数据可视化分析基础，以及2D、3D等图形的绘制与可视化分析的方法及相关应用。

第3篇：实战篇，包括第12章。以抓取中国天气网相关数据存入MySQL数据库，并绘制相应图形为主线，综合本书各章知识点，介绍了数据采集、清理、保存及绘制可视化图形的基本步骤和方法。

通过这本书能学到什么？

通过本书能学到以下知识和技能。

（1）了解 Python 基本概念和背景、语言特点、发展历史等背景知识，掌握 Python 的安装与配置，了解常见 Python 开发工具并掌握其中一款。

（2）掌握 Python 语言的基本语法，了解 Python 读写文件和操作 MySQL 数据库的方法。了解网络爬虫的基本知识、原理，熟悉 Beautiful Soup 库的简单用法。

（3）了解数据清洗和预处理的概念和原则，掌握脏数据的清洗方法，掌握使用 Pandas 库预处理数据的基本方法和步骤。

（4）了解大数据的特征和发展趋势，掌握分析大数据的六个主要环节（阶段）及各个环节（阶段）的特点，掌握如何使用 NumPy 处理多维数组数据，掌握如何使用 SciPy 完成高级数学计算。

（5）掌握使用 Matplotlib 绘制各种常见可视化图形的方法，掌握使用 Mplot3 绘制 3D 柱状图、3D 直方图和 3D 曲面图的方法；掌握使用 Matplotlib 制作简单的动画图形的方法；掌握使用 PIL 批量处理图片文件、生成 CAPTCHA 图像的方法；掌握对可视化图形的美化和修饰方法。

除了书，您还能得到什么？

（1）赠送：案例源码。提供与书中案例相关的源码，方便读者学习参考。

（2）赠送：Python 常见面试题精选（50 道），旨在帮助读者在工作面试时提升过关率。习题见附录，具体答案参见下方的资源下载。

（3）赠送：《微信高手技巧随身查》《QQ 高手技巧随身查》《手机办公 10 招就够》三本电子书，教会读者移动办公的诀窍。"5 分钟学会番茄工作法"视频教程，教会读者在职场之中高效地工作、轻松应对职场那些事儿，真正让读者"不加班，只加薪"！"10 招精通超级时间整理术"视频教程，专家传授 10 招时间整理术，教会读者如何整理时间、有效利用时间。

温馨提示：以上资源，请用微信扫一扫下方任意二维码关注公众号，输入代码 H2020435，获取下载地址及密码。

本书由凤凰高新教育策划，由高博、刘冰、李力三位老师合作创作。在本书的编写过程中，我们竭尽所能地为您呈现最好、最全的实用内容，但仍难免有疏漏和不妥之处，敬请广大读者不吝指正。

读者信箱：2751801073@qq.com

读者交流QQ群：725510346

作者简介

高博，高级工程师，在读博士。主要研究方向为云计算与大数据、数据可视化等，熟悉.Net、PHP、Python，DevOps，MySQL、SQLServer等技术或工具。作为第一作者编写了《Discuz! 社区管理员实用教程》《代码的力量——Discuz!源码分析与插件开发实例进阶》《PHP+MySQL+AJAX Web开发给力起飞》，参与编写了《Web 2.0社区网站实用宝典》《ASP.NET 4.0 MVC敏捷开发给力起飞》《Java Web应用开发给力起飞》等书籍。近年来主持、参与省部级纵向课题3项，参与纵向、横向课题16项，获得软件著作权12项。

刘冰，博士研究生，重庆邮电大学理学院教师，先后翻译出版程序设计、图像处理、计算机视觉等领域译著4部，编写教材5部，获发明专利2项，发表SCI/EI论文4篇，参与国家级、省部级项目3项。荣获重庆邮电大学优秀班主任、优秀班导师、优秀青年教师等荣誉称号。

李力，毕业于西安交通大学计算机学院，现工作于教育考试招生战线，曾长期在国防军工单位从事网络战、信息战研究，擅长需求分析与设计，作为第一作者编写了《Delphi从入门到精通》《VC++实战案例》等书籍，参与纵、横向课题12项，获得软件著作权4项。

目录
Contents

第 1 篇　基础篇

第 2 篇 应用篇

第 3 篇　实战篇

第 1 篇

基础篇

古语有云："不积跬步，无以至千里"。本篇主要介绍Python的基本概念和发展历史、Python的开发环境和第三方库在Windows和Mac操作系统上的安装方法，以及Python语言编程的基本语法和基础知识。初级读者学习完本篇内容，将掌握Python语言的基础知识，为后续学习数据分析和可视化等内容打下基础；中高级读者可快速浏览本篇内容，作为对已掌握知识的回顾。

第1章

认识大蟒：Python快速入门

 本章导读

　　本章主要介绍了Python的基本概念、发展历史、语言特点和应用领域等方面的内容，便于读者学习和掌握Python语言的基本情况。通过对本章内容的学习，读者应掌握Python语言的版本号规则，以及解释型和编译型两类语言的优缺点。

 知识要点

读者学习完本章内容后能掌握以下知识和技能：

- Python的基本概念和背景
- Python的特点
- Python的发展历史
- Python的应用领域
- Python的版本号规则

1.1 什么是大蟒（Python）

Python（英语发音 /'paiθən/）本意是大蟒，在计算机领域通常特指一种面向对象、解释型的计算机程序设计语言，是一种功能强大的通用型语言，具有近二十年的发展历史，成熟且稳定。它包含一组完善而且容易理解的标准库，能够轻松完成很多常见的任务。Python 的语法非常简洁和清晰，与其他计算机程序设计语言最大的不同在于，它采用缩进来定义语句块。Python 简洁的语法和对动态输入的支持，再加上解释性语言的本质，使它在很多领域都是一种理想的脚本语言。

Python 支持命令式编程、面向对象程序设计、函数式编程、面向切面编程、泛型编程等多种编程方式。与 Scheme、Ruby、Perl、Tcl 等动态语言一样，Python 具备垃圾自动回收功能，能够自动管理内存。Python 经常被用作脚本语言来处理系统管理任务和 Web 编程，当然它也非常适合完成各种高阶任务。Python 虚拟机本身几乎可以在所有的操作系统中运行。使用诸如 py2exe、PyPy、PyInstaller 之类的工具，可以将 Python 源代码转换成可以脱离 Python 解释器执行的程序。

Python 目前由 Python 软件基金会管理。由于 Python 语言的相关技术正在飞速发展，因此用户数量也随之迅速增长。

1.2 Python 是位"年轻的老同志"

Python 语言起源于 1989 年末，当时 CWI（荷兰国家数学与计算机科学研究中心）的研究员 Guido van Rossum 需要一种高级脚本编程语言，为其研究小组的 Amoeba 分布式操作系统执行管理任务。为创建新语言，他从高级数学语言 ABC（ALL BASIC CODE）中汲取了大量语法，并从系统编程语言 Modula-3 中借鉴了错误处理机制。他把这种新的语言命名为 Python（大蟒），Python 来源于 BBC 当时正在热播的喜剧连续剧 *Monty Python's Flying Circus*，他希望这个新的叫作 Python 的语言能符合他的理想：处于 C 和 Shell 之间，且功能全面、易学易用、可拓展。

1991 年，第一个 Python 编译器诞生了。它是用 C 语言实现的，能够调用 C 语言的库文件。从一出生，Python 就具有类、函数、异常处理、包含表和词典在内的核心数据类型，以及以模块为基础的拓展系统。

Python 语法大多来自 C 语言，却又受到 ABC 语言的强烈影响。一方面，ABC 语言的一些语法规定直到今天还有争议，如强制缩进。不过，这些语法规定让 Python 更容易阅读。另一方面，Python 聪明地选择了服从一些惯例，特别是 C 语言的惯例，如回归等号赋值。Guido 认为，基于常识确立的内容，没有必要过度纠结。

Python 从一开始就特别在意可拓展性，它可以在多个层次上拓展。在高层可以直接引入 .py 文件，在底层可以引用 C 语言的库。Python 程序员可以快速地使用 Python 写 .py 文件作为拓展模块。但将性能作为考虑的重要因素时，Python 程序员可以深入底层写 C 程序，并将其编译为 .so 文件引入 Python 中使用。这就像使用钢结构建房一样，先规定好大的框架，然后由程序员在此框架下相当自由地进行拓展或更改。

Python 的核心开发者和使用者最开始只有 Guido 和他的同事，后来才逐渐扩展到团队外。Python 早期通过邮件列表来进行交流和开发，用户将改动发给 Guido，由他来决定是否将这些新特性添加到 Python 中，由于 Guido 拥有至高无上的决策权，因此他被称为"终身的仁慈独裁者"。随着社区的发展壮大，Python 的开发逐渐转为开源的方式，遵循 GPL(General Public License) 协议并通过一套 PEP 文档审核流程来合作开发。从此，Python 的开发工作由社区大部分人分担，但 Guido 作为核心开发者，仍决定着 Python 的发展方向。

以下是 Python 版本发展过程中的重要时间点。

（1）1989 年圣诞节，Guido von Rossum 开始写 Python 语言编译器。

（2）1991 年 2 月，第一个 Python 编译器（同时也是解释器）诞生，它是用 C 语言实现的（后面又出现了用 Java 和 C# 实现的版本——Jython 和 IronPython，以及 PyPy、Brython、Pyston 等其他实现），可以调用 C 语言的库函数。在最早的版本中，Python 已经提供了对"类""函数""异常处理"等构造块的支持，同时提供了"列表""字典"等核心数据类型，另外还支持以模块为基础的扩展系统。

（3）1994 年 1 月，Python 1.0 正式发布。

（4）2000 年 10 月 16 日，Python 2.0 发布，增加了垃圾回收功能，并且支持 Unicode。与此同时，Python 的整个开发过程更加透明，社区对开发进度的影响逐渐扩大，生态圈开始慢慢形成。

（5）2004 年 11 月 30 日，Python 2.4 发布，是 Python 2.x 的经典实用版本。2005 年，Python 中流行的开发框架 Django 发布。

（6）2008 年 12 月 3 日，Python 3.0 发布，此版本不完全兼容之前的 Python 代码，不过很多新特性后来也被移植到旧的 Python 2.6/2.7 版本中，直到现在还有公司在项目和运维中使用 Python 2.x 版本的代码。

（7）2008 年 10 月，Python 2.6 发布。随后，增加了许多兼容 Python 3 的语法，和后来发布的 Python 2.7 成为 Python 2.x 的过渡版本。

（8）2010 年 7 月，Python 2.7 发布。同年，Python 中流行的 Flask 框架发布，该框架一经发布便以简单、自定义的特性迅速"蹿红"，现在已与 Django 共同成为 Python 语言中最受欢迎的两大 Web 框架。

（9）2014 年 4 月，Guido 宣布 Python 2.7 的技术支持时间延长到 2020 年，且不会再有 Python 2.8 了。

（10）2016 年 12 月，Python 3.6 发布。

（11）2018 年 12 月，Python 3.7.2rc1 发布，这是截至本书写作时 Python 3.x 分支的最新版本。

温馨提示：Python的版本号规则

Python 的版本号分为三段，形如 A.B.C。A 表示大版本号，一般当整体重写或出现不向后兼容时增加 A；B 表示功能更新，出现新功能时增加 B；C 表示小的改动（如修复了某个 Bug），只要有修改就增加 C。

截至 2019 年 6 月，Python 在 TIOBE 语言排行榜上跃居第三名，且还有继续上升的趋势，如图 1-1 所示。

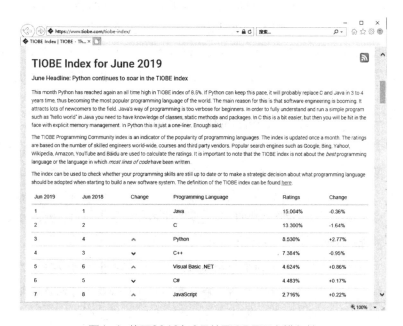

图1-1　截至2019年6月的TIOBE语言排行榜

1.3 Python语言有什么特点

Python 语言主要有以下特点。

（1）简单：Python 是一种代表简单主义思想的语言，阅读一个良好的 Python 程序就像是在读英语一样。Python 的这种伪代码本质是其最大的优点，使用用户能够专注于解决问题而不是语言本身。

（2）易学：Python 有极其简单的语法，非常容易入门。

（3）免费、开源：用户可以自由地发布它的复制版本、阅读它的源代码、对它做改动、把它的一部分用于新的自由软件中。

（4）高层语言：使用 Python 语言编写程序时，无须考虑如何管理程序使用的内存等底层细节。

（5）可移植：Python 的开源本质使它被移植到了许多平台上。如果 Python 程序没有使用依赖于系统的特性，那么程序无须修改就可以在下列任何平台上运行。这些平台包括 Linux、Windows、FreeBSD、Macintosh、Solaris、OS/2、Amiga、AROS、AS/400、BeOS、OS/390、z/OS、Palm OS、QNX、VMS、Psion、Acom RISC OS、VxWorks、PlayStation、Sharp Zaurus、Windows CE、Pocket PC、Symbian。

（6）解释性：编译型语言（如 C 或 C++）源程序从源文件转换到二进制代码（即 0 和 1）的过程通过编译器和不同的标记、选项完成。运行程序时，连接器把程序从硬盘复制到内存中并运行。Python 程序不需要编译成二进制代码，而是直接从源代码运行。在计算机内部，Python 解释器把源代码转换成字节码的中间形式，然后再把它翻译成计算机使用的机器语言并运行。因此，用户不再需要操心如何编译程序、如何确保连接与转载正确的库等细节，所有这一切让 Python 的操作更加简单。同时，只需要把 Python 程序复制到另一台计算机上即可使用，使 Python 程序更加易于移植。

> **温馨提示：编译型语言和解释型语言的优点和缺点**
>
> 编译型语言的优点是，编译器一般会有预编译的过程对代码进行优化。因为编译只做一次，运行时不需要编译，所以编译型语言的程序执行效率高。而且编译型语言可以脱离语言环境独立运行。其缺点是编译之后如果需要修改，就要整个模块重新编译。编译的时候根据对应的运行环境生成机器码，在不同的操作系统之间移植时会有问题，需要根据运行的操作系统环境编译不同的可执行文件。
>
> 解释型语言的优点是，有良好的平台兼容性，在任何环境中都可以运行，前提是安装了解释器（虚拟机）。解释型语言十分灵活，修改代码时直接修改就可以快速部署，不用停机维护。其缺点是每次运行的时候都要解释一遍，性能不如编译型语言。

（7）面向对象：Python 既支持面向过程的编程，也支持面向对象的编程。在"面向过程"的编程中，程序是由过程或仅仅是可重用代码的函数构建起来的。在"面向对象"的编程中，程序是由数据和功能组合而成的对象构建起来的。与 C++ 和 Java 等其他语言相比，Python 用一种非常强大而又简单的方式实现了面向对象的编程。

（8）可扩展：如果希望把一段关键代码运行得更快或者希望某些算法不公开，则可以使用 C 或 C++ 语言编写这部分程序，然后在 Python 程序中调用它们。

（9）可嵌入：可以把 Python 嵌入 C/C++ 程序，从而向用户提供脚本功能。

（10）丰富的库：Python 标准库很庞大，可以帮助处理包括正则表达式、文档生成、单元测试、线程、数据库、网页浏览器、CGI、FTP、电子邮件、XML、XML-RPC、HTML、WAV 文件、密码系统、GUI（图形用户界面）、Tk，以及其他与系统有关的操作。只要安装了 Python，所有这些功能就都是可用的，这被称作 Python 的"功能齐全"理念。除了标准库，还有许多其他高质量的库，如 wxPython、Twisted、Python 图像库等。

1.4 Python语言的应用领域

Python 几乎可以说是无所不能。目前国内有豆瓣、搜狐、金山、盛大、网易、百度、阿里巴巴、新浪等，国外有 Google、NASA（美国国家航空航天局）、YouTube、Facebook、红帽、Instagram 等企业，都在云基础设施、DevOps、网络爬虫、数据分析挖掘、机器学习等领域广泛地应用 Python 语言。

Python 语言在以下领域得到了广泛应用。

（1）系统编程：提供各类常用 API，能方便地进行系统维护和管理。

（2）图形处理：有 PIL、Tkinter 等图形库的支持，能方便地进行图形处理。

（3）数学处理：NumPy 提供大量与标准数学库的接口，SciPy 是一款易于使用、专为科学和工程设计的 Python 工具包，这两者是将 Python 用于数学和科学计算时常用的扩展库。

（4）文本处理：Python 提供的 re 模块支持正则表达式，还提供 SGML、XML 分析模块。

（5）数据库编程：使用遵循 Python DB-API（数据库应用程序编程接口）规范的模块与 Microsoft SQL Server、Oracle、Sybase、DB2、MySQL 等数据库通信。Python 自带一个 Gadfly 模块，能提供一个完整的 SQL 环境。

（6）网络编程：提供丰富的模块支持 Sockets 编程，能快速地开发分布式应用程序。

（7）Web 应用：支持最新的 HTML5 和 XML 技术，可以实现各类网站和 Web 应用。Python 有大量优秀的 Web 开发框架，并且在不断迭代，如 Django、Flask、Tornado 等。

（8）云计算：Python 是云计算领域最有名的语言，典型应用如 OpenStack 主要是使用 Python 开发的，各大云计算厂商也在其相关产品中大量使用 Python 语言。

（9）人工智能：基于大数据分析和深度学习而发展出来的人工智能，本质上已经无法离开 Python 的支持了。目前全球优秀的人工智能学习框架，如 Google 的 TensorFlow 、Facebook 的 PyTorch，以及开源社区的神经网络库 Keras 等，均使用 Python 实现。微软的 CNTK（认知工具包）完全支持 Python，且微软的 Visual Studio Code 已经将 Python 作为第一级语言进行支持。

（10）金融领域：在金融分析、量化交易、金融工程等领域，Python 被广泛应用，其重要性逐年提高。

（11）多媒体应用：Python 的 PyOpenGL 模块封装了 OpenGL 应用程序编程接口，能进行二维和三维图像处理。此外，PyGame 模块可用于编写游戏软件。

随着越来越多的人在学习、工作和生活中使用 Python 语言，Python 的应用领域也越来越广泛。本书应用篇和实战篇的主要内容就是数据分析和可视化，这正是 Python 语言在数据处理和图形图像领域的具体应用。

★新手问答★

01. 初学者应该学习Python 2.x还是Python 3.x?

答：对 Python 语言的初学者而言，不论是否有编程经验或其他编程语言基础，都建议直接学习 Python 3.x，除非是现有项目代码使用了 Python 2.x。本书 2.1 节介绍了 Python 2.x 和 Python 3.x 的主要差异。

02. Python语言适合青少年学习吗?

答：Python 语言并不限定学习和使用者的年龄，一般来说，具有小学文化且对英语有初步了解的人都可以学习。从实践效果来看，Python 语言功能完备、强大，容易入门，对运行环境要求不高，是一种适合青少年学习的编程语言。

本章小结

Python 是一种面向对象、解释型的计算机程序设计语言，它有多种发行版本，源程序可以跨平台运行。Python 采用缩进来定义语句块，具有类、函数、异常处理、包含表和词典在内的核心数据类型，以及以模块为基础的拓展系统。

Python 具有简单、易学、免费、开源、面向对象、可移植、可扩展、可嵌入等特点，在系统编程和维护、图形处理、数学处理和科学计算、数据库编程、Web 应用、网络编程、云计算、人工智能、金融、多媒体等领域均得到广泛应用。

第2章

磨好利牙，子弹上膛：准备好工作环境

 本章导读

　　本章首先介绍Python的主要发行版本及其差异，然后以图文方式展示Python在Windows平台与Mac平台上的安装方法，最后介绍开发工具的选择，以及第三方库的安装方法。通过对本章内容的学习，读者应掌握Python开发环境的搭配和第三方库的安装方法，并选择一款适合自己的开发工具，做好开发准备。

 知识要点

　　读者学习完本章内容后能掌握以下知识技能：

- Python 2.x和Python 3.x的主要差异
- Python的安装与配置
- 常用Python第三方库的安装方法
- 常见Python开发工具

2.1 版本的比较与选择

目前，Python 的主要发行版本分为 Python 2.x 分支和 Python 3.x 分支。为了不增加负担，Python 3 在设计时没有考虑向下兼容。许多用早期 Python 版本编写的程序都无法在 Python 3 上正常执行。为了兼容这些程序，诞生了过渡版本 Python 2.6，它基本使用了 Python 2.x 的语法和库，同时考虑了向 Python 3 的迁移，允许使用部分 Python 3 的语法与函数。Python 官方建议新的程序使用 Python 3 的语法，除非运行环境无法安装 Python 3 或者程序本身使用了不支持 Python 3 的第三方库。而即使无法立即使用Python 3，也建议编写兼容 Python 3 版本的程序，然后使用 Python 2.6、Python 2.7 来执行。

与 Python 2.x 分支相比，Python 3.x 分支的变化主要有以下几个方面。

1. 编码方式

Python 2.x 分支中的 str() 是 ASCII 编码方式，而 unicode() 不是 byte 类型，这导致中文等语言在直接输出显示时并不方便阅读，示例如下。

```
>>> str = "我爱北京天安门"
>>> str
'\xe6\x88\x91\xe7\x88\xb1\xe5\x8c\x97\xe4\xba\xac\xe5\xa4\xa9\xe5\xae\x89\xe9\x97\xa8'
>>> str = u"我爱北京天安门"
>>> str
u'\u6211\u7231\u5317\u4eac\u5929\u5b89\u95e8'
```

而 Python 3.x 分支直接默认使用 UTF-8 编码，支持源文件中使用 Unicode 字符串，上述例子在 Python 3.x 分支中的运行结果如下。

```
>>> str = "我爱北京天安门"
>>> str
'我爱北京天安门'
```

以下代码也是合法并可以正常运行的。

```
>>> 中国 = 'china'
>>>print(中国)
china
```

2. 数据类型

相比 Python 2.x 分支，Python 3.x 分支在数据类型上的主要变化有以下几点。

（1）去除了 long 类型，只有一种整型 int，但它的行为就像 Python 2.x 分支中的 long。

（2）统一了非十进制字面量的表示方法。

在 Python 2.x 中，八进制数可以写成 0o777 或 0777；而在 Python 3.x 中，八进制数只能写成

0o777，写成 0777 将会报错。同时，Python 3.x 中新增了二进制字面量和 bin() 函数，用于将一个整数转换成二进制字符串。

（3）新增了 bytes 类型，对应 Python 2.x 的八位串，示例如下。

```
>>> b = b'china'
>>> type(b)
<type 'bytes'>
```

str 对象和 bytes 对象可以使用 encode()（将 str 转为 bytes）和 decode()（将 bytes 转为 str）方法相互转化，示例如下。

```
>>> s = b.decode()
>>> s
'china'
>>> b1 = s.encode()
>>> b1
b'china'
```

dict 的 .keys()、.items 和 .values() 方法返回迭代器，而之前的 iterkeys() 等函数都被废弃。同时去掉的还有 dict.has_key()，该方法可以用 in 替代。

字符串只有 str 一种类型，与 Python 2.x 分支的 unicode 几乎一样。

3. 语法

相比 Python 2.x 分支，Python 3.x 分支在语法上的主要变化有以下几点。

（1）去除了 <>，全部改用 != 表示不相等。

（2）去除了 "，全部改用 repr() 函数。

（3）关键词加入了 as 和 with，以及 True、False、None。

（4）整型除法改为返回浮点数，要得到整型结果可使用 //。

（5）加入了 nonlocal 语句，可以使用 noclocal x 直接指派外围（非全局）变量。

（6）去除了 print 语句，加入了 print() 函数实现相同的功能；去除了 exec 语句，改为 exec() 函数。

（7）改变了顺序操作符的行为。例如，x<y，当 x 和 y 类型不匹配时则抛出 TypeError，而不是返回随机的 bool 值。

（8）使用 input 函数代替 raw_input 函数作为读取键盘输入的方式。

（9）去除了元组参数解包，不能使用 def(a, (b, c)):pass 的方式定义函数。

（10）扩展了可迭代解包。在 Python 3.x 中，只要 rest 是 list 对象且 seq 是可迭代的，以下语句就是合法的。

```
>>> a, b, *rest = seq
>>> *rest, a = seq
```

（11）定义了新的 super() 方法，可以不再给 super() 方法传参数。

（12）启用了新的 metaclass 语法，示例如下。

```
>>> class Foo(*bases, **kwds):
pass
```

（13）支持类装饰器，用法与函数装饰器一样，示例如下。

```
>>> def foo(cls_a):
def print_func(self):
print('Hello, world!')
cls_a.print = print_func
return cls_a
>>> @foo
class C(object):
pass
>>> C().print()
Hello, world!
```

4. 面向对象

相比 Python 2.x 分支，Python 3.x 分支在面向对象的程序设计上的主要变化有以下几点。

（1）引入了抽象基类 Abstraact Base Classes。

（2）容器类和迭代器类被抽象基类化，所以 Python 3.x 分支的 Collections 模块里的类型比 Python 2.x 分支多了很多，示例如下。

```
>>> import collections
>>> print('\n'.join(dir(collections)))
Callable
Container
Hashable
ItemsView
Iterable
Iterator
KeysView
Mapping
MappingView
MutableMapping
MutableSequence
MutableSet
NamedTuple
Sequence
```

```
Set
Sized
ValuesView
__all__
__builtins__
__doc__
__file__
__name__
_abcoll
_itemgetter
_sys
defaultdict
deque
```

（3）迭代器的 next() 方法改名为 __next__()，并增加了内置函数 next()，用以调用迭代器的 __next__() 方法。

（4）增加了 @abstractmethod 和 @abstractproperty 两个装饰器，因此编写抽象方法或抽象属性时更加方便了。

5. 异常处理

相比 Python 2.x 分支，Python 3.x 分支在异常处理上的主要变化有以下几点。

（1）所有异常都从 BaseException 继承，删除了 StardardError。

（2）去除了异常类的序列行为和 .message 属性。

（3）用 raise Exception(args) 代替 raise Exception, args 语法。

（4）捕获异常的语法改变，引入 as 关键字来标识异常实例，示例如下。

```
>>> try:
raise NotImplementedError('Error')
except NotImplementedError as error
print(str(error))
Error
```

6. 模块变动

相比 Python 2.x 分支，Python 3.x 分支在模块上的主要变化有以下几点。

（1）移除了 cPickle 模块，用 pickle 模块代替。

（2）移除了 imageop、audiodev、Bastion、bsddb185、exceptions、linuxaudiodev、md5、MimeWriter、mimify、popen2、rexec、sets、sha、stringold、strop、sunaudiodev、timing、xmllib、bsddb、new 模块。

（3）os.tmpnam() 函数和 os.tmpfile() 函数被移动到了 tmpfile 模块下。

（4）tokenize 模块使用 bytes 工作，它的主要入口点不再是 generate_tokens，而是 tokenize.tokenize()。

7. 其他

Python 3.x 分支还在以下方面进行了改进和调整。

（1）xrange() 改名为 range()，要想使用 range() 获得一个 list，必须显式调用。

```
>>> list(range(10))
[0, 1, 2, 3, 4, 5, 6, 7, 8, 9]
```

（2）bytes 对象不能 hash，也不支持 b.lower()、b.strip() 和 b.split() 方法，但可以使用以下两种代码代替后两者，以达到相同的目的。

```
b.strip(b'\n\t\r \f')
b.split(b' ')
```

（3）zip()、map() 和 filter() 都返回迭代器，去除了 apply()、callable()、coerce()、execfile()、reduce() 和 reload() 等函数。使用 hasattr() 来替换 callable().hasattr() 的语法，示例如下。

```
hasattr(string, '__name__')
```

（4）string.letters 和相关的 .lowercase、.uppercase 被去除，改用 string.ascii_letters。

（5）__getslice__ 系列成员被废弃。a[i:j] 根据上下文转换为 a.__getitem__(slice(I, j)) 或 __setitem__ 和 __delitem__。

（6）file 类被废弃。例如，在 Python 2.x 中：

```
>>> file
<type 'file'>
```

而在 Python 3.x 分支中：

```
>>> file
Traceback (most recent call last):
File "<pyshell#120>", line 1, in <module>
file
NameError: name 'file' is not defined
```

本书如未明确提示所用 Python 版本，一般都是指 Python 3.x 分支的最新版。

2.2 在Windows上安装Python

要运行 Python 程序，必须在操作系统上安装 Python 运行环境，通常来说有以下两种方式。

（1）一些开发工具内置了特定版本的 Python 环境，在安装过程中会将其注册为系统默认的 Python 环境，安装完毕即可直接使用。其优点是适合初学者快速上手，这一方式以 2.4.1 节介绍的 Anaconda 等 IDE 工具为代表。

（2）下载、安装独立的 Python 环境。其优点是不必安装开发工具，适合具有一定 Python 经验、动手能力强的用户。为了完整了解 Python 运行环境的安装过程，下面将详细介绍第二种方式的操作步骤。

2.2.1 下载安装程序

从 Python 官网下载 Python 环境安装程序，详细操作步骤如下。

步骤 01：打开浏览器，在地址栏输入"https://www.python.org/"，进入 Python 官网，单击 "Downloads"栏目，如图 2-1 所示。

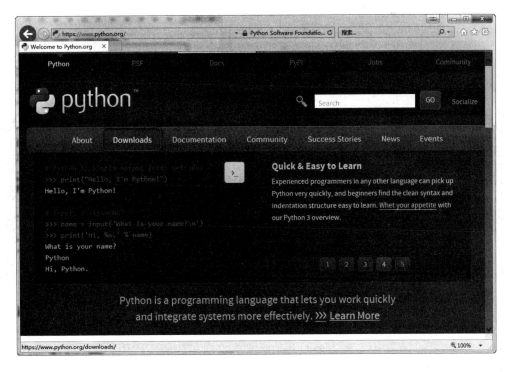

图2-1 进入Python官网

步骤 02：进入下载页面，单击下方的"Windows"链接，如图 2-2 所示。

图2-2 进入Windows版本的下载页面

步骤 03：单击 "Latest Python 3 Release - Python 3.7.2" 链接，如图 2-3 所示。

图2-3 进入最新发布版本的下载页面

步骤 04：将浏览器页面滚动到底部如图 2-4 所示的位置，根据当前操作系统的类型单击相应的链接下载 Python 安装程序，如操作系统是 64 位则单击图中的链接 1；如操作系统是 32 位则单击图中的链接 2。笔者的计算机是 64 位的 Windows 7，所以单击链接 1 下载 64 位的 Python 安装程序。

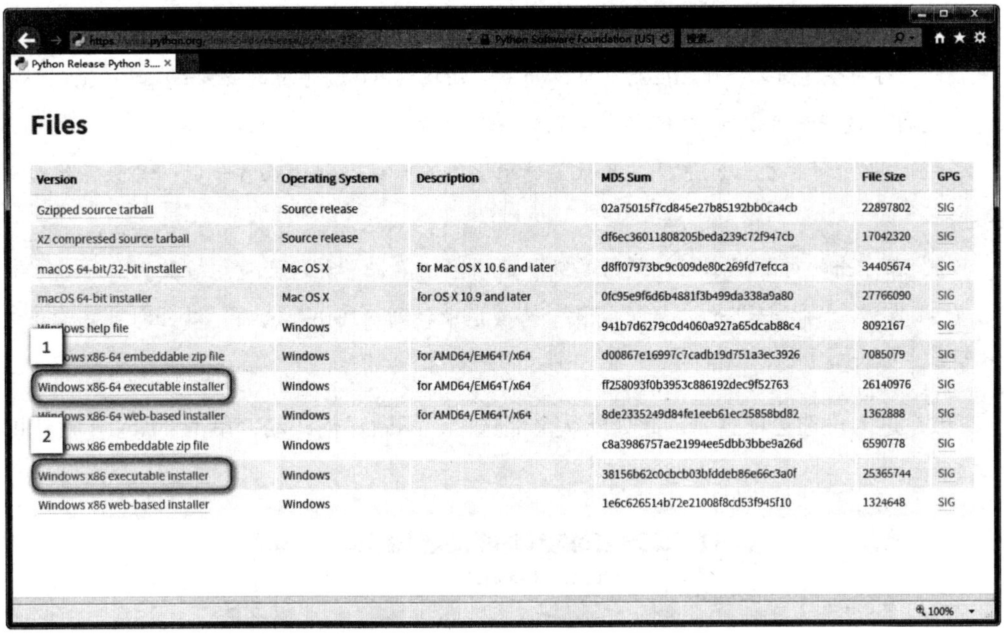

图2-4 根据操作系统类型下载Python安装程序

2.2.2　图解安装步骤

运行下载的安装程序，开始安装 Python 运行环境，详细操作步骤如下。

步骤 01：在图 2-5 所示的安装界面选中"Add Python 3.7 to PATH"复选框，并单击"Customize installation"按钮。

图2-5 运行Python安装程序

温馨提示：为什么要选中"Add Python 3.7 to PATH"复选框？

选中这个复选框的目的是将Python环境的主程序路径加入操作系统的环境变量中，便于用户在命令行下快速进入Python运行环境，而不必切换到Python环境的安装目录中。Windows 7 操作系统的环境变量可以通过以下3个步骤查看和编辑。

（1）右击"计算机"，选择"属性"选项，单击系统属性页面左侧的"高级系统设置"链接。

（2）在弹出的对话框中切换到"高级"选项卡，单击"环境变量"按钮。

（3）在弹出的对话框的"系统变量"选项框中找到"Path"选项，双击即可查看或编辑其内容。

步骤02：进入可选选项页面，此处默认全部选中，不做任何改动，单击"Next"按钮即可，如图2-6所示。

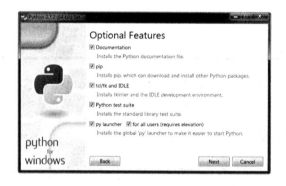

图2-6 确认需要安装的功能

步骤03：进入安装配置界面，可根据需要选中相应选项。除默认的选项外，这里还选中了"Install for all users"和"Precompile standard library"两项，此时下方的"Customize install location"从默认的"C:\Users\Administrator\AppData\Local\Programs\Python\Python37"变成了"C:\Program Files\Python37"，单击"Install"按钮开始安装，如图2-7所示。

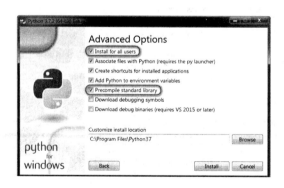

图2-7 选择安装配置选项

> **温馨提示：为什么要选中"Install for all users""Precompile standard library"复选框？**
>
> "Install for all users"选项的作用是允许本机其他用户也可以使用安装的Python环境，当本机其他用户也有运行Python程序的需要时，不必再安装运行环境。
>
> "Precompile standard library"选项的作用是在安装期间预编译标准库，便于后续使用过程中不用再编译，可直接使用。不过，安装过程所需时间稍长。

步骤 04：等待程序自动执行安装过程，如图 2-8 所示。

图2-8　等待安装过程

步骤 05：当显示图 2-9 所示界面时，则表示 Python 环境已经成功安装，单击"Close"按钮关闭安装程序。

图2-9　安装成功

2.3　在macOS上安装Python

新版 macOS 系统大都内置了 Python，如 macOS 10.13 内置了 Python 2.7（如图 2-10 所示），

故可以单独安装 Python 3.x 分支，并和现有的 Python 2.x 分支共存。在 macOS 上安装 Python 有两种方式：一种是使用 PKG 安装程序，按照向导提示安装；另一种是使用 Homebrew 安装。鉴于使用 Homebrew 方式安装步骤略复杂，而且也非本书主要内容，因此以下采用 PKG 安装程序向导方式安装 Python 环境。

图2-10　macOS High Sierra 10.13.3内置了Python 2.7.10版本的运行环境

2.3.1　版本选择

使用系统自带的 Python 主要存在两个弊端：一个是系统自带的 Python 版本比较旧，由于得不到 Python 开发社区的支持，系统版本无法及时更新；另一个是使用系统自带 Python 的 pip 安装的库，可能会在升级 macOS 系统时消失，需要重装，在升级库时也可能遭遇各种奇怪的问题。因此，笔者建议在 macOS 系统上单独安装 Python 3.x 分支的 Python 环境。

2.3.2　下载安装程序

从 Python 官网下载 Python 环境安装程序，详细操作步骤如下。

步骤 01：打开浏览器，在地址栏输入"https://www.python.org/"，进入 Python 官网，单击"Downloads"栏目，如图 2-11 所示。

图2-11　进入Python官网

步骤 02：进入下载页面，单击"Mac OS"链接，如图 2-12 所示。

图2-12 进入Mac OS版的下载页面

步骤 03：单击"Latest Python 3 Release - Python 3.7.2"链接，如图 2-13 所示。

图2-13 进入最新发布版本的下载页面

步骤 04：将浏览器页面滚动到底部如图 2-14 所示的位置，根据当前操作系统的类型单击相应的链接下载 Python 安装程序，如操作系统是 10.6 或更新版本则单击图中的链接 1，如操作系统是 10.9 或更新版本则单击图中的链接 2。二者的区别在于，链接 1 的安装程序可同时支持 32 位和 64 位的运行环境，而链接 2 是纯 64 位的运行环境。笔者的 macOS 版本是 10.13.3，所以单击链接 2 下载纯 64 位的 Python 安装程序。

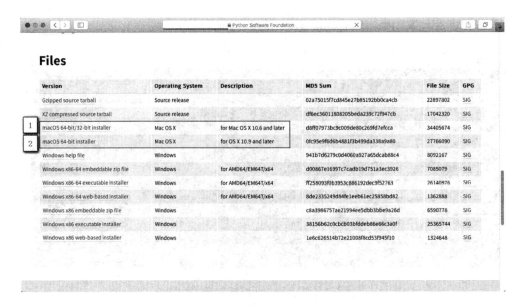

图2-14 根据操作系统版本下载Python安装程序

2.3.3　图解安装步骤

运行下载的安装程序，开始安装 Python 运行环境，详细操作步骤如下。

步骤 01：在图 2-15 所示的安装界面单击"继续"按钮。

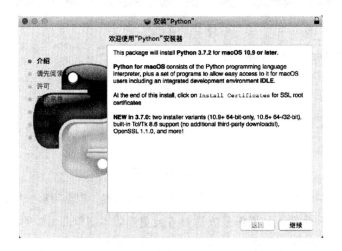

图2-15 运行Python安装程序，开始安装

步骤 02：安装程序显示 Python 相关信息，如图 2-16 所示，单击"继续"按钮。

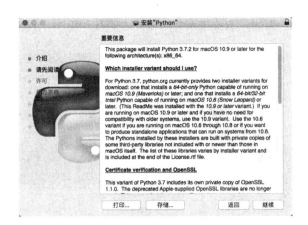

图2-16 显示Python相关信息

步骤 03：安装程序显示 Python 软件许可协议，如图 2-17 所示，单击"继续"按钮。

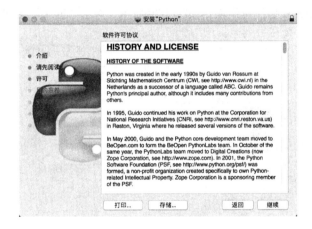

图2-17 显示Python软件许可协议

步骤 04：在弹出的对话框中单击"同意"按钮，如图 2-18 所示。

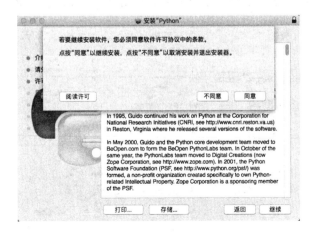

图2-18 同意Python软件许可协议

步骤 05：单击"自定"按钮，查看将安装的组件，如图 2-19 所示。

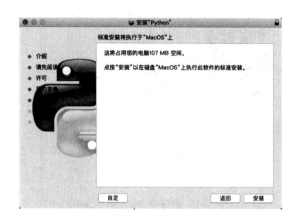

图2-19 以自定义方式安装Python

步骤 06：默认选中并安装所有组件，如图 2-20 所示，单击"安装"按钮。

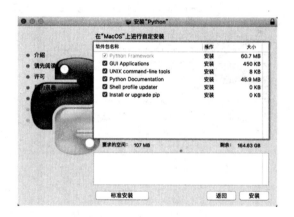

图2-20 查看安装组件

步骤 07：输入当前用户密码，如图 2-21 所示，单击"安装软件"按钮。

图2-21 输入当前用户密码

步骤 08：开始安装 Python，如图 2-22 所示。

图2-22 安装Python

步骤 09：当显示图 2-23 所示界面时，表示 Python 环境已经成功安装，单击"关闭"按钮关闭安装程序。

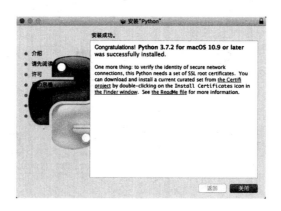

图2-23 安装成功

安装完毕后，可以打开终端，检查当前安装的 Python 版本。输入"python"并按"Enter"键，将进入系统内置的默认 Python 2.x 环境，版本为 Python 2.7.10；输入"python3"并按"Enter"键，将进入刚安装好的 Python 3.x 环境，版本为 Python 3.7.2，如图 2-24 所示。

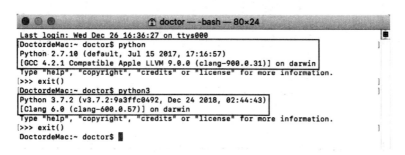

图2-24 切换Python版本

2.4 选择合适的开发工具

安装 Python 运行环境后，就需要挑选一个合适的开发工具进行后续开发工作。如果说 Python 运行环境是内功心法，那么适合的开发工具则是趁手的兵器。常见的 Python 开发工具主要有 Anaconda、Visual Studio、PyCharm、Eclipse、Komodo 以及各种文本编辑器等，下面分别进行简单介绍。

2.4.1 Anaconda

Anaconda 公司出品的 Anaconda 是一个包括了超过 1500 种开源组件（库）的免费数据科学工作平台，其安装包内置了数据分析及可视化常用的 Matplotlib、NumPy、SciPy 等组件（库），以及 Spyder 等集成开发环境，运行界面如图 2-25 所示。

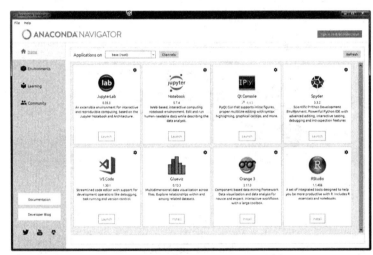

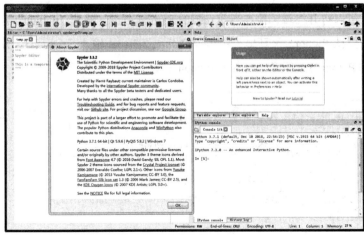

图2-25 Anaconda、Spyder的运行界面

最新版本：Anaconda3 2018.12+Spyder 3.3.2。

优点：使用 Python 做数据分析最佳的 IDE（Integrated Develop Environment，集成开发环境），支持 Python 原生项目和 Python 本地工具调试；内置超过 1500 种数据科学相关开源组件（库），开箱即用；免费。

不足：对 Python、R 以外的其他编程语言的支持有待改进。

2.4.2　Visual Studio

微软出品的 Visual Studio 号称"宇宙第一 IDE"，其运行界面如图 2-26 所示。

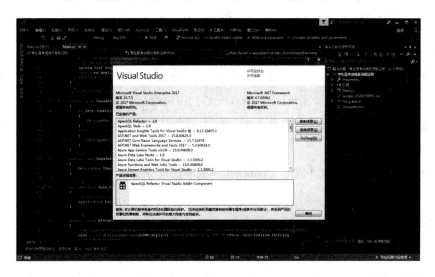

图2-26　Visual Studio 2017运行界面

最新版本：Visual Studio 2017。

优点：全能型 IDE，支持 Python 原生项目和 Python 本地工具调试；支持 GitHub、TeamFoundation 等持续集成 / 源代码管理系统；支持 C#、C++、F# 等其他语言；几乎包括 IDE 常见的各项功能；有 Community 版本可免费使用。

不足：除 Community 版本外都要收费；macOS 系统上的 Visual Studio 还需进一步完善，尚不支持 Linux 系统。

2.4.3　PyCharm

PyCharm 是 JetBrains 公司出品的 Python 专用 IDE，该公司的知名开发工具还包括 Intelli IDEA、ReSharper、DataGrip、PhpStorm、WebStorm、RubyMine 等，覆盖了 TIOBE 语言排行榜前五名的开发语言，为科研人员和程序开发人员提供了多种选择。PyCharm 运行界面如图 2-27 所示。

图2-27 PyCharm Professional 2018.3运行界面

最新版本：PyCharm Professional 2018.3。

优点：全功能型 Python IDE，支持 Python 原生项目和用 Python 本地工具调试；内置 Django、Flask 等 Python 常用框架；支持 GitHub、Mercurial、SVN 等持续集成 / 源代码管理系统；支持 HTML 5、Javascript、APP 开发；有 Community 版本可免费使用；支持 Windows、macOS 和 Linux 等操作系统。

不足：Professional 版本需要付费；Community 版本仅具备基本功能。

2.4.4　Eclipse

Eclipse 是 Eclipse 基金会出品的全能通用型 IDE，通过扩展几乎可以支持市面上的所有编程开发语言，可以免费使用，但部分第三方扩展需要付费。Eclipse 运行界面如图 2-28 所示。

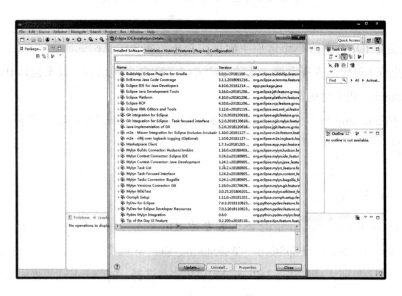

图2-28 Eclipse 运行界面

最新版本：Eclipse IDE 2018-12+PyDev 7.0.3。

优点：免费；全能型 IDE，支持 Python 原生项目；通过扩展可以支持 Java、Java EE、HTML 5、JavaScript、C++、Go、PHP 等开发语言，以及 GitHub、Mercurial、SVN 等持续集成 / 源代码管理系统；支持 Windows、macOS 和 Linux 等操作系统。

不足：安装步骤烦琐，对于新手略显复杂。

2.4.5 Komodo

ActiveState 公司经过多年耕耘，推出的 Active 系列编程开发环境受到业界广泛赞誉。该公司出品的软件还包括 ActivePython、ActivePerl、ActiveTcl、ActiveGo、ActiveRuby 等，Komodo 是其龙头产品之一，运行界面如图 2-29 所示。

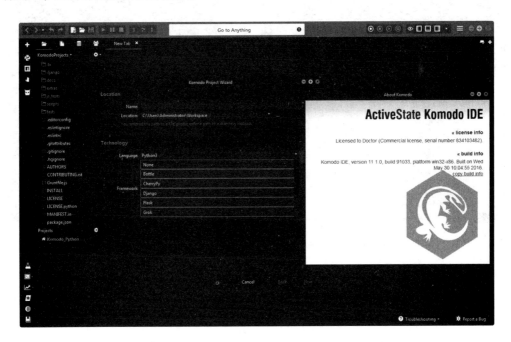

图2-29 ActiveState Komodo IDE 11.1运行界面

最新版本：ActiveState Komodo IDE 11.1。

优点：全能型 IDE，支持 Python 原生项目和用 Python 本地工具调试；内置 Django、Flask 等 Python 常用框架；支持 GitHub、Mercurial、SVN 等持续集成 / 源代码管理系统；支持用 HTML 5、JavaScript、C++、Go、PHP、Node.js 开发；有 Community 版本可免费使用；支持 Windows、macOS 和 Linux 等操作系统。

不足：Professional 版本需要付费；Community 版本仅具备基本功能。

2.4.6 Visual Studio Code/Sublime/EditPlus/UltraEdit

这四款软件可免费使用且体积小巧，主要功能都是文本编辑，附带基于目录的简单项目管理功能，在配置好语言特性后还可增加自动完成、智能提示等功能，能够胜任基础编码工作，相关运行界面如图 2-30 所示。

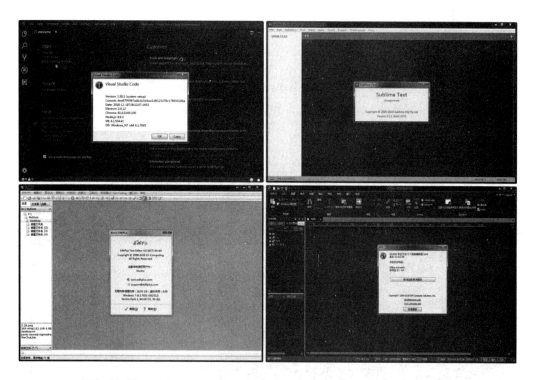

图2-30 Visual Studio Code、Sublime、EditPlus、UltraEdit运行界面

最新版本：Visual Studio Code1.30.1、Sublime 3.1.1、EditPlus 5.1、UltraEdit 25.20。

优点：可免费使用；占用内存小；配置后可支持多种语言并可增加自动完成、智能提示等功能；支持 Windows、macOS 和 Linux 等操作系统。

不足：需要自行配置 Python 运行环境；不具备调试、Profiling 等高级开发功能。

2.5 安装所需的第三方组件（库）

与 PHP 语言相似，Python 也有各种专业、功能强大的第三方组件（库），能够满足图形绘制、科学计算、网络访问等需求。以下简单介绍本书所用的 Matplotlib、NumPy、SciPy、Python Image Library、Requests、BeautifulSoup、Pandas、Basemap 和 SQLAlchemy 等模块在 Windows 环境下的独立安装和配置。

2.5.1 安装Matplotlib、NumPy和SciPy

Python 安装第三方组件（库）有多种方式，常见的主要有以下两种：一种是使用基于操作系统的独立安装程序安装，如 Windows 的 EXE 安装程序、macOS 的 PKG 安装程序等；另一种是使用 pip 安装 WHEEL（.whl）格式的安装程序。2.2.2 小节在图解安装 Python 环境时已经安装了 pip 组件（如图 2-6 所示），故接下来采用 PIP 方式安装所需的第三方组件（库）。

1. 安装Matplotlib和NumPy

Matplotlib 是一个 Python 2D 绘图库，它可以在各种平台上生成具有出版品质的图形。Matplotlib 可用于 Python 脚本，可运行在 Python 和 IPython shell、Web 应用程序服务器等环境。

步骤 01：运行 CMD 打开命令行界面，输入以下命令。

```
python -m pip list
```

查看当前已安装的组件（库），如图 2-31 所示。

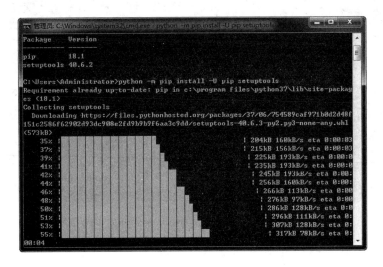

图2-31 查看pip已安装组件

步骤 02：为确保安装过程不出错，先执行以下命令。

```
python -m pip install -U pip setuptools
```

更新 setuptools 组件，如图 2-32 所示。

图2-32 更新setuptools组件

步骤 03：然后执行以下命令。

```
python -m pip install matplotlib
```

安装 Matplotlib，如图 2-33 所示。

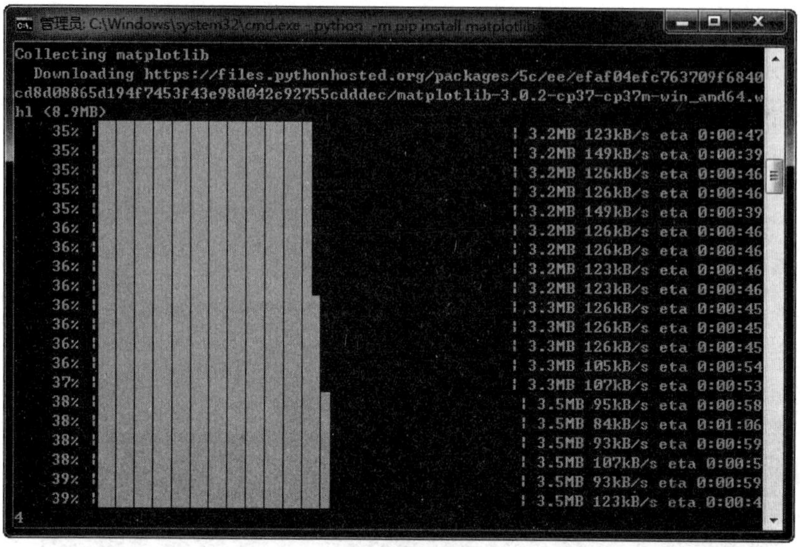

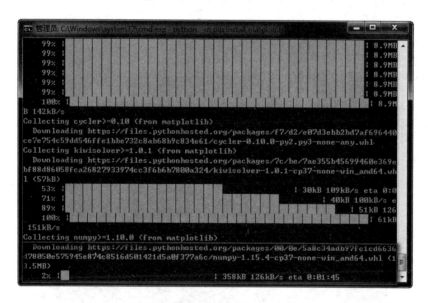

图2-33 安装Matplotlib

由于 Matplotlib 依赖于 NumPy，故在安装 Matplotlib 时会自动下载并安装 NumPy，如图 2-34 所示。

图2-34 安装Matplotlib时自动安装NumPy

步骤 04：安装结束后执行以下命令。

```
python -m pip list
```

查看安装的组件，可以看到已经自动安装了 Cycler、Kiwisolver、Matplotlib、NumPy、Pyparsing、Python-Dateutil、Six 共计 7 个组件（库）。

步骤 05：为了验证 Matplotlib 是否安装成功，可以在 Python 命令行中执行以下命令。

```
import matplotlib
```

若无报错信息，则表示安装成功，如图 2-35 所示。

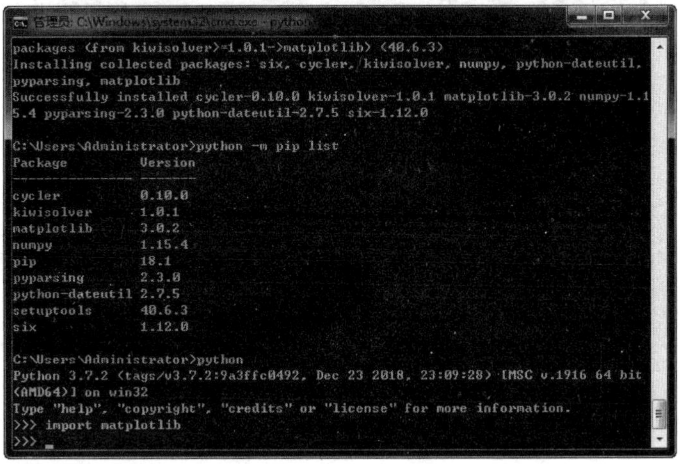

图2-35 查看已安装组件（库），确认Matplotlib安装结果

2. 安装SciPy

步骤 01：运行 CMD 打开命令行界面，输入以下命令。

```
python -m pip install scipy
```

等待安装程序执行完毕，如图 2-36 所示。

图2-36 安装SciPy组件（库）

步骤 02：安装完毕后执行以下命令。

```
python -m pip list
```

查看已安装组件（库）中是否含有 SciPy。

步骤 03：在 Python 命令提示符下执行以下命令。

```
import scipy
```

若无报错信息，则表示安装成功，如图 2-37 所示。

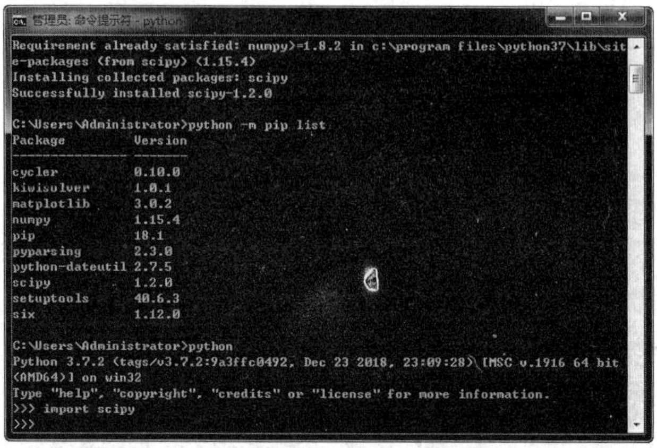

图2-37 确认SciPy组件（库）安装成功

2.5.2 安装Python Imaging Library（Pillow）

Python Imaging Library 是专门用于处理图像的组件（库），但由于某些原因已经在 2009 年停止更新，目前可用的是其替代者 Pillow，Pillow 支持多种常见格式并提供了各种图像处理功能。

步骤 01：运行 CMD 打开命令行界面，输入以下命令。

```
python -m pip install pillow
```

等待安装程序执行完毕，如图 2-38 所示。

图2-38 安装Pillow组件（库）

步骤 02：安装完毕后执行以下命令。

```
python -m pip list
```

　　查看已安装组件（库）中是否含有 Pillow。

　　步骤 03：在 Python 命令提示符下执行以下命令。

```
from PIL import Image
```

　　若无报错信息，则表示安装成功，如图 2-39 所示。

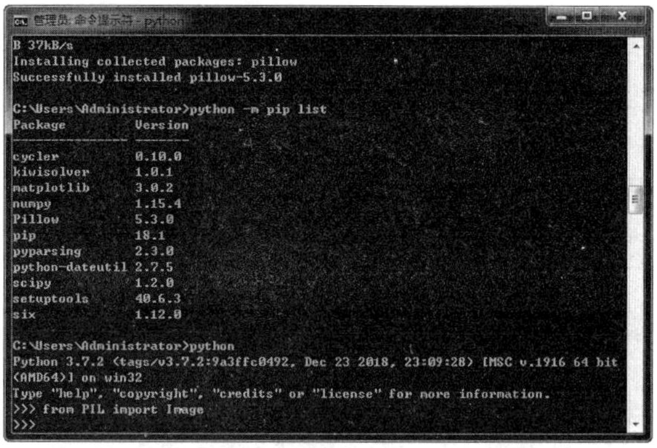

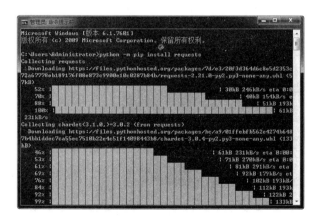

图2-39　确认Pillow组件（库）安装成功

2.5.3　安装Requests

　　Requests 是 Python 的一个 HTTP 客户端库，与之类似的库还有 urllib、urllib2 等，但 Requests 比 urllib2 等库更方便理解和使用。

　　步骤 01：运行 CMD 打开命令行界面，输入以下命令。

```
python -m pip install requests
```

　　等待安装程序执行完毕，如图 2-40 所示。

图2-40　安装Requests库

步骤 02：安装完毕后执行以下命令。

```
python -m pip list
```

查看已安装组件（库）中是否含有 Requests。

步骤 03：在 Python 命令提示符下执行以下命令。

```
import requests
```

若无报错信息，则表示安装成功，如图 2-41 所示。

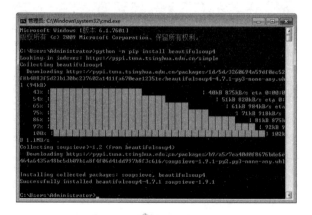

图2-41 确认Requests库安装成功

2.5.4　安装BeautifulSoup

BeautifulSoup 是一个可以从 HTML 或 XML 文件中提取数据的 Python 库，通常用来对 HTML 页面或 XML 文件进行抓取或者过滤，以获取或修改其中的数据。

步骤 01：运行 CMD 打开命令行界面，输入以下命令。

```
python -m pip install BeautifulSoup
```

等待安装程序执行完毕，如图 2-42 所示。

图2-42 安装BeautifulSoup库

步骤 02：安装完毕后执行以下命令。

```
python -m pip list
```

查看已安装的组件（库）中是否含有 BeautifulSoup。

步骤 03：在 Python 命令提示符下执行以下命令。

```
from bs4 import BeautifulSoup
```

若无报错信息，则表示安装成功，如图 2-43 所示。

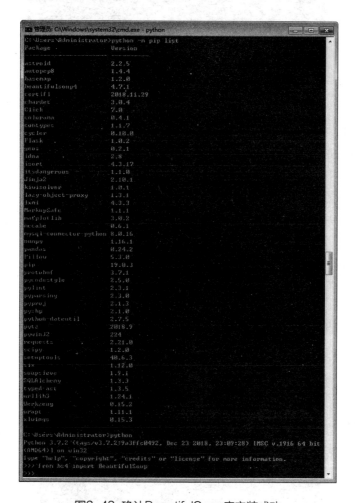

图2-43　确认BeautifulSoup库安装成功

2.5.5　安装Pandas

Pandas 是 Python 的一个数据分析工具包，是为解决数据分析任务而创建的。它为时间序列的分析提供了很好的支持。

步骤 01：运行 CMD 打开命令行界面，输入以下命令。

```
python -m pip install pandas
```

等待安装程序执行完毕，如图 2-44 所示。

图2-44 安装Pandas库

步骤02：安装完毕后执行以下命令。

```
python -m pip list
```

查看已安装组件（库）中是否含有 Pandas。

步骤03：在 Python 命令提示符下执行以下命令。

```
import pandas
```

若无报错信息，则表示安装成功，如图 2-45 所示。

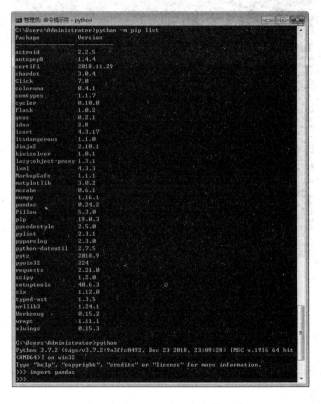

图2-45 确认Pandas库安装成功

2.5.6 安装Basemap

Basemap 是 Python 的地图数据工具包，支持多种投影模式，可以基于地理信息数据快速绘制地图。

步骤 01：运行 CMD 打开命令行界面，输入以下命令。

```
python -m pip install geos
```

等待安装程序执行完毕，如图 2-46 所示。

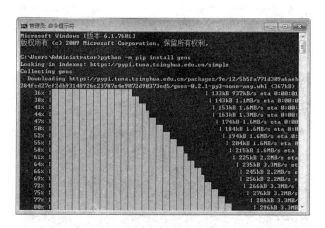

图2-46 安装geos库

步骤 02：安装完毕后打开"https://www.lfd.uci.edu/~gohlke/pythonlibs/#basemap"，搜索"Basemap"，下载"http://basemap-1.2.0-cp37-cp37m-win_amd64.whl"文件到当前目录下，执行以下命令。

```
python -m pip install basemap-1.2.0-cp37-cp37m-win_amd64
```

等待安装程序执行完毕，如图 2-47 所示。

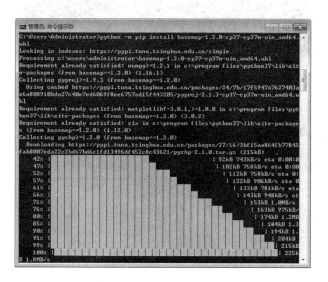

图2-47 安装Basemap库

步骤 03：安装完毕后执行以下命令。

```
python -m pip list
```

查看已安装组件（库）中是否含有 geos 和 Basemap。

步骤 04：在 Python 命令提示符下执行以下命令。

```
from mpl_toolkits.basemap import Basemap
```

若无报错信息，则表示安装成功，如图 2-48 所示。

图2-48 确认geos和Basemap库安装成功

2.5.7 安装SQLAlchemy

SQLAlchemy 是 Python 语言的一个 ORM 框架，主要用于建立数据库的表和 Python 类之间的对应关系。

步骤 01：运行 CMD 打开命令行界面，输入以下命令。

```
python -m pip install SQLAlchemy
```

等待安装程序执行完毕，如图 2-49 所示。

图2-49　安装SQLAlchemy库

步骤02：安装完毕后执行以下命令。

`python -m pip list`

查看已安装组件（库）中是否含有 SQLAlchemy。

步骤03：在 Python 命令提示符下执行以下命令。

`from sqlalchemy import create_engine`

若无报错信息，则表示安装成功，如图 2-50 所示。

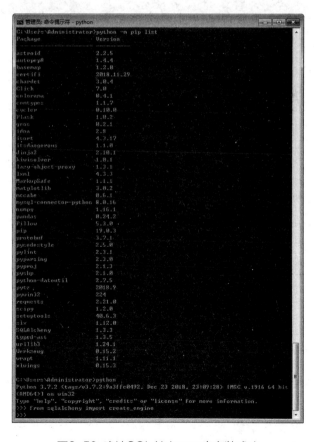

图2-50　确认SQLAlchemy库安装成功

★新手问答★

01. 最适合本书的IDE是哪一款？为什么？

答：因为本书主要介绍数据分析和可视化方面的内容，所以使用 Anaconda 更为适合。据笔者经验，在一般的程序开发工作中，为了兼顾其他语言或调试程序的需要，使用更多的是 Visual Studio Code 或 Eclipse、PyCharm 等 IDE。但本书从通用角度考虑，所有代码片段均在命令行交互环境下运行。

02. 如何查看当前安装和使用的Python版本？

答：（1）Windows 操作系统中在 CMD 命令行下执行以下命令。

```
python
```

进入 Python 命令环境即可查看当前使用的版本，如图 2-51 所示。

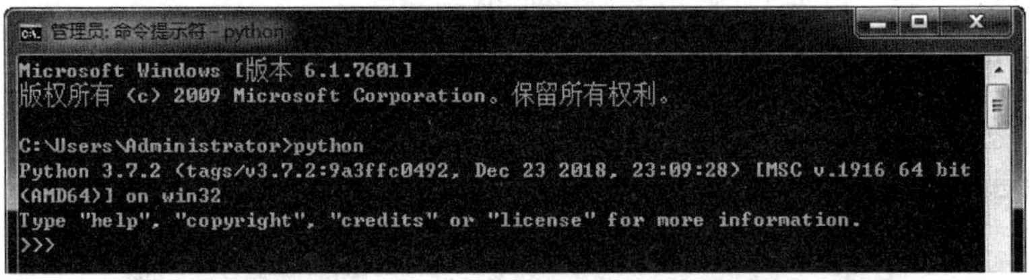

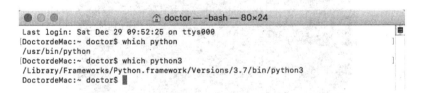

图2-51 在Windows操作系统中查看当前使用的Python版本

（2）macOS 系统中可打开终端执行以下命令。

```
which python
```

```
which python3
```

查看是否同时安装了 Python 2.x 和 Python 3.x 分支，即可获知相应的安装路径，如图 2-52 所示。

```
Last login: Sat Dec 29 09:52:25 on ttys000
[DoctordeMac:~ doctor$ which python
/usr/bin/python
[DoctordeMac:~ doctor$ which python3
/Library/Frameworks/Python.framework/Versions/3.7/bin/python3
DoctordeMac:~ doctor$
```

图2-52 在macOS系统中查看当前安装的Python版本

★小试牛刀★

执行以下命令，检查你的 Matplotlib、NumPy、SciPy、Python Image Library（Pillow）、Requests 组件（库）是否安装成功。

检查 Matplotlib：

```
import matplotlib
```

检查 NumPy：

```
import numpy
numpy.test()
```

检查 SciPy：

```
import scipy
scipy.test()
```

检查 Python Image Library{Pillow}：

```
from PIL import pillow
```

如执行以上语句无报错信息，则表示安装成功。如显示类似于图 2-53 所示的错误信息，则表示未安装相应组件（库）或安装失败，需要重新安装。

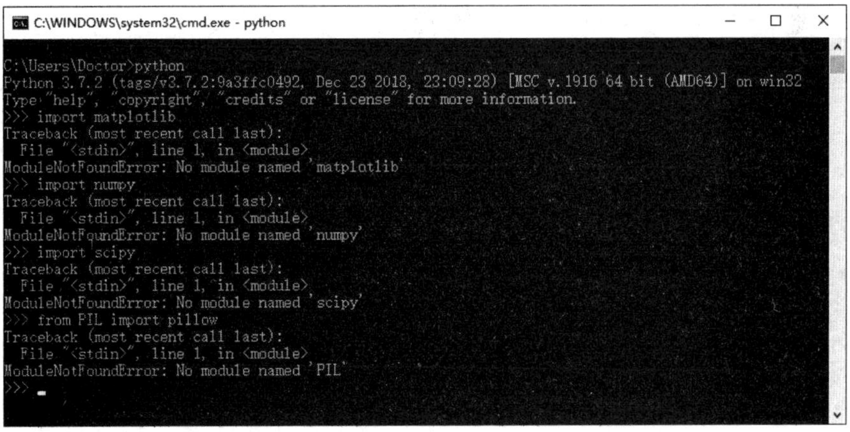

图2-53 错误信息

图 2-53 检测到未安装 Matplotlib、NumPy、SciPy、PIL（Pillow）、Requests 组件（库）或安装失败的错误提示。

温馨提示：组件（库）安装失败怎么办？

如果在安装组件（库）的过程中，因为系统软件冲突或是网络中断等原因导致安装失败，可以先在Python环境中执行以下命令。

```
python -m pip list
```

查看该组件（库）是否进入已安装组件（库）列表，如不在其中，可执行相应的安装命令重新安装；如已在其中，则需要先执行以下命令。

```
python -m pip uninstall 组件（库）名称
```

删除该组件（库），然后再次执行相应的安装命令重新安装即可。

本章小结

当前 Python 的主要发行版本仍然是 Python 2.x 分支和 Python 3.x 分支。与 Python 2.x 分支相比，Python 3.x 分支主要在编码方式、数据类型、语法、面向对象、异常处理和模块变动等方面做了部分改进和调整。根据 Python 官方建议，从长远来看应使用 Python 3.x 分支的 Python 环境。本章以图文方式重点介绍了在 Windows 和 macOS 环境下独立安装 Python 运行环境的过程，并介绍了常见的 Python 开发工具。本章还以图文方式介绍了本书将用到的 Matplotlib、NumPy、SciPy、PIL（Pillow）、Requests、BeautifulSoup、Pandas、Basemap 和 SQLAlchemy 等组件（库）的安装方法，该方法亦可用于安装其他组件（库）。

本章主要内容多为具体操作，目的是为后续章节准备好工作环境。Python 新手可按书中步骤操作，老手可快速浏览和回顾，并检查 Python 运行环境、IDE 和所需的组件（库）是否正确安装。

第3章

大蟒的基本技能之一：Python语言基础

本章导读

　　本章重点介绍了Python语言中的基本概念、常用数据类型、各种运算符和运算符优先级顺序，以及字符串、列表、元组、集合、字典。通过对本章内容的学习，有经验的读者可快速回顾Python语言基本内容，初学者可以掌握Python语言的基本概念和基础知识。

知识要点

　　读者学习完本章的内容后能掌握以下知识技能：

- ● 变量的基本用法、Python保留字的含义、注释和缩进的用法
- ● Number和Bool数据类型的用法
- ● 七种运算符的基本用法
- ● 字符串、列表、元组、集合和字典的基本用法

3.1 基本概念

Python 是一种通用性编程语言，可以看作是一种对 LISP 语言的改良（其中加入了一些其他编程语言的优点，如面向对象等）。Python 作为一种解释型语言，强调代码的可读性和简洁的语法（尤其是使用空格缩进划分代码块，而非使用大括号或者关键词）。与 C++ 或 Java 相比，无论程序规模大小，Python 都试图让程序的结构清晰明了，让开发者能够用更少的代码表达想法。

3.1.1 变量

Python 将变量称为标识符，其命名规则主要有以下 3 点。

（1）第一个字符必须是字母表中的字母或下画线"_"（在 Python 3.x 中也可使用非 ASCII 字母标识符）。

（2）标识符的其他部分由字母、数字和下画线组成。

（3）标识符对大小写敏感。

以下变量命名与赋值在 Python 3.x 中都是被允许的。

```
a=1
b='你好'
中文变量名='汉字'
_boolVar=True
```

与 C、C++、Java、C# 等语言不同，Python 没有定义常量的关键字，即 Python 中没有常量。为了实现与其他语言中功能相近的常量，可以使用面向对象的方法编写一个"常量"模块。

将以下代码保存为 test-const.py。

```
import sys

class _CONSTANT:
    class ConstantError(TypeError) : pass

    def __setattr__(self, key, value):
        if key in self.__dict__.keys():
            raise(self.ConstantError, "常量重新赋值错误!")
        self.__dict__[key] = value

sys.modules[__name__] = _CONSTANT()
#使用以下方式调用CONSTANT这个"常量":
CONSTANT = _CONSTANT()
```

```
CONSTANT.TEST = 'test'
print(CONSTANT.TEST)
CONSTANT.TEST = 'test111'
print(CONSTANT.TEST)
```

　　上述代码的运行结果如图 3-1 所示。

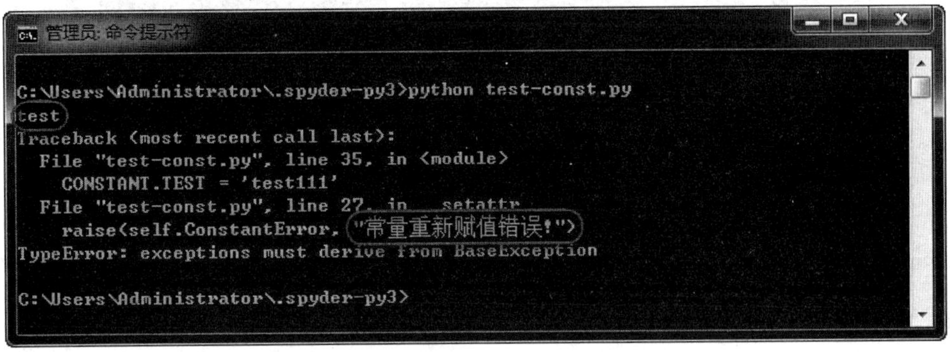

图3-1　使用面向对象的方法定义Python"常量"

　　可以看到，第一次为 CONSTANT.TEST 赋值后能够成功执行，当尝试为 CONSTANT.TEST 重新赋值时出现错误提示。由于 CONSTANT.TEST 的内容不可修改，相当于起到了常量的作用。

3.1.2　保留字

　　保留字即其他语言中的关键字，是指在语言本身的编译器中已经定义过的单词，具有特定含义和用途，用户不能再将这些单词作为变量名或函数名、类名使用。Python 3.7.2 中的保留字主要有 False、None 等 35 个。

> **温馨提示：Python 3.7.2中的35个保留字**
>
> False、None、True、and、as、assert、async、await、break、class、continue、def、del、elif、else、except、finally、for、from、global、if、import、in、is、lambda、nonlocal、not、or、pass、raise、return、try、while、with、yield。

　　在 Python 环境中，可以执行以下命令查看当前版本的保留字。

```
import keyword
keyword.kwlist
```

　　上述代码的运行结果如图 3-2 所示。

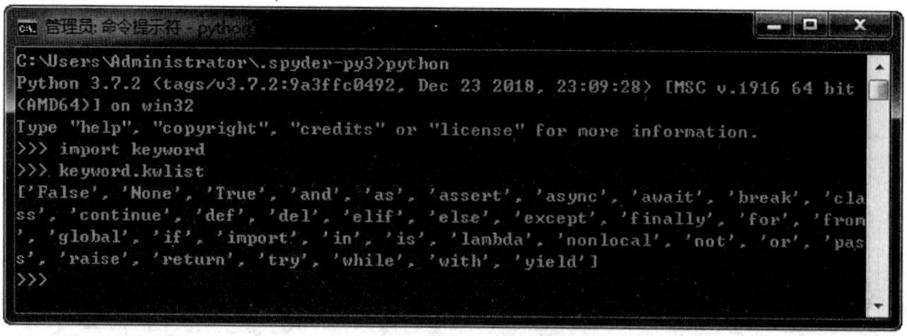

图3-2 查看保留字

3.1.3 注释

Python 中的单行注释以 "#" 开头。它可以单独占一行，也可以在同一行的代码右边出现，示例如下。

```
# 这里是单行注释
test=123            # 这里也是单行注释
```

需要注意的是，一行中 "#" 右侧的所有字符均被认为是注释内容，因此下述代码中的 "print(test)" 将不被执行。

```
# 这里是单行注释
test=123                # 这里也是单行注释
# 这里仍然是单行注释    print(test)
```

当注释内容超过一行时，可以在每行开头都使用 "#" 形成多行注释，还可以使用 "'''"（连续 3 个英文半角单引号）或 """"""（连续 3 个英文半角双引号）将多行注释内容包括起来，示例如下。

```
# 这里是单行注释
# 这里也是单行注释


'''
这里是多行注释
这里也是多行注释
'''
"""
这里是多行注释
这里也是多行注释
"""
test=123
print(test)
```

3.1.4 行与缩进

通常来说，一条 Python 语句应在一行内写完，但如果语句很长，也可以使用反斜杠"\"来实现多行语句，示例如下。

```
s = "我正在写\
一本关于Python的书"

print(\
s)
```

注意：在成对的方括号"[]"、花括号"{}"或圆括号"()"中的多行语句，不需要使用反斜杠"\"，示例如下。

```
total = ['item_one', 'item_two', 'item_three',
'item_four', 'item_five']
```

可见，编写程序时使用的是物理行，而在 Python 环境中使用的则是逻辑行。在 Python 中可以使用分号";"标识一个逻辑行的结束，但为了避免使用分号，通常每个物理行只写一个逻辑行。

Python 最具特色的语法是使用缩进来表示代码块，优点是不需要像其他语言一样使用大括号"{}"。行首的空白（空格或制表符）用来决定逻辑行的缩进层次，从而决定语句的分组（即代码块）。这意味着不同代码块缩进的距离（即行首空白）可以不同，但同一代码块的语句必须有相同的缩进距离，每一组这样的语句称为一个代码块，示例如下。

```
if True:
    print ("True")
else:
    print ("False")
```

而以下代码由于最后一行语句缩进距离不一致，运行时将出现图 3-3 所示的错误。

```
if True:
    print ("Answer")
    print ("True")
else:
    print ("Answer")
  print ("False")        # 缩进不一致，会导致运行错误
```

图3-3 缩进距离不一致导致运行错误

注意：不要混合使用空格和制表符来缩进，这将导致同一段 Python 代码在不同的操作系统或平台上无法正常工作。

3.2 数据类型

与 Scheme、Ruby、Perl、Tcl 等动态类型编程语言一样，Python 拥有动态类型系统和垃圾回收功能，能够自动管理内存使用情况。Python 内置的基本数据类型主要有 Number（数值）、Bool（布尔）、String（字符串）、List（列表）、Tuple（元组）、Set（集合）、Dictionary（字典）等。

3.2.1 Number

Python 3.x 中的 Number 类型包括 int（整型）、float（浮点型）和 complex（复数）三种。与 Python 2.x 相比，Python 3.x 将 long 与 int 合并，保留了 int。通常，定义数值型变量并赋值可以一步完成，示例如下。

```
a = 123
b = -123
```

在 Python 环境中，可以使用以下代码查看当前计算机可以使用的 int 类型的最大值。

```
import sys
print(sys.maxsize)
```

上述代码在 Windows 7 SP1 和 macOS High Sierra 10.13.3 上的运行结果如图 3-4 所示。

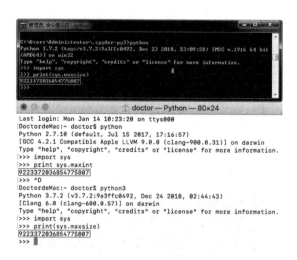

图3-4 查看int类型的最大值

注意：Python 2.x 中用 sys.maxint 表示当前计算机可以使用的 int 类型的最大值。

Python 的 float 类型浮点数用机器上浮点数的本机双精度（64bit）表示。同 C 语言的 double 类型相同，提供大约 17 位的精度及从 −308 到 308 的指数。Python 不支持 32bit 的单精度浮点数。如果程序需要精确控制区间和数字精度，可以考虑使用 NumPy 模块。Python 3.x 中的浮点数默认是 17 位精度。

温馨提示：关于单精度型和双精度型

C语言中的浮点型分为单精度型和双精度型。单精度型使用float定义，双精度型使用double定义。在Turbo C中，单精度型占4个字节（32位）内存空间，其数值范围为 $3.4 \times 10^{-38} \sim 3.4 \times 10^{38}$，只能提供七位有效数字。双精度型占8个字节（64位）内存空间，其数值范围为 $1.7 \times 10^{-308} \sim 1.7 \times 10^{308}$，可提供16位有效数字。

---

int 型和 float 型的数值可以直接进行加减乘除、乘方和取余等运算。值得注意的是，单除号 "/" 运算符总是返回一个浮点数，要获取整数结果应使用双除号 "//" 运算符。在混合计算时，Python 会将整型转换成浮点数。

在实际工作中，如果遇到需要使用更高精度（超过 17 位小数）的情况，可以使用 decimal 模块，配合 getcontext() 函数使用，示例如下。

```
from decimal import *
print(getcontext())
getcontext().prec = 50
print(Decimal(1)/Decimal(9))
print(Decimal(1)/Decimal(19))
print(float(Decimal(1)/Decimal(19)))
```

上述代码的运行结果如图 3-5 所示。

图3-5 使用decimal模块操作高精度数据

具体工作中，通常需要将精度高的 float 型数值转换为精度低的数值，简单来说就是"四舍五入"：舍弃小数点右边的部分数据。在 Python 中通常使用内置的 round() 函数完成。例如执行：

```
round(1.5)
```

将得到结果 2。

但 round() 函数对于内置的数据类型而言，执行结果往往并不像所期待的那样，如果只有一个数作为参数，且不指定位数，则返回的是一个整数，而且是最靠近这个数的整数（类似于四舍五入）。但是当出现 ".5" 的时候，两边的距离都一样，则 round() 函数取靠近这个数的偶数。例如执行：

```
round(2.5)
rount(2.675)
```

将得到不同的结果，如图 3-6 所示。

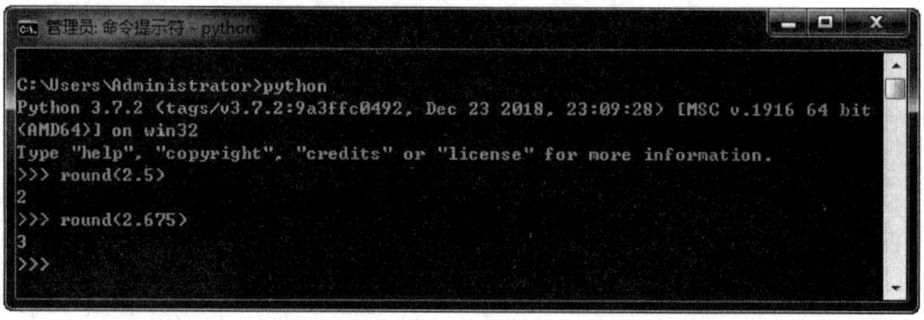

图3-6 round()函数只有一个数作为参数的执行结果

对于指定保留小数位数的情况，如果要舍弃的部分最左侧是 5，且 5 左侧是奇数，则直接舍弃；若 5 左侧是偶数，则向上取整。例如执行：

```
round(2.635, 2)
round(2.645, 2)
round(2.655, 2)
round(2.665, 2)
round(2.675, 2)
```

也将得到不同的结果，如图 3-7 所示。

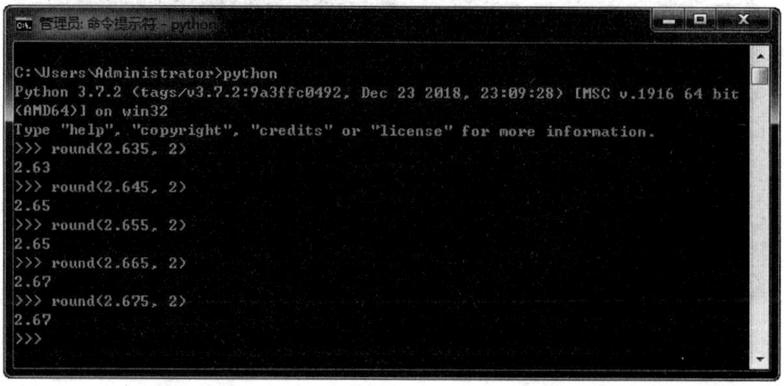

图3-7 round()函数指定保留小数位数的情况

除了 round() 函数，math 模块中的 ceil() 和 floor() 函数也可以实现向上或向下取整，示例如下。

```
from math import ceil, floor
round(2.5)
ceil(2.5)
floor(2.5)
round(2.3)
ceil(2.3)
floor(2.3)
```

上述代码的运行结果如图 3-8 所示。

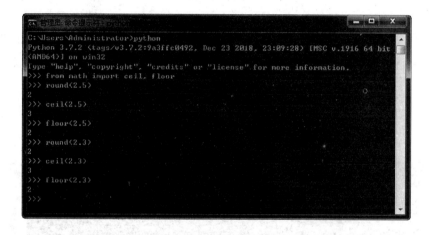

图3-8 math模块中的ceil()函数和floor()函数

Python 使用 complex() 函数创建复数，其参数可以为数值或字符串，示例如下。

```
print(complex(1))              # 只有实部为1
print(complex(1, 2))           # 实部为1，虚部为2
print(complex('1+2j'))         # 实部为1，虚部为2
```

上述代码的运行结果如图 3-9 所示。

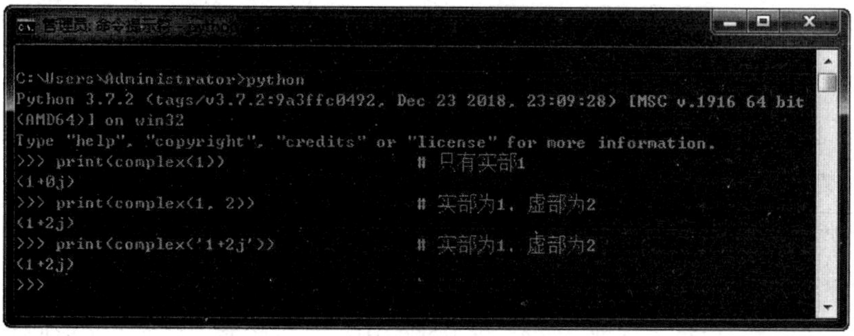

图3-9 使用complex()函数创建复数

注意：第二个参数不能传入字符串。从一个字符串的复数形式转换复数时，字符串中不能出现空格，可以写成如下形式。

```
complex('1+2j')
```

而不能写成

```
complex('1 +2j')
```

或

```
complex('1 + 2j')
```

否则会返回 ValueError 异常。

3.2.2　Bool

Python 中的 Bool 类型主要使用 True 和 False 的保留字表示。Bool 类型通常在 if 和 while 等语句中使用。需要注意的是，Python 中的 Bool 类型是 int 的子类（继承自 int），例如以下代码。

```
True==1
False==0
```

它们都会返回 True，运行结果如图 3-10 所示。

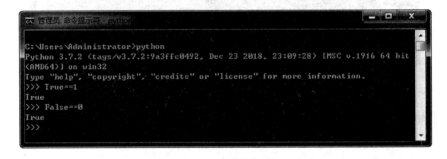

图3-10　Bool类型是int的子类

因此，在数值上下文环境中，True 和 False 可以参与数值运算，示例如下。

```
True+3==4
```

因此，可以将 True 理解为 1，将 False 理解为 0。事实上，Python 会将以下数据判定为 False。

（1）None。

（2）False。

（3）数值类型的 0 值，如 0、0.0、0j（虚部为 0 的复数）。

（4）空序列，如 ''、()、[]。

（5）空映射，如 {}。

（6）一个定义了 __bool__() 或 __len__() 方法的用户自定义类，且该方法返回 0 值或 False。

3.2.3　String

字符串是由数字、字母、下画线组成的一串字符，是编程语言中表示文本的数据类型。在 Python 2.x 中，普通字符串是以 8 位 ASCII 码进行存储的，而 Unicode 字符串则以 16 位 Unicode 编码存储，这样能够表示更多的字符集，使用时需要在字符串前面加上前缀 u。在 Python 3.x 中，所有的字符串都使用 Unicode 编码存储。

声明字符串可以使用单引号"'"或双引号"""，Python 中典型的字符串赋值语句如下。

```
str='你好，Python'
```

Python 不支持单字符类型，单字符在 Python 中也是作为一个字符串使用。要获取字符串中的一部分，可以使用方括号"[]"来截取字符串，示例如下。

```
string="Hello world"
print(string[0:5])
```

上述代码的运行结果如图 3-11 所示。

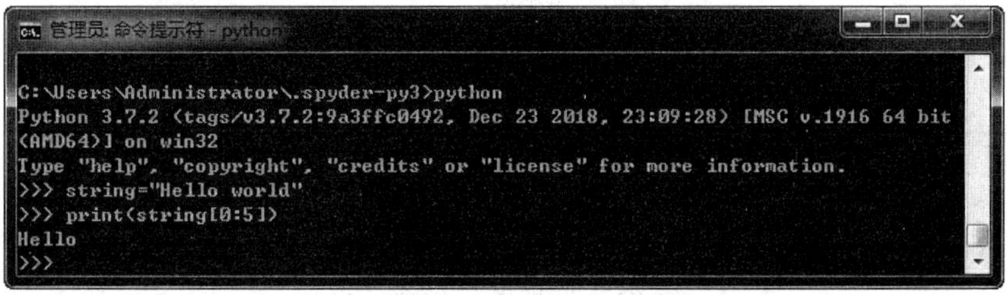

图3-11 获取字符串中的一部分

字符串支持截取、连接、重复输出等操作。Python 中字符串支持的操作运算符如表 3-1 所示。

表3-1　Python中字符串支持的操作运算符

运算符	描述
+	字符串连接，例如，"Hello"+"world"输出"Helloworld"
*	重复输出字符串，例如，"Hello"*2输出"HelloHello"
[]	通过下标获取字符串中的单个字符
[:]	获取字符串的一部分，遵循左闭右开原则，例如，str[0：2]不包含第3个字符
in	成员运算符，如果字符串中包含给定的字符，则返回True
not in	成员运算符，如果字符串中不包含给定的字符，则返回True
r/R	原始字符串，所有的字符串都是直接按照字面意思来使用的
%	格式化字符串

在字符串中使用特殊字符需要用到转义字符，Python 使用反斜杠"\"对字符转义。Python 中用于转义的字符如表 3-2 所示。

表3-2 Python保留字的含义及作用

转义字符	描述
\	在行尾用作续行符
\\	反斜杠符号
\'	单引号
\"	双引号
\a	响铃
\b	退格（删除）
\e	转义
\000	空
\n	换行
\v	纵向制表符
\t	横向制表符
\r	回车
\f	换页
\oyy	八进制数yy代表的字符，例如，\o12代表换行
\xyy	十六进制数yy代表的字符，例如，\x0a代表换行
\other	其他的字符以普通格式输出

Python 支持格式化输出字符串，目的是将需要输出的字符串按照预先设定的格式显示，示例如下。

```
print("%s今年%d岁了!" % ('小明', 10))
```

上述代码的运行结果如图 3-12 所示。

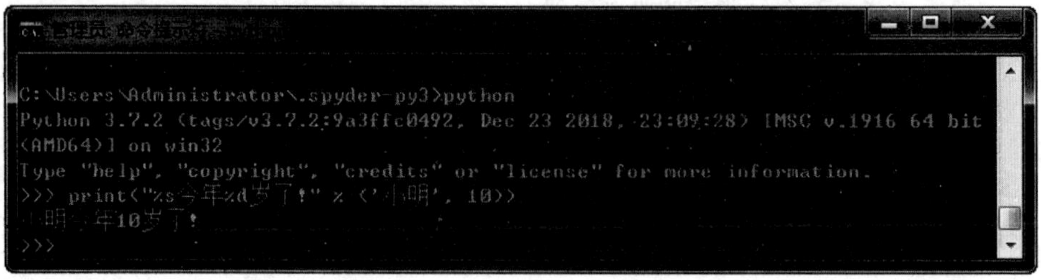

图3-12 格式化输出字符串

Python 中用于格式化输出字符串的符号共有 13 个，如表 3-3 所示。

表3-3　Python字符串格式化符号

符号	描述
%c	格式化字符及其ASCII码
%s	格式化字符串
%d	格式化整数
%u	格式化无符号整型
%o	格式化无符号八进制数
%x	格式化无符号十六进制数
%X	格式化无符号十六进制数（大写）
%f	格式化浮点数字，可指定小数点后的精度
%e	用科学计数法格式化浮点数
%E	作用同%e，用科学记数法格式化浮点数
%g	%f和%e的简写
%G	%f和%E的简写
%p	用十六进制数格式化变量的地址

与 PHP 语言类似，Python 中也提供了很多与字符串操作相关的函数，常用的字符串函数如表 3-4 所示。

表3-4　Python常用的字符串函数

函数	描述
title()	返回将原字符串中单词首字符大写的新字符串
istitle()	判断字符串中的单词首字符是否大写
capitalize()	返回将整个字符串首字母大写的新字符串
lower()、upper()	返回将字符串的所有大写字符转为小写、所有小写字符转为大写的新字符串
swapcase()	返回字符串的大小写互换后的新字符串
islower()、isupper()	判断字符串是否全部为小写、大写
strip()、lstrip()、rstrip()	删除字符串首尾、左部或右部的空白（包括空格、制表符、换行符等）

函数	描述
ljust()、rjust()、center()	打印指定数目的字符，若字符串本身长度不足，则在其左部、右部或者两端用指定的字符补齐
startswith()、endswith()	判断原字符串是否以指定的子字符串开始或结束
isnumeric()、isdigit()、isdecimal()	判断字符串是否为数字、整数、十进制数字
find()、rfind()	在字符串中查找指定子字符串第一次出现的位置，方向分别为从左向右和从右向左
split()	按照指定的字符将字符串分割成词，并返回列表
splitlines()	按照换行符将文本分割成行
count()	统计指定字符在整个字符串中出现的次数
format()	用指定的参数格式化原字符串中的占位符

3.2.4　正则表达式

正则表达式又称规则表达式（Regular Expression），是使用单个字符串来描述、匹配某个句法规则的字符串，常被用来检索、替换那些符合某个模式（规则）的文本。一个正则表达式通常称为一个模式（Pattern）。例如，Polish、Spanish 和 Swedish 这三个字符串，都可以由 (Pol|Span|Swed)ish 这个模式来描述。大部分正则表达式的形式都有如下结构。

1. 选择

竖线"|"表示选择，具有最低优先级，例如，center|centre 可以匹配 center 或 centre。

2. 数量限定

字符后的数量限定符用来限定前面这个字符允许出现的个数。最常见的数量限定符包括"+""?"和"*"。

3. 匹配

成对的圆括号"()"用来定义操作符的范围和优先度，例如，gr(a|e)y 等价于 gray|grey，(grand)?father 匹配 father 和 grandfather。

正则表达式中除上述几种字符外，还使用了一些特殊的方式表示匹配的模式，常用的特殊字符及含义如表 3-5 所示。

表3-5 正则表达式的特殊字符及其含义

符号	描述
\	将下一个字符标记为一个特殊字符或一个原义字符（Identity Escape，有^$()*+?.[\{|共计12个)或一个向后引用（backreferences），又或是一个八进制转义符。例如，"n"匹配字符"n"，"\n"匹配一个换行符，序列"\\"匹配"\"，"\("则匹配"("
^	匹配输入字符串的开始位置。如果设置了正则表达式的多行属性，"^"也匹配"\n"或"\r"之后的位置
$	匹配输入字符串的结束位置。如果设置了正则表达式的多行属性，"$"也匹配"\n"或"\r"之前的位置
*	匹配前面的子表达式零次或多次。例如，"zo*"能匹配"z""zo"和"zoo"。"*"等价于"{0,}"
+	匹配前面的子表达式一次或多次。例如，"zo+"能匹配"zo"和"zoo"，但不能匹配"z"。"+"等价于{1,}
?	匹配前面的子表达式零次或一次。例如，"do(es)?"可以匹配"do"或"does"中的"do"。"?"等价于"{0,1}"
{n}	n是一个非负整数，匹配确定n次。例如，"o{2}"不能匹配"Bob"中的"o"，但是能匹配"food"中的两个"o"
{n,}	n是一个非负整数，至少匹配n次。例如，"o{2,}"不能匹配"Bob"中的"o"，但能匹配"foooood"中的所有"o"。"o{1,}"等价于"o+"，"o{0,}"则等价于"o*"
{n,m}	m和n均为非负整数，其中n<=m。最少匹配n次且最多匹配m次。例如，"o{1,3}"将匹配"fooooood"中的前三个"o"。"o{0,1}"等价于"o?"。注意：逗号和两个数之间不能有空格
.	匹配除"\r""\n"外的任何单个字符。要匹配包括"\r""\n"在内的任何字符，应使用"(.|\r|\n)"的模式
(?:pattern)	匹配模式但不获取匹配的子字符串，也就是说这是一个非获取匹配，不存储匹配的子字符串，用于向后引用。这在使用竖线字符"(|)"来组合一个模式的各个部分时很有用。例如，"industr(?:y|ies)"就是一个比"industry|industries"更简略的表达式
(?=pattern)	正向肯定断言，在任何匹配pattern的字符串开始处查找匹配字符串。这是一个非获取匹配。例如，"Windows(?=95|98|NT|2000)"能匹配"Windows2000"中的"Windows"，但不能匹配"Windows3.1"中的"Windows"。"断言"不消耗字符，即在一个匹配发生后，在最后一次匹配之后立即开始下一次匹配的搜索，而不是从包含"断言"的字符之后开始
x|y	没有包围在()里，其范围是整个正则表达式。例如，"z|food"能匹配"z"或"food"，"(?:z|f)ood"则匹配"zood"或"food"

符号	描述
[xyz]	字符集合，匹配所包含的任意一个字符。例如，"[abc]"可以匹配"plain"中的"a"。特殊字符仅有反斜线"\"保持特殊含义，用于转义字符。其他特殊字符如星号、加号、各种括号等均作为普通字符。脱字符"^"如果出现在首位，则表示负值字符集合；如果出现在字符串中间，则仅作为普通字符。连字符"-"如果出现在字符串中间，则表示字符范围描述；如果出现在首位（或末尾）则仅作为普通字符。右方括号可转义出现，也可以作为首位字符出现
[a-z]	字符范围，匹配指定范围内的任意字符。例如，"[a-z]"可以匹配"a"到"z"范围内的任意小写字母字符
\b	匹配一个单词边界，也就是单词和空格间的位置。例如，"er\b"可以匹配"never"中的"er"，但不能匹配"verb"中的"er"
\B	匹配非单词边界。例如，"er\B"能匹配"verb"中的"er"，但不能匹配"never"中的"er"
\cx	匹配由x指明的控制字符。x的值必须为A-Z或a-z之一，否则会将c视为一个原义的"c"字符
\d	匹配一个数字字符，等价于"[0-9]"。注意：Unicode正则表达式会匹配全角数字字符
\D	匹配一个非数字字符，等价于"[^0-9]"
\f	匹配一个换页符，等价于"\x0c"和"\cL"
\n	匹配一个换行符，等价于"\x0a"和"\cJ"
\r	匹配一个回车符，等价于"\x0d"和"\cM"
\s	匹配任何空白字符，包括空格、制表符、换页符等，等价于"[\f\n\r\t\v]"。注意：Unicode的正则表达式会匹配全角空格符
\S	匹配任何非空白字符，等价于"[^\f\n\r\t\v]"
\t	匹配一个制表符，等价于"\x09"和"\cI"
\v	匹配一个垂直制表符，等价于"\x0b"和"\cK"
\w	匹配包括下画线的任何单词字符，等价于"[A-Za-z0-9_]"。注意：Unicode正则表达式会匹配中文字符
\W	匹配任何非单词字符，等价于"[^A-Za-z0-9_]"
\n	标识一个八进制转义值或一个向后引用。如果"\n"之前有至少n个获取的子表达式，则n为向后引用；如果n为八进制数字（0~7），则n为一个八进制转义值

表 3-5 中的这些特殊字符的优先级如表 3-6 所示。

表3-6 正则表达式特殊字符的优先级

优先级	符号
最高	\
高	()、(?:)、(?=)、[]
中	*、+、?、{n}、{n,}、{n,m}
低	^、$、中介字符
次最低	串接（相邻字符连接在一起）
最低	|

在 Python 中可以通过 re 模块使用正则表达式，示例如下。

```
import re

str = '<span>abcd</span><span>abcdef</span>'
pattern = '<span>.*</span>'
p = re.compile(pattern)
match = re.search(p, str)
print(match.group(0))
```

上述代码的运行结果如图 3-13 所示。

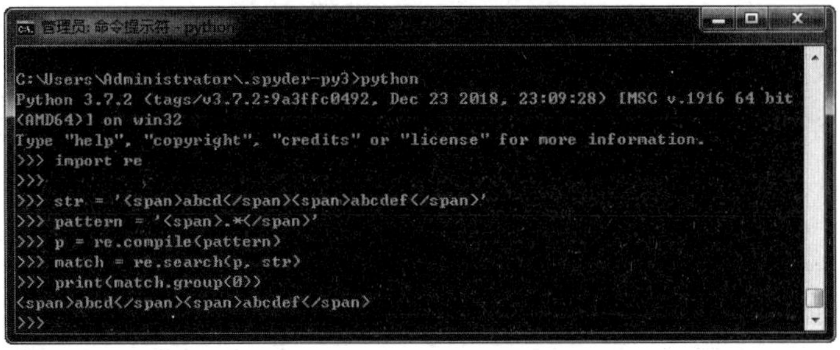

图3-13 在Python中使用正则表达式（"贪婪模式"）

在正则表达中使用 "*" 匹配字符串默认是匹配到串的结尾，即所谓的 "贪婪模式"。如果只想匹配到第一个符合条件的子字符串就停止，则需要切换为 "非贪婪模式"，方法是在 "*" 之后使用 "?"，示例如下。

```
import re

str = '<span>abcd</span><span>abcdef</span>'
pattern = '<span>.*?</span>'
p = re.compile(pattern)
match = re.search(p, str)
```

```
print(match.group(0))
```

上述代码的运行结果如图 3-14 所示。

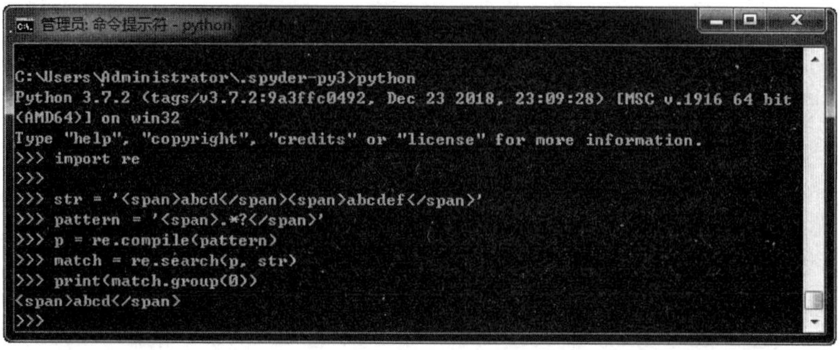

图3-14 在Python中使用正则表达式（"非贪婪模式"）

可见，"贪婪模式"在正则表达式匹配成功的前提下，尽可能多地匹配；而"非贪婪模式"在正则表达式匹配成功的前提下，尽可能少地匹配。"贪婪模式"与"非贪婪模式"影响的是被量词修饰的子表达式的匹配行为。

Python 中正则表达式常用的方法如表 3-7 所示。

表3-7 正则表达式的常用方法

方法	描述
compile()	编译正则表达式模式，返回一个对象的模式
match()	决定正则表达式对象是否在字符串最开始的位置匹配。注意：该方法不是完全匹配。当模式结束时，若原字符串还有剩余字符，则仍然视为成功。想要完全匹配，可以在表达式末尾加上边界匹配符"$"
search()	在字符串内查找模式匹配，只要找到第一个匹配就返回，如果字符串没有匹配，则返回None
findall()	遍历匹配，可以获取字符串中所有匹配的字符串，返回一个列表
finditer()	返回一个顺序访问每一个匹配结果的迭代器。该方法可以找到匹配正则表达式的所有子字符串
split()	按照能够匹配的子字符串，将原字符串分割后返回列表
sub()	替换原字符串中每一个匹配的子字符串后，返回替换的字符串
subn()	返回执行sub()方法后的替换次数
flags()	正则表达式编译时设置的标志
pattern()	正则表达式编译时使用的字符串

3.2.5　List

列表是 Python 中的一种序列型数据结构，其中的每个元素都有自己的位置，称为下标（或索引）。列表中不同的下标指向不同元素。第一个下标值从 0 开始，最后一个下标值是列表的元素个数减 1。

定义列表使用成对的方括号"[]"，其中元素之间使用逗号","分隔，列表中各个元素的数据类型可以不同，例如：

```
list1 = ['a', 'b', 2000, 2019]
list2 = [1, 2, 3, 4, 5 ]
```

访问列表中的元素需要使用下标，例如，list1[1] 表示取得 list1 中的第二个元素，即字符串"b"。获取列表中连续的元素可以使用下标范围的方式，例如：

```
print(list2[1:3])
```

注意：Python 中所有基于范围的语法都遵循"左闭右开"原则，即起始下标对应的元素被包含在内，范围内的最后一个元素是结束下标对应的元素之前的元素。

因此，list2[3] 对应的元素是 4，使用 list2[1:3] 方式只获取到 2 和 3 两个元素。要取得列表的最后两个元素，可以使用：

```
print(list2[-2:])
```

修改列表中元素的值可以通过为对应下标的元素重新赋值的方式实现，例如：

```
list2[2] = 6
print(list2)
```

与获取连续元素相似，修改连续元素的值也可以使用下标范围的方式，例如：

```
list2[2:4] = ['C', 'D', 'E']
print(list2)
```

注意：这里使用下标范围的方式依然遵循"左闭右开"原则。

"2:4"实际上修改的是第三、第四这两个元素，但新值有 C、D、E 三个字符串，因此最终结果是将 list2 的第三、第四这两个元素替换为三个元素。

类似地，也可以使用下标范围的方式删除列表中的元素，例如：

```
list2[3:4] = []
print(list2)
```

以此类推，清空整个列表可以使用：

```
list2[:] = []
```

列表也支持嵌套，例如：

```
a = ['a', 'b', 'c']
b = [1, 2, 3]
x = [a, b]
```

```
print(x)
```

删除列表可以使用 del 语句，例如：

```
a = ['a', 'b', 'c']
del a
print(a)
```

执行了删除列表 a 的语句后，再次访问 a 将报错，报错内容为名称 a 未定义。

与字符串相似，Python 的常见运算符对列表也起作用，+、*、in 等运算符对列表的作用如表 3-8 所示。

表3-8 +、*、in等运算符对列表的作用

运算符	表达式	结果	描述
+	[1, 2, 3] + [4, 5, 6]	[1, 2, 3, 4, 5, 6]	组合
*	[' Hi! '] * 4	[' Hi! ', ' Hi! ', ' Hi! ', ' Hi! ']	重复
in	3 in [1, 2, 3]	True	判断元素是否存在于列表中

Python 将可以用于列表的函数分为两类，一类是对列表本身进行操作，如 len()、max()、min() 等。

（1）len() 函数用于统计列表中元素的个数，例如：

```
len(list2)
```

上述代码的运行结果如图 3-15 所示。

图3-15 统计列表list2中元素的个数

（2）max() 函数用于获取列表中元素的最大值，例如：

```
max(b)
```

上述代码的运行结果如图 3-16 所示。

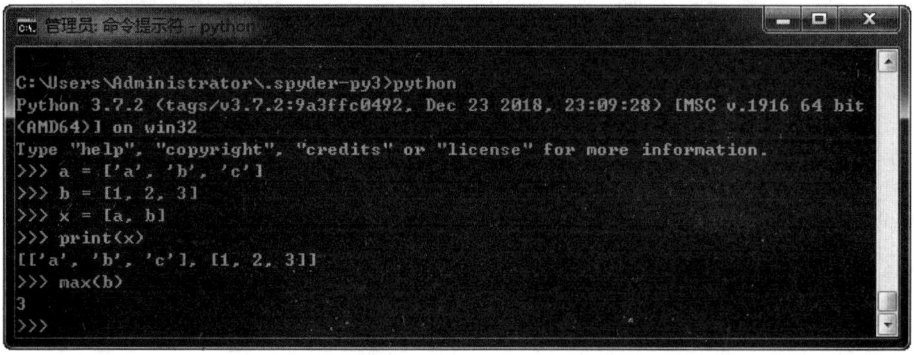

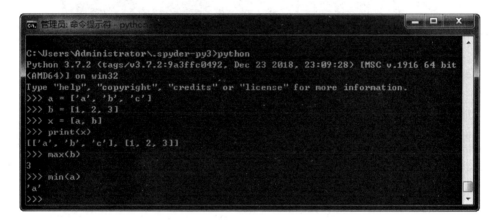

图3-16 获取列表b中元素的最大值

（3）min() 函数用于获取列表中元素的最小值，例如：

```
min(a)
```

上述代码的运行结果如图 3-17 所示。

图3-17 获取列表a中元素的最小值

另一类是对列表对象进行操作，主要有 append()、count()、extend()、index()、insert()、pop()、remove()、reverse()、copy()、clear() 等。

（1）append() 方法用于在列表末尾添加新元素，例如：

```
a = ['a', 'b', 'c']
a.append('d')
print(a)
```

上述代码的运行结果如图 3-18 所示。

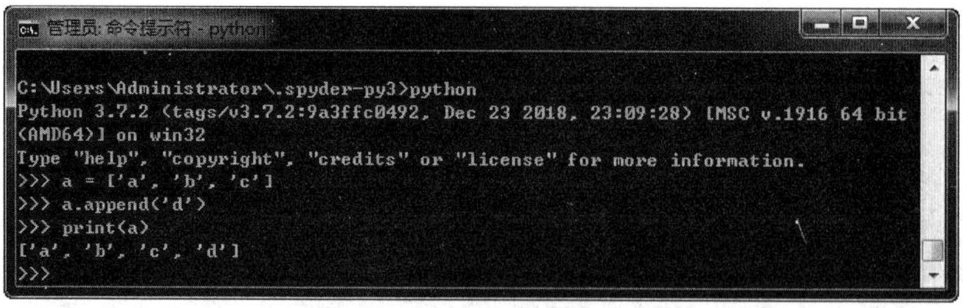

图3-18 在列表a的末尾新增元素

（2）count() 方法用于统计某个元素在列表中出现的次数，例如：

```
a = ['a', 'a', 'a', 'b', 'c']
print(a.count('a'))
```

上述代码的运行结果如图 3-19 所示。

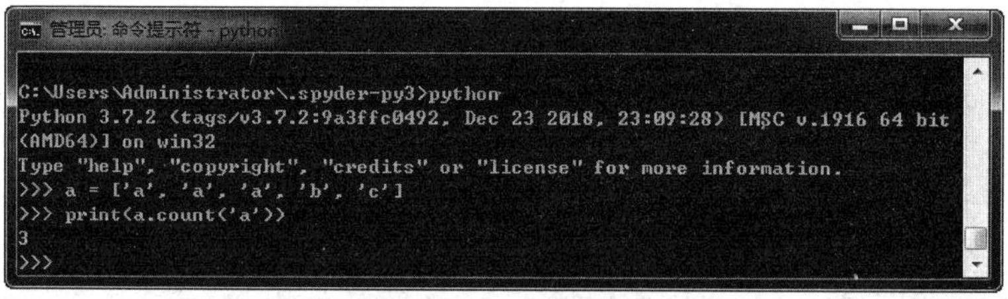

图3-19 统计元素a在列表中出现的次数

（3）extend() 方法用于在列表末尾一次性追加另一个序列中的多个值，可以实现用新列表扩展原来的列表，例如：

```
a = ['a', 'b', 'c']
b = [1, 2, 3]
a.extend(b)
print(a)
```

上述代码的运行结果如图 3-20 所示。

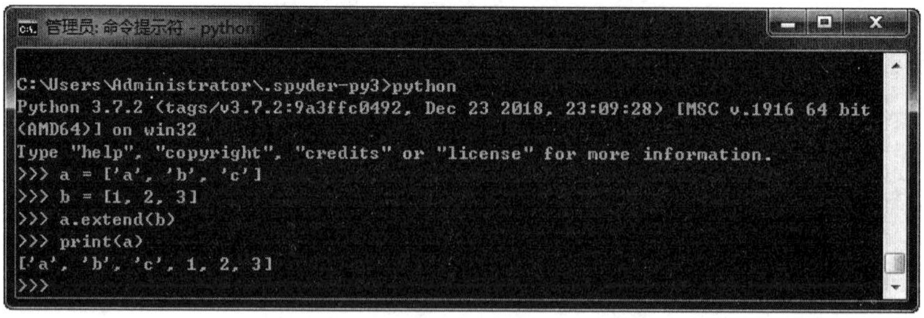

图3-20 将列表b加到列表a的尾部

（4）index() 方法用于从列表中找出某个值的第一个匹配项的下标，例如：

```
a = ['a', 'b', 'a', 'b', 'b', 'a', 'b']
print(a.index('b'))
```

上述代码的运行结果如图 3-21 所示。

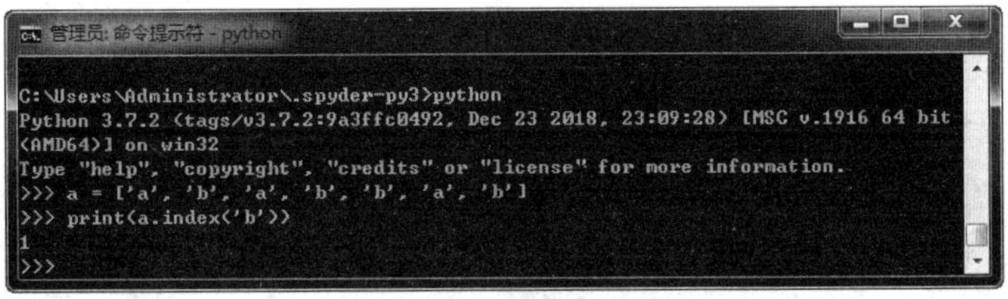

图3-21　从列表中找出b的第一个匹配项的下标

（5）insert() 方法用于在列表的指定位置插入一个新元素，例如：

```
a = ['a', 'b', 'a', 'b', 'b', 'a', 'b']
a.insert(4, 'c')
print(a)
```

上述代码的运行结果如图 3-22 所示。

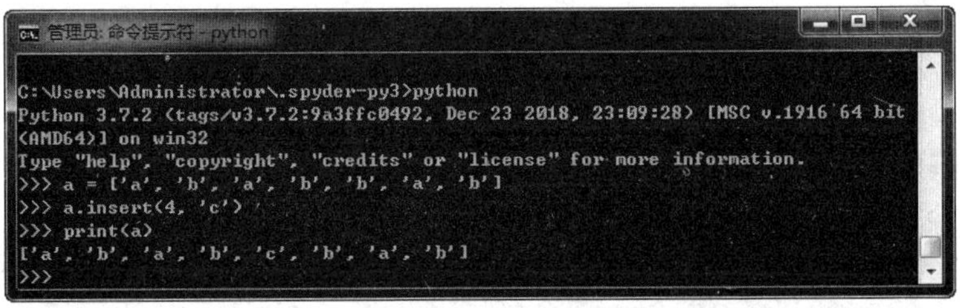

图3-22　在列表a的第五个位置插入元素c

（6）pop() 方法用于从列表中移除一个元素（默认移除末尾的元素），并返回该元素的值，例如：

```
a = ['a', 'b', 'a', 'b', 'b', 'a', 'b']
print(a.pop(4))
print(a)
```

上述代码的运行结果如图 3-23 所示。

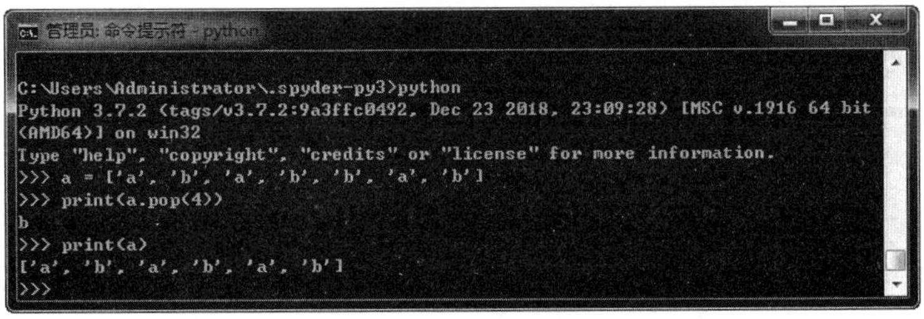

图3-23　从列表a中移除一个元素

（7）remove() 方法用于从列表中移除某个值的第一个匹配项，例如：

```
a = ['a', 'b', 'a', 'b', 'b', 'a', 'b']
a.remove('b')
print(a)
```

上述代码的运行结果如图 3-24 所示。

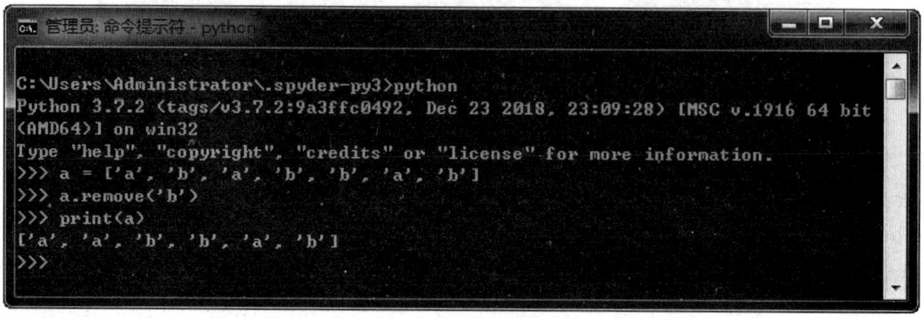

图3-24 从列表a中移除b的第一个匹配项

（8）reverse() 方法用于将列表的所有元素反向排列，例如：

```
a = ['a', 'b', 'a', 'b', 'a', 'b']
a.reverse()
print(a)
```

上述代码的运行结果如图 3-25 所示。

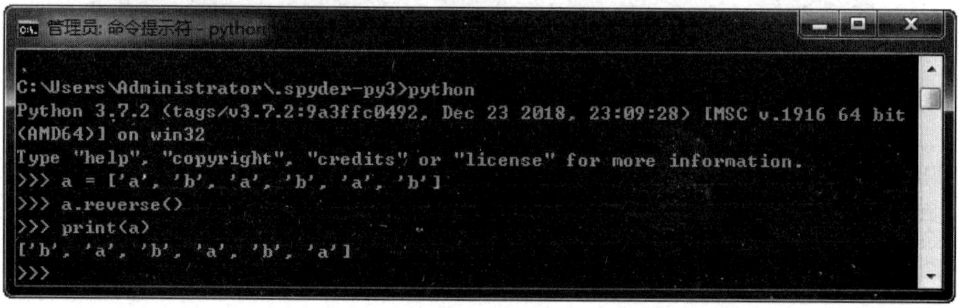

图3-25 将列表a中所有元素反向排列

（9）copy() 方法用于复制一个列表，例如：

```
a = ['a', 'b', 'a', 'b', 'a', 'b']
b = a.copy()
print(b)
```

上述代码的运行结果如图 3-26 所示。

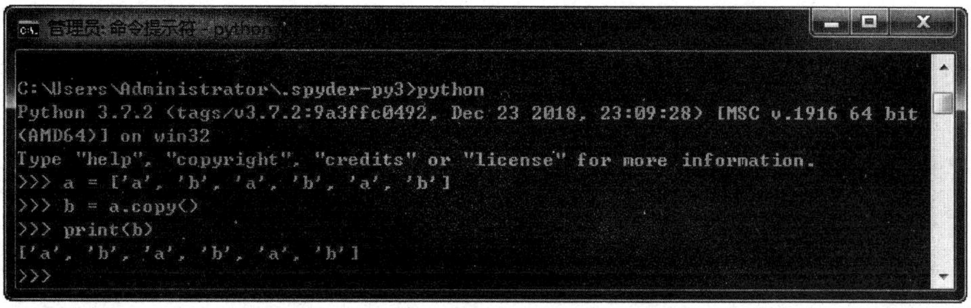

图3-26 复制列表a

（10）clear() 方法用于清空列表，例如：

```
a = ['a', 'b', 'a', 'b', 'a', 'b']
a.clear()
print(a)
```

上述代码的运行结果如图 3-27 所示。

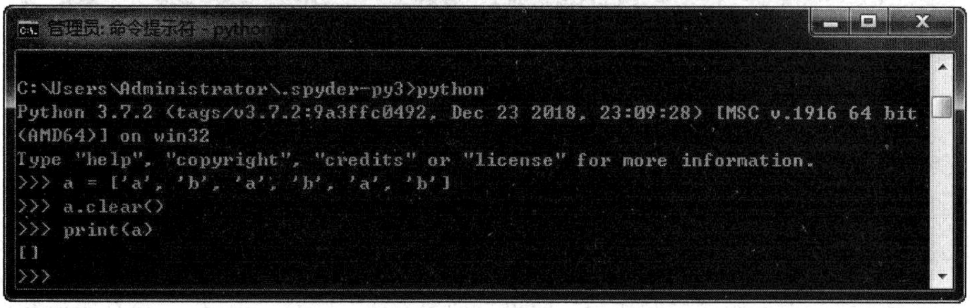

图3-27 清空列表a

3.2.6 Tuple

元组与列表功能相似，两者的区别在于列表的元素可以修改，元组的元素不能修改。元组使用成对的圆括号定义，例如：

```
tuple1 = ('a', 'b', 2000, 2019)
tuple2 = (1, 2, 3, 4, 5)
```

当元组中只有一个元素时，需要在元素后加逗号","，否则定义元组的圆括号会被当作运算符：

```
tup1 = (1)
type(tup1)                    # 不加逗号","，类型为整型


tup1 = (1,)
type(tup1)                    # 加上逗号","，类型为元组
```

与列表相同，可以使用下标访问元组中的元素，例如：

```
tuple1 = ('a', 'b', 2000, 2019)
print(tuple1[2])
```

将得到元素 2000。

可以将多个元组连接组合成一个新的元组，例如：

```
tuple1 = ('a', 'b', 2000, 2019)
tuple2 = (1, 2, 3, 4, 5)
print(tuple1 + tuple2)
```

上述代码的运行结果如图 3-28 所示。

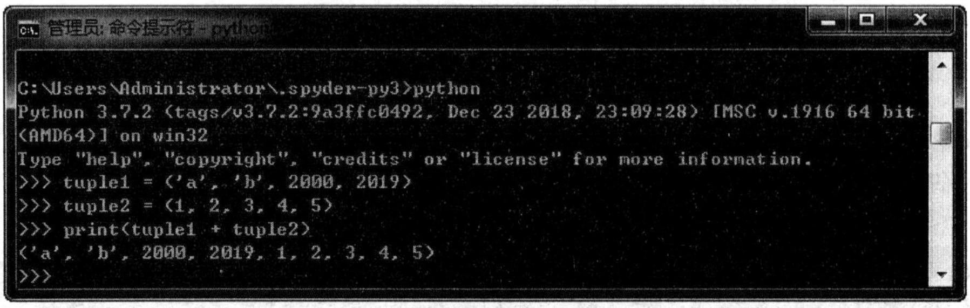

图3-28 两个元组连接组合成一个新元组

删除元组也是使用 del 语句，例如：

```
a = ('a', 'b', 'c')
del a
```

+、*、in 等运算符对元组同样起作用，效果与列表类似；len()、max()、min() 等函数对元组的作用也与列表类似，此处均不再赘述。

3.2.7 Set

集合是包含若干元素的列表，其特点是元素无序且不重复。定义集合使用成对的花括号"{}"或 set() 函数，例如：

```
drawer = {'pen', 'pencil', 'ruler', 'eraser'}
```

注意：创建空集合必须使用 set() 函数。

Python 中集合的概念基本上反映了集合论对应的概念。两个不同的集合可以执行交、并、补、差等运算，例如：

```
drawer = {'pen', 'pencil', 'ruler', 'eraser'}
desk = {'pen', 'book', 'cup'}
drawer | desk                          # 两个集合的并集
drawer & desk                          # 两个集合的交集
```

```
drawer ^ desk                              # 两个集合的交集的补集
drawer - desk                              # 两个集合的差集
```

上述代码的运行结果如图 3-29 所示。

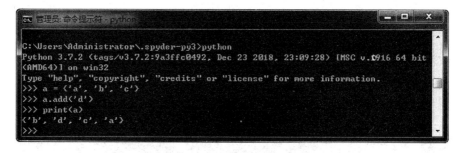

图3-29 两个集合的运算

Python 中可以用于集合的函数主要有 add()、clear()、copy()、discard()、remove()、pop()、difference()、intersection()、union() 等。

（1）add() 函数用于为集合添加一个元素，例如：

```
a = {'a', 'b', 'c'}
a.add('d')
print(a)
```

上述代码的运行结果如图 3-30 所示。

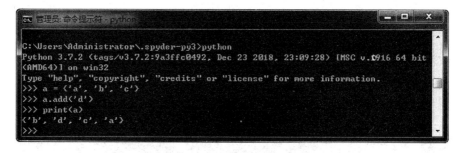

图3-30 为集合a添加一个元素

（2）clear() 函数用于清空一个集合，例如：

```
a = {'a', 'b', 'c'}
a.clear()
print(a)
```

上述代码的运行结果如图 3-31 所示。

71

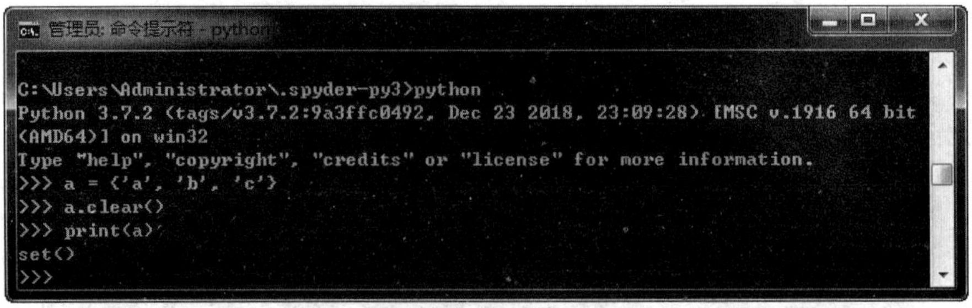

图3-31 清空集合a

（3）copy() 函数用于复制一个集合，例如：

```
a = {'a', 'b', 'c'}
b = a.copy()
print(b)
```

上述代码的运行结果如图 3-32 所示。

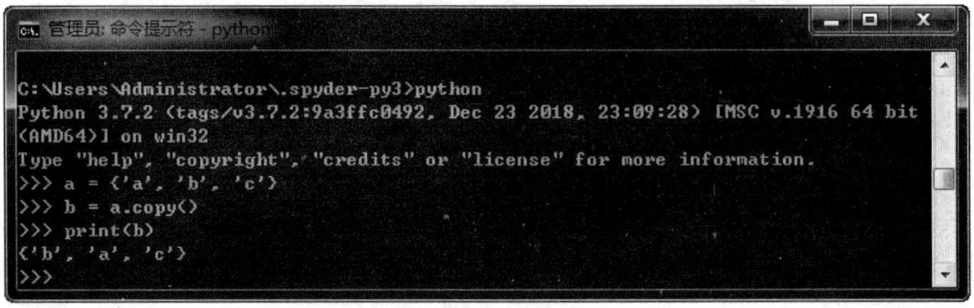

图3-32 复制集合a

（4）discard() 函数用于删除集合中的一个指定元素，例如：

```
a = {'a', 'b', 'c'}
a.discard('b')
print(a)
```

上述代码的运行结果如图 3-33 所示。

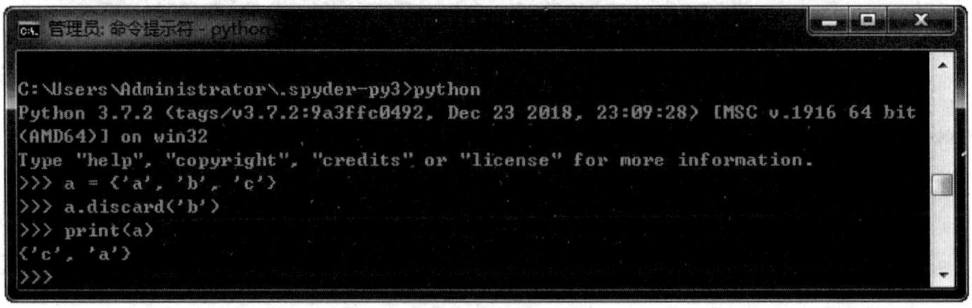

图3-33 从集合a中删除元素b

（5）remove() 函数与 discard() 函数作用相同，区别在于 remove() 函数在移除集合中一个不存在的元素时会发生错误，而 discard() 函数不会。

（6）pop() 函数用于从集合中随机移除一个元素，例如：

```
a = {'a', 'b', 'c', 'd', 'e', 'f', 'g'}
a.pop()
print(a)
```

多次运行上述代码的结果如图 3-34 所示。

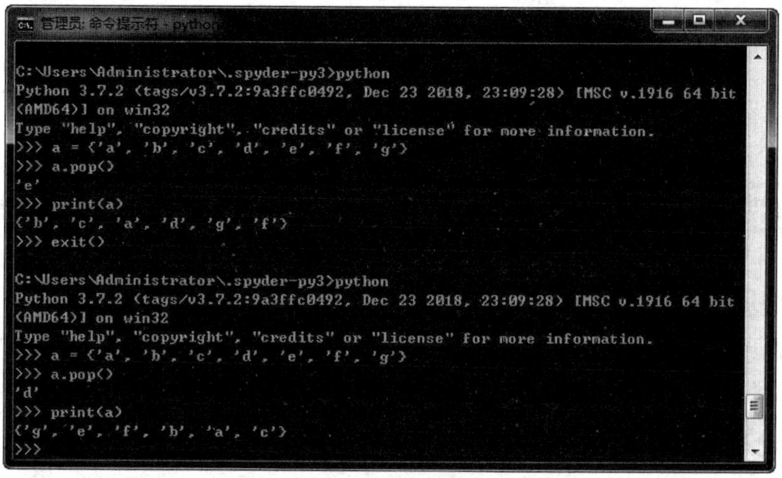

图3-34　从集合a中随机移除一个元素

difference()、intersection()、union() 等函数分别用于计算两个集合的差集、交集和并集，效果与 −、&、| 等运算符相似，此处不再赘述。

3.2.8　Dictionary

Dictionary（字典）可以存储任意类型的对象，字典中的键值对分别存储字符串型的"下标"及对应的内容。字典中的每个键和值之间使用冒号"："分隔，键值对之间使用逗号"，"分隔，整个字典使用成对的花括号"{}"定义。例如：

```
dict = {'A': '123', 'B': '45', 'C': '678'}
```

要访问字典中的值，需要使用方括号"[]"语法，例如：

```
print(dict['B'])
```

将返回字符串 45。

添加或修改字典中某个键值对中的值也要使用方括号"[]"语法，例如：

```
dict = {'A': '123', 'B': '45', 'C': '678'}
dict['D'] = '9'
```

当该键存在时修改对应的值，不存在时将该键值对添加到字典中。

与列表、元组、集合相同，清空字典的内容使用 clear() 函数，删除字典使用 del 命令，例如：

```
dict = {'A': '123', 'B': '45', 'C': '678'}
dict.clear()                    # 清空dict的内容
del dict['A']                   # 删除dict字典中A键和对应的值
del dict                        # 删除dict字典
```

字典有以下两个特点：一是其中的键名不能重复，创建字典时若同一个键被多次赋值，则其值为最后一次赋值的内容；二是键一旦定义便不可更改，若要修改键名则意味着将原有键值对删除，并增加新的键值对。

3.3 运算符

Python 中的运算符主要分为七大类：算术运算符、比较（关系）运算符、赋值运算符、逻辑运算符、位运算符、成员运算符和身份运算符。

3.3.1　算术运算符

Python 的算术运算符共有 7 个，如表 3-9 所示。

表3-9　Python的算术运算符

运算符	描述
+	两个对象相加，或是字符串连接
−	两个对象相减
*	两个对象相乘，或是返回一个重复若干次的字符串
/	两个对象相除，结果为浮点数（小数）
//	两个对象相除，结果为向下取整的整数
%	取模，返回两个对象相除的余数
**	幂运算，返回乘方结果

算术运算符的功能较为简单，此处不再赘述。

3.3.2　比较（关系）运算符

Python 的比较（关系）运算符共有 6 个，如表 3-10 所示。

表3-10　Python的比较（关系）运算符

运算符	描述
==	比较两个对象是否相等
!=	比较两个对象是否不相等
>	大小比较，例如，x>y将比较x和y的大小，若x比y大则返回True，否则返回False
<	大小比较，例如，x<y将比较x和y的大小，若x比y小则返回True，否则返回False
>=	大小比较，例如，x>=y将比较x和y的大小，若x大于等于y则返回True，否则返回False
<=	大小比较，例如，x<=y将比较x和y的大小，若x小于等于y则返回True，否则返回False

上述比较（关系）运算符的示例如图 3-35 所示。

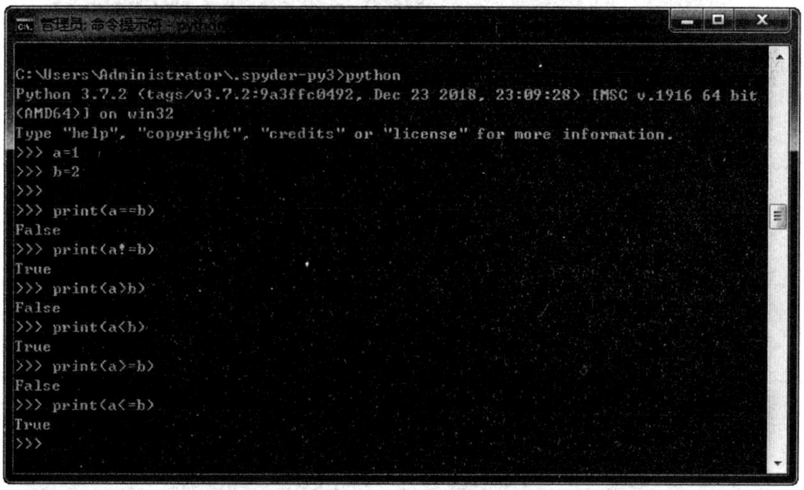

图3-35 比较（关系）运算符

3.3.3　赋值运算符

Python 的赋值运算符共有 8 个，如表 3-11 所示。

表3-11　Python的赋值运算符

运算符	描述
=	常规赋值运算符，将运算结果赋值给变量
+=	加法赋值运算符，例如，a+=b等价于a=a+b
-=	减法赋值运算符，例如，a-=b等价于a=a-b
*=	乘法赋值运算符，例如，a*=b等价于a=a*b

运算符	描述
/=	除法赋值运算符，例如，a/=b等价于a=a/b
%=	取模赋值运算符，例如，a%=b等价于a=a%b
**=	幂运算赋值运算符，例如，a**=b等价于a=a**b
//=	取整除赋值运算符，例如，a//=b等价于a=a//b

上述赋值运算符的示例如图 3-36 所示。

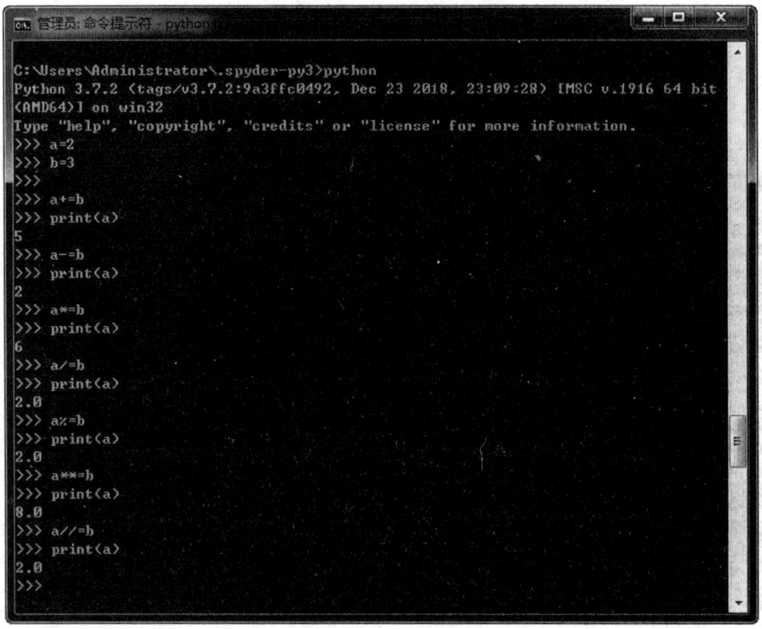

图3-36 赋值运算符

3.3.4 逻辑运算符

Python 的逻辑运算符共有 3 个，如表 3-12 所示。

表3-12 Python的逻辑运算符

运算符	描述
and	布尔"与"运算，返回两个变量"与"运算的结果
or	布尔"或"运算，返回两个变量"或"运算的结果
not	布尔"非"运算，返回对变量"非"运算的结果

上述逻辑运算符的示例如图 3-37 所示。

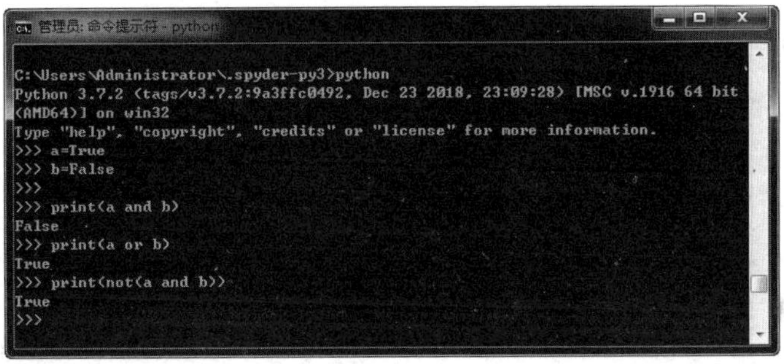

图3-37　逻辑运算符

3.3.5　位运算符

Python 的位运算符共有 6 个，如表 3-13 所示。

表3-13　Python的位运算符

运算符	描述
&	按位"与"运算符：参与运算的两个值，如果两个相应位都为1，则结果为1，否则为0
|	按位"或"运算符：只要对应的两个二进制位有一个为1，结果就为1
^	按位"异或"运算符：当两个对应的二进制位相异时，结果为1
~	按位"取反"运算符：对数据的每个二进制位取反，即把1变为0，把0变为1
<<	左移动运算符：运算数的各二进制位全部左移若干位，由"<<"右边的数指定移动的位数，高位丢弃，低位补0
>>	右移动运算符：运算数的各二进制位全部右移若干位，由">>"右边的数指定移动的位数

上述位运算符的示例如图 3-38 所示。

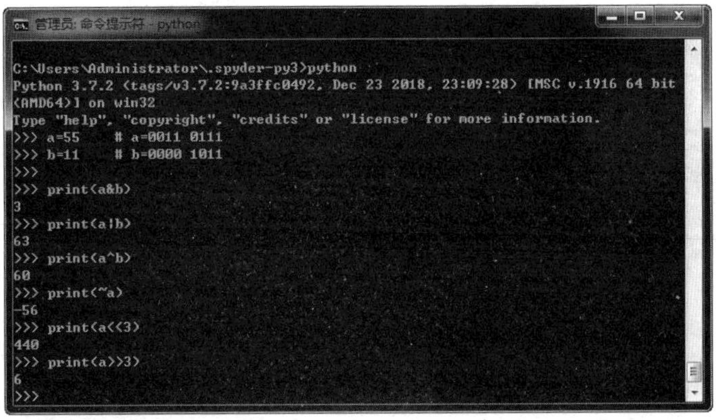

图3-38　位运算符

3.3.6　成员运算符

Python 的成员运算符共有 2 个，如表 3-14 所示。

表3-14　Pthon的成员运算符

运算符	描述
in	在指定的序列中找到值则返回True，否则返回False
not in	在指定的序列中没有找到值则返回True，否则返回False

上述成员运算符的示例如图 3-39 所示。

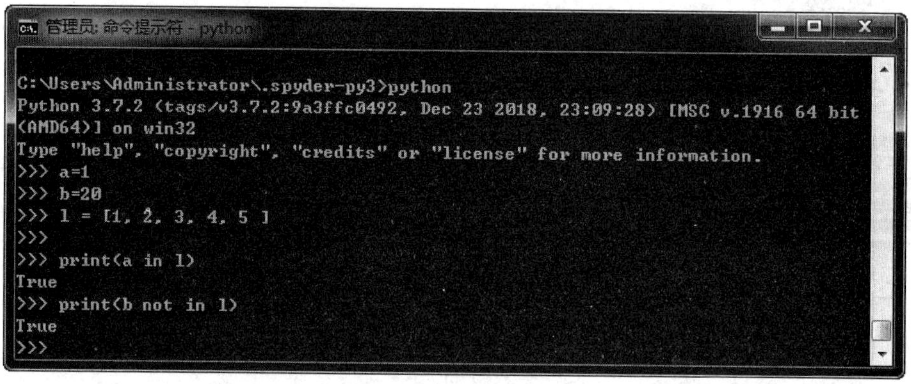

图3-39　成员运算符

3.3.7　身份运算符

Python 的身份运算符共有 2 个，如表 3-15 所示。

表3-15　Pyhon的身份运算符

运算符	描述
is	判断两个标识符是否引用自同一个对象，若引用的是同一个对象则返回True，否则返回False
is not	判断两个标识符是否引用自不同对象，若引用自不同的对象，则返回True，否则返回False

上述身份运算符的示例如图 3-40 所示。

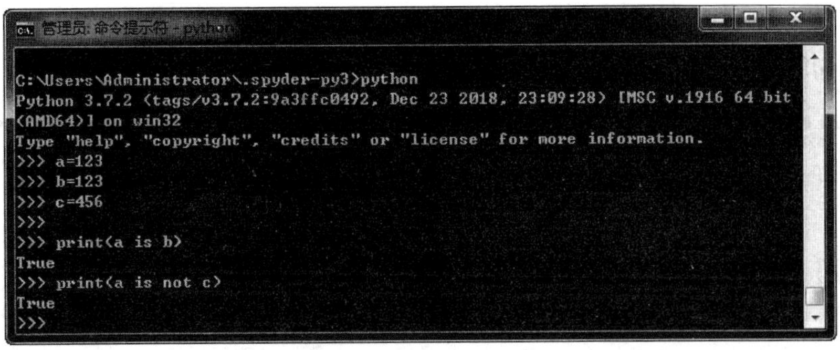

图3-40　身份运算符

3.3.8　运算符优先级

上述 Python 运算符的优先级从高到低排列如表 3-16 所示。

表3-16　Pyton的运算符优先级

运算符	描述
**	幂
~	取反
* / % //	乘、除、取模、取整除
+ –	加、减
>> <<	右移、左移
&	与
^ |	异或、或
<= < > >=	比较运算符
== !=	等于、不等于
= %= /= //= –= += *= **=	赋值运算符
is is not	身份运算符
in not in	成员运算符
and or not	逻辑运算符

★新手问答★

01. 命名Python变量时有什么技巧和原则?

答：Python 是一种非常灵活的语言，命名变量或其他标识符时并没有统一的规则。下面列举一些常见的方式：普通变量全部使用小写字母，单词之间用单下画线"_"分隔；全局变量名全部使用大写字母，单词之间用单下画线"_"分隔；实例变量以单下画线"_"开头，其他同普通变量；

私有实例变量以双下画线"＿＿"开头，其他同普通变量；专有变量开头和结尾都是双下画线"＿＿"。

02. Python语句的每行不需要用分号";"结尾吗?

答：Python 语言区分代码块主要通过每行缩进情况判断，结尾有没有分号";"并不影响 Python 语句的正常运行。

★小试牛刀★

案例任务

请写出匹配电子邮件地址和国内 11 位手机号码的正则表达式。

技术解析

（1）电子邮件地址的格式是"用户名 @ 域名"，其中"域名"部分至少存在一个点号"."，而且"用户名"部分至少应该有一个合法字符，"@"和"."之间至少应该有一个合法字符，"."右侧至少应该有一个合法字符。

（2）国内 11 位手机号码的格式是以数字 1 开头，后跟 10 位数字（个别号段可能暂未开通使用）。

编码实现

```
# 匹配电子邮件地址
re.match(r'\w+([-+.]\w+)*@\w+([-.]\w+)*\.\w+([-.]\w+)*', 'aaa@bbb.com')
# 匹配国内11位手机号码
re.match(r'1\d{10}', '13800012345')
```

本章小结

Python 虽然与 PHP、C#、Java、Perl 等语言有许多共通之处，但仍然具有很多自己的特点。例如，使用缩进区分代码块、具有列表和元组等灵活的集合数据类型等，读者在学习时应注意区别和掌握。

本章主要回顾了 Python 语言的基础知识，建议初学者仔细阅读并运行文中代码，有经验的读者可快速浏览和回顾，进行查漏补缺。

第4章
大蟒的基本技能之二：Python语言进阶

本章导读

　　本章介绍Python语言的流程控制、异常处理，以及函数和面向对象编程、文件操作等有关知识。通过对本章内容的学习，有经验的读者可快速回顾Python语言相关内容，初学者应掌握以上知识点。

知识要点

读者学习完本章内容后能掌握以下知识技能：
- 条件语句和循环语句的用法
- 异常处理的概念和方法
- 函数、变量作用域及类的概念
- 迭代器、生成器、装饰器和魔术方法的基本用法
- 读取和写入文件的基本操作

4.1 流程控制

流程控制是程序设计语言的重要功能之一，主要包括条件语句和循环语句两种。条件语句用于改变程序运行指令的先后顺序，循环语句则是将某段指令代码反复运行若干遍。

4.1.1 条件语句

条件语句根据条件判断表达式的值来决定后续运行程序的顺序。Python 支持三种条件语句，分别是 if 语句、if⋯else⋯语句和 if⋯elif⋯else⋯语句。

1. if语句

if 语句的主要语法形式如下。

```
if 条件表达式:
    语句体
```

若条件表达式计算结果为 True，则执行下一行缩进的语句体；若条件表达式计算结果为 False，则跳过该条语句继续向下执行，例如：

```
if 2>1:
    print('2大于1')
```

> 温馨提示：Python的条件表达式语法
>
> if 及其衍生的条件判断语句是目前各种高级程序设计语言的关键核心之一。
>
> Python的if类条件判断语句与其他语言的不同之处主要有以下3点。
>
> （1）条件表达式无须外加括号。
>
> （2）条件表达式后须加冒号。
>
> （3）条件表达式为True时执行的语句不用加花括号，但需要遵循Python语法的缩进原则，使用缩进来划分语句块，相同缩进数的语句在一起组成一个语句块。

2. if⋯else⋯语句和if⋯elif⋯else⋯语句

if⋯elif⋯else⋯语句的语法形式如下。

```
if 条件表达式1:
    语句1
elif 条件表达式2:
    语句2
elif …
else:
    语句3
```

当条件表达式 1 的计算结果为 True 时，执行语句 1；当条件表达式 2 的计算结果为 True 时，执行语句 2；若 else 之前的条件表达式计算结果均为 False，则执行语句 3，例如：

```
a=1
b=2

if a<b:
    print('a<b')
elif a==b:
    print('a=b')
elif a>b:
    print('a>b')
else:
    print('未知')
```

上述代码的运行结果如图 4-1 所示。

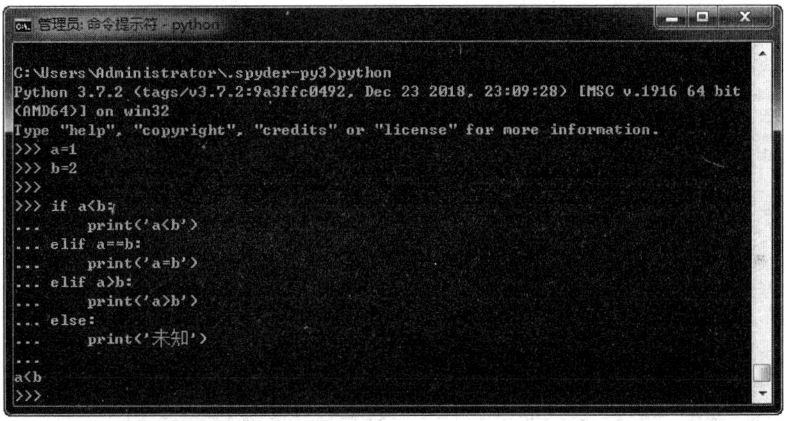

图4-1 Python的if…elif…else…语句

if…elif…else…语句中的 elif 和 else 部分不是必需的，省略 elif 及对应的语句后就变成了 if…else…语句，再省略 else 部分就变成了 if 语句，也可只有 if…elif…结构。

温馨提示：if语句、if…else…语句和if…elif…else…语句的区别

三种语句都是用来对根据条件的判定结果执行相应分支的语句体。其中，if语句只对其后判定条件为True的情况执行相应的语句体，其他情况不做处理，继续向下执行。if…else…语句对判定条件为True和False做了区分，分别执行相应的语句体。if…elif…else…语句对多种判定条件为True的情况做了详细界定，并分别设置了具体的语句体，最后else代码块对除if…elif…判定条件以外的情况提供了需要执行的语句体。

3. if嵌套

if 类语句支持嵌套使用，例如：

```
a=4
b=2
c=3

if a<b:
    print('a<b')
elif a==b:
    print('a=b')
elif a>b:
    if b>c:
        print('a>b且b>c')
    elif b==c:
        print('a>b且b=c')
    elif b>c:
        print('a>b且b>c')
    else:
        print('a>b')
else:
    print('未知')
```

上述代码的运行结果如图 4-2 所示。

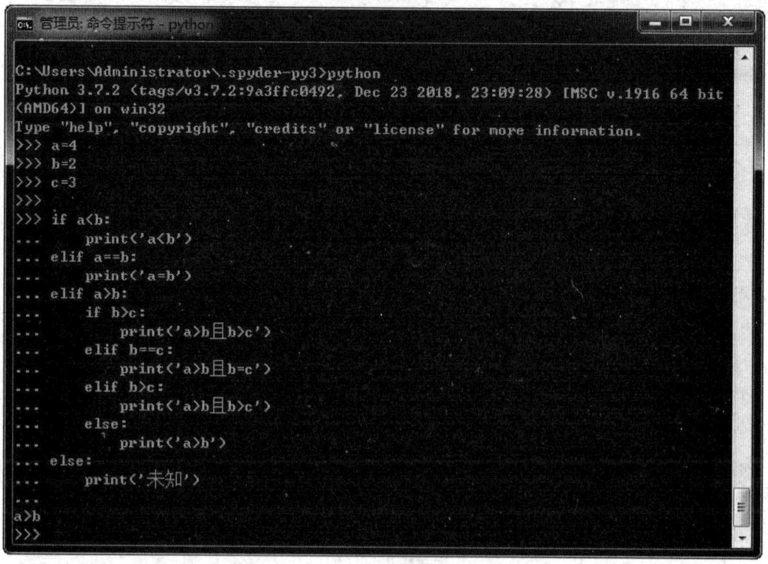

图4-2 Python的if嵌套语句

温馨提示：Python没有switch…case…语句

Python的发明人认为Python不需要switch…case…语句，用if…elif…elif…else序列很容易实现switch…case…语句。

4.1.2 循环语句

在解决实际问题的过程中往往存在规律性的重复操作，因此在程序中需要重复执行某些语句。一组被重复执行的语句称为循环体，循环的终止条件决定能否继续循环。Python 的循环语句主要有 while 和 for 两种，没有 do…while…结构。

1. while循环

while 循环的主要语法形式如下。

```
while 条件表达式:
    语句
```

与 if 语句相似，while 循环的条件表达式也不需要括号，且表达式末尾必须添加冒号"："。当条件表达式计算结果为 True 时，执行下一行缩进的语句；若条件表达式计算结果为 False，则跳过该条语句继续向下执行，例如：

```
n = 10
sum = 0
i = 1
while i <= n:
    sum = sum + i
    i += 1

print("1 到 %d 之和为: %d" % (n,sum))
```

while 循环可以带有 else 子句，用于在条件表达式为 False 时执行相应的语句，例如：

```
count = 1
while count < 10:
    print(count, " 小于10")
    count += 1
else:
    print(count, " 大于或等于10")
```

上述代码的运行结果如图 4-3 所示。

图4-3 Python中的while…else…循环语句

可以通过设置条件表达式为恒等式来实现无限循环，例如：

```
import time
while 1==1:
    print(time.strftime('%Y-%m-%d %H:%M:%S',time.localtime(time.time())))
```

上述代码的运行结果如图 4-4 所示。

图4-4 使用while语句实现无限循环

注意：出现无限循环时可以按"Ctrl+C"组合键中断循环。

2. for循环

Python 中的 for 循环可以遍历任何序列型的数据，包括列表、元组、集合、字典和字符串。for 循环的主要语法形式如下。

```
for 变量 in 序列:
    语句1
else:
    语句2
```

例如，遍历字符串列表：

```
languages = ["C#", "Java", "Python"]
for x in languages:
    print(x)
```

如要实现类似于其他语言中的指定循环次数，可以使用 range() 函数，例如：

```
for i in range(4):
    print(i)
```

也可以结合 range() 函数和 len() 函数遍历一个字符串列表，例如：

```
languages = ["C#", "Java", "Python"]
for i in range(len(languages)):
    print(i, languages[i])
```

上述代码的运行结果如图 4-5 所示。

图4-5 Python中的for循环

4.1.3　break、continue和pass

（1）break 语句用于跳出 for 和 while 循环过程，跳出后对应的 else 部分将不再执行，例如：

```
for letter in 'Python':
    if letter == 'o':
        break
    print('当前字母为 :', letter)
```

上述代码的运行结果如图 4-6 所示。

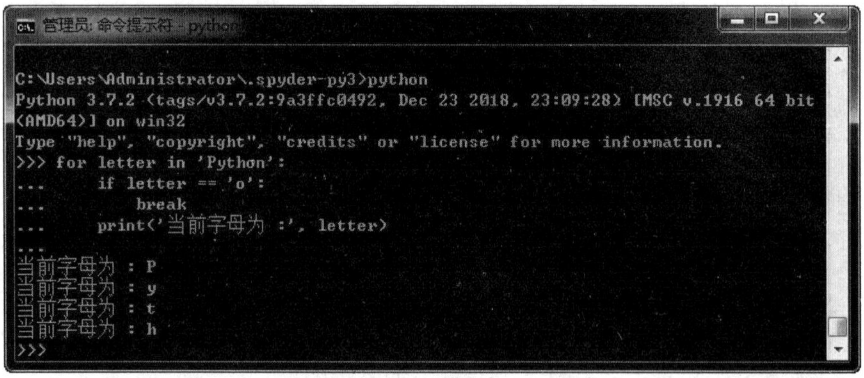

图4-6 Python中的break语句

（2）continue 语句用于跳过 for 循环和 while 循环中的本次循环，其后的语句在本次循环中将不再执行，同时程序将执行下一轮循环，例如：

```
for i in range(4):
    if i==2:
        continue
    print(i)
```

上述代码的运行结果如图 4-7 所示。

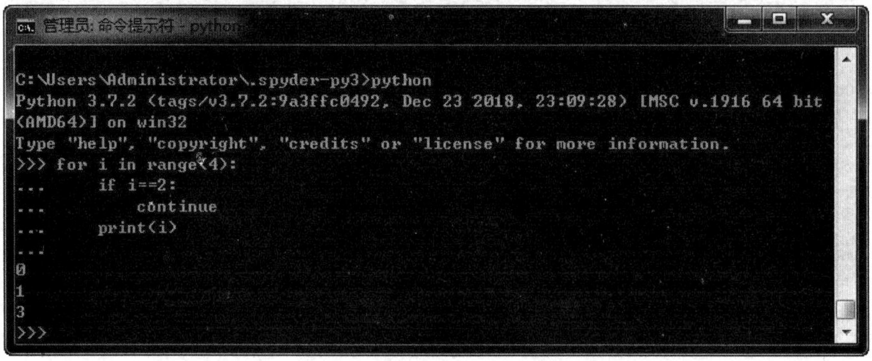

图4-7 Python中的continue语句

（3）pass 语句主要用于占位，例如：

```
for letter in 'I love Python':
    if letter == 'o':
        pass
        print('执行pass语句')
    print('当前字母: ', letter)
```

上述代码的运行结果如图 4-8 所示。

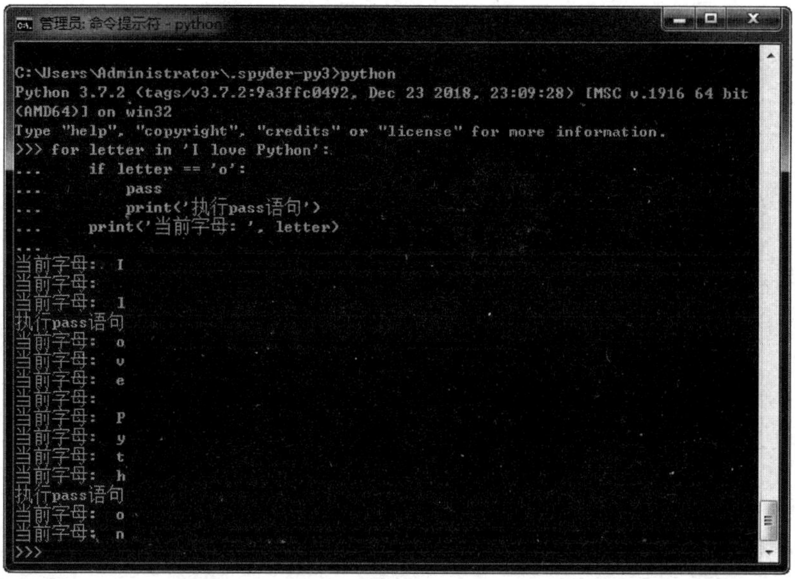

图4-8 Python中的pass语句

4.2 异常处理

异常处理是编程语言或计算机硬件里的一种机制，用于处理软件或信息系统中出现的超出程序正常执行流程的状况。"异常"（Exception）这一术语所描述的是一种数据结构，可以存储与某种异常情况相关的信息。抛出是用来移交控制权的机制，抛出异常也可以称为引发异常。异常抛出后，控制权会查找对应的捕获机制并进一步处理。错误（Error）常用来表示系统级错误或底层资源错误。

在 Python 中，二者具有相同的处理机制。

编程过程中，通常很难将所有的异常状况都处理得当，通过异常捕获可以针对突发事件做集中处理，从而保证程序的稳定性。

Python 中使用 try…except…else…finally…语句检查可能发生异常的代码，捕获异常并进一步处理，其语法如下。

```
try:
    # 尝试执行的代码
[except 错误类型1:
    # 针对错误类型1，对应的代码处理]
[except 错误类型2:
    # 针对错误类型2，对应的代码处理]
[except (错误类型3, 错误类型4):
```

```
    # 针对错误类型3和4，对应的代码处理]
[except Exception as result:
    # 打印错误信息]
[else:
    # 没有异常才会执行的代码]
[finally:
    # 无论是否有异常，都会执行的代码]
```

以下代码尝试执行除法操作。

```
try:
    num = int(input("请输入一个整数："))
    result = 5 / num
    print(result)
except ValueError:
    print("请输入正确的整数")
except ZeroDivisionError:
    print("除 0 错误")
except Exception as result:
    print("未知错误 %s" % result)
else:
    print("正常执行")
finally:
    print("执行完成")
```

当用户输入 0 时，上述代码的运行结果如图 4-9 所示。

图4-9 用户输入0，程序抛出异常

当用户输入 a 时，上述代码的运行结果如图 4-10 所示。

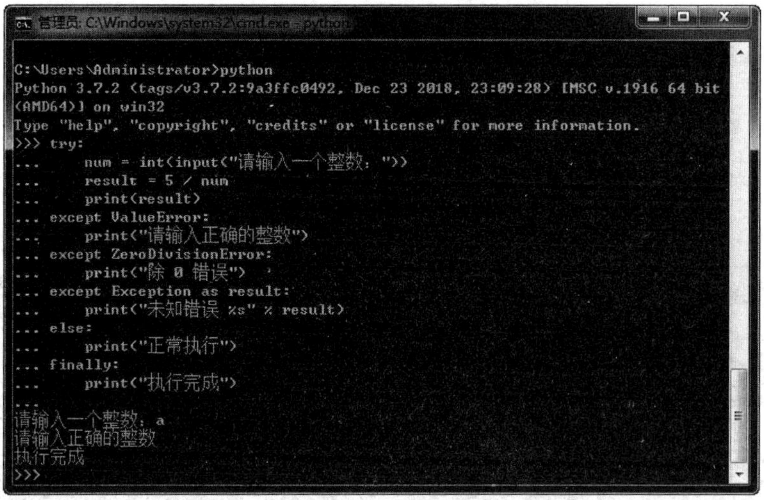

图4-10 用户输入a，程序抛出异常

可以看到，程序根据用户的不同输入执行了不同的异常处理分支代码块，并在最后执行了 finally 代码块。通常来说，当函数或方法执行出现异常时，会将异常传递给函数或方法的调用方，若逐级传递到主程序，仍然没有对应的异常处理代码块，程序才会被终止。因此，可以在主函数中适当增加异常捕获代码。

除代码执行自动抛出异常外，编程者还可以根据程序的业务功能需求，主动地抛出异常，这种情况下可以使用 raise 语句，例如：

```
try:
    raise Exception
except Exception:
    print("This is an Exception")
```

Python 还支持断言语法。在一套程序完成之前，编程者并不知道程序会在哪里报错，或是触发何种条件报错，使用断言语法可以有效地进行异常检测，并适时触发和抛出异常。Python 中使用 assert 语句声明断言，其语法为：

```
assert 表达式 [, "断言异常提示信息"]
```

Python 首先检测表达式结果是否为 True，若为 True 则继续向下执行，否则将触发断言异常，并显示断言异常提示信息，后续代码捕获该异常并进一步处理。可以使用 try…except 代码块来捕获和处理异常，将可能出现异常的代码放在 try 语句体中，如果运行过程中发生异常则会被成功捕获，例如：

```
def testAssert(x):
    assert x < 1, '无效值'
```

```
    print("有效值")
try:
    testAssert(1)
except Exception:
    print("捕获成功")
```

上述代码的运行结果如图 4-11 所示。

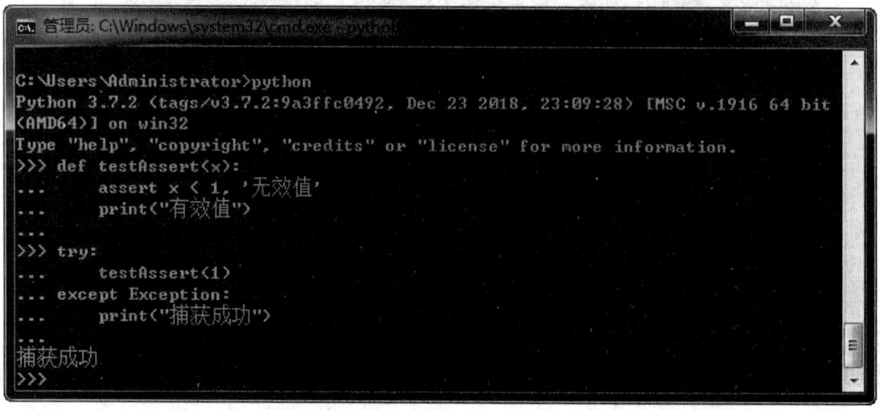

图4-11 使用try…except语句捕获并进一步处理断言异常

4.3 函数

数学中的"函数"一词泛指发生在集合之间的一种对应关系和变化过程。在程序设计领域，函数实际上就是一段具有特定功能、完成特定任务的程序，用于减少重复编写程序段的工作量。在面向过程的程序设计中，函数也被称为过程（Procedure）、子程序（Sub-Program）；在面向对象的程序设计中，函数则被称为方法（Method）。

4.3.1 函数的基本概念

在 Python 中定义一个函数需要遵循以下原则。

（1）函数代码块以 def 关键词开头，后接函数名称和圆括号"()"，圆括号后的冒号"："表示函数体的开始。

（2）任何传入参数和自变量必须放在圆括号"()"中间。

（3）函数的第一行语句可以使用注释语句编写说明。

（4）函数体遵循缩进语法。

（5）函数以 return 语句结束，用于返回结果给调用方。

定义函数的语法如下。

```
def 函数名（参数列表）:
    函数体
```

定义一个打印 Hello World 文字的函数，代码如下。

```
def Print_HelloWorld():
    print("Hello World!")
```

稍微复杂一点，为函数增加两个参数，并计算长方形的面积，例如：

```
def Calc_Area(width, height):
    return width * height
```

完成函数定义后即可调用运行，例如：

```
print(Calc_Area(3, 4))
```

> **温馨提示：Python中的函数参数及返回值均无须显式定义数据类型**
>
> 习惯使用C#或Java等语言的用户在最初编写Python函数时，会很不习惯其无须显式定义返回类型的做法，在C#或Java等语言中往往需要指明函数返回结果的数据类型，以及每个参数分别是什么数据类型。
>
> 需要指出的是，Python与C#、Java等语言一样，也是强类型语言，即变量的使用要严格符合定义，所有变量都必须先定义后使用。如果一个变量被指定了某个数据类型，只要不强制转换，那么它始终是这个数据类型。

可以使用 type() 函数现场查看一个变量或一个函数返回的结果是什么类型，例如：

```
def Calc_Area(width, height):
    print(type(width))
    print(type(height))
    return width * height

area = Calc_Area(3, 4)
print(type(area))
```

上述代码的运行结果如图 4-12 所示。

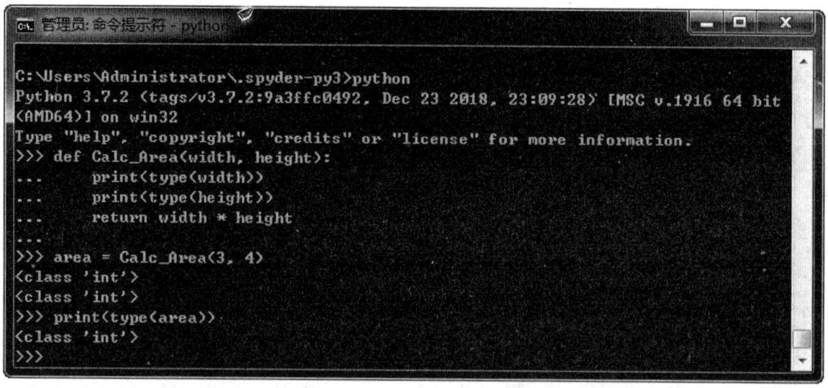

图4-12 查看Calc_Area()函数参数和返回结果的数据类型

1. 匿名函数

匿名函数即没有函数名的函数，常被用在以下场合。

（1）在程序中只使用一次，不需要定义函数名，可节省内存中变量定义的空间。

（2）编写 Shell 脚本时，使用匿名函数可以省去定义函数的过程，让代码更加简洁。

（3）为了让代码更容易理解。

Python 使用 lambda 关键字创建匿名函数，Python 的匿名函数有以下特点。

（1）只是一个表达式，仅能封装有限的逻辑。

（2）拥有自己的命名空间，且不能访问自己参数列表之外或全局命名空间里的参数。

（3）看起来只能写一行，却不等同于 C 或 C++ 的内联函数，后者的目的是调用小函数时不占用栈内存，从而提高运行效率。

定义匿名函数的语法如下。

```
lambda 参数1，参数2,……参数n:表达式
```

一些简单的运算很容易被改写为匿名函数，例如，计算长方形面积的函数：

```
area = lambda width, height: width * height
print(area(3, 4))
```

上述代码的运行结果如图 4-13 所示。

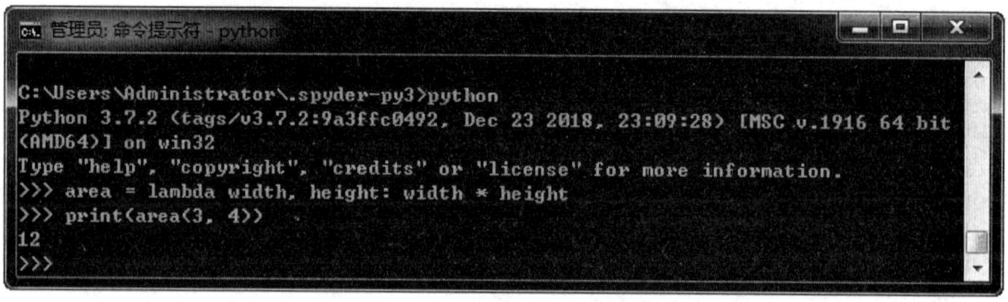

图4-13 将计算长方形面积的函数改写为匿名函数

2. 参数与参数传递

　　Python 中函数的参数可细分为必需参数、关键字参数、默认参数和不定长参数四种。必需参数是指为了确保函数正确执行，必须要明确赋值的参数。例如，定义一个打印输入的字符串函数：

```
def print_string(str):
    print(str)
    return
```

　　若调用该函数时不对参数 str 赋值：

```
print_string()
```

　　则 Python 运行时环境将报错，上述代码的运行结果如图 4-14 所示。

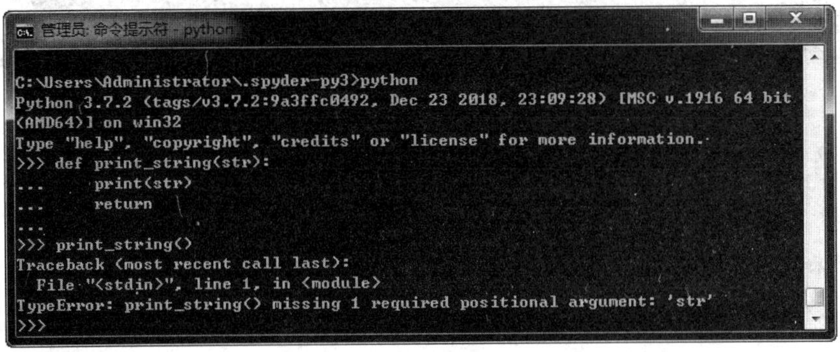

图4-14 函数的必需参数

　　关键字参数是指在传参时指明形参的名称，并为其赋以实参的值。例如，调用计算长方形面积的函数：

```
print(Calc_Area(height=4, width=3))
```

　　上述代码的运行结果如图 4-15 所示。

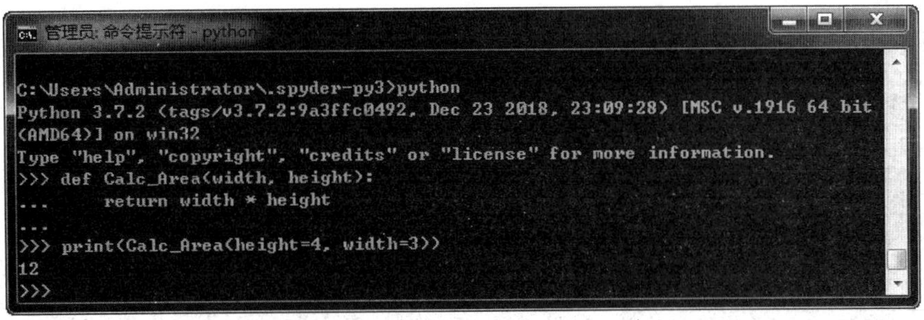

图4-15 使用关键字参数调用函数

　　默认参数是指为函数的参数取一个默认值，调用函数时可以不传入具有默认值的参数，函数执行时使用该默认值参与运算。例如，为计算长方形面积的函数的 height 参数指定默认值并调用：

```
def Calc_Area(width, height = 5):
```

```
        return width * height

print(Calc_Area(3))
```

上述代码的运行结果如图 4-16 所示。

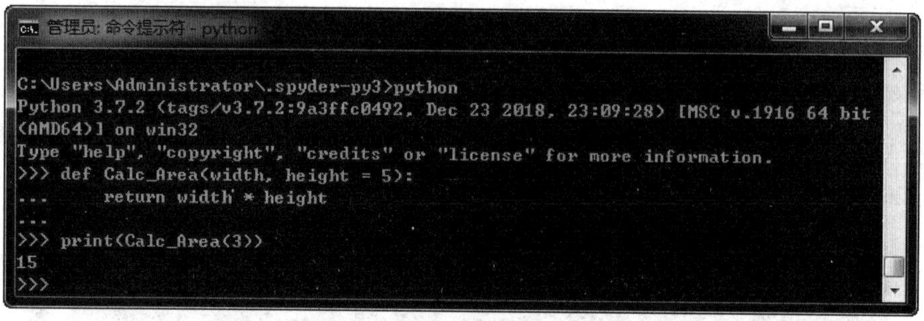

图4-16 将计算长方形面积的函数的height参数指定默认值并调用

有的函数在定义时无法指明所有的参数，或是调用时传入的参数个数比定义时多，这就需要用到不定长参数。不定长参数有两种传入方式，一种是在参数名称前加星号"*"，以元组类型导入，用来存放所有未命名的变量参数，例如：

```
def Multi_Add(arg1, *args):
    sum = 0
    for var in args:
        sum += var
    return arg1 + sum

print(Multi_Add(1, 2, 3, 4))
```

其中，Multi_Add() 函数的作用是将输入的参数相加，上述代码的运行结果如图 4-17 所示。

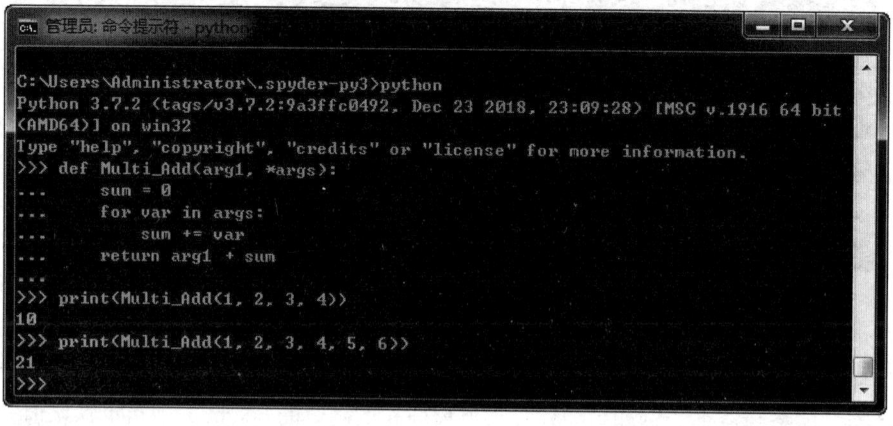

图4-17 使用元组方式传入不定长参数

另一种是在参数名称前加两个星号"**"，以字典类型导入，用来存放所有命名的变量参数，例如：

```
def fun(**kwargs):
    for key, value in kwargs.items():
        print("{0} 喜欢 {1}".format(key, value))


fun(我="猫", 猫="盒子")
```

上述代码的运行结果如图 4-18 所示。

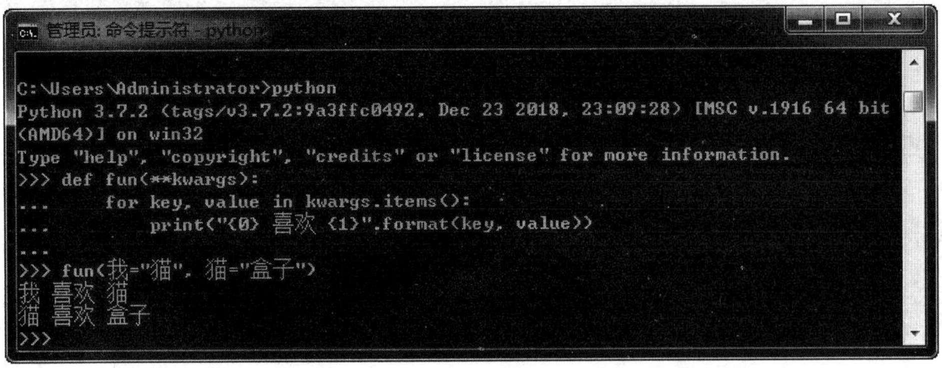

图4-18 使用字典类型导入不定长参数

Python 的一切变量都是对象，数字、字符串和元组是不可更改（Immutable）的对象，列表、字典等是可以更改（Mutable）的对象。

（1）不可更改的对象是指，改变变量的取值，实际上是新生成一个同类型的变量并赋值。例如，变量赋值 a=1，然后改变其取值 a=2，实际是新生成一个 int 类型的对象 2，再让 a 指向它，而 1 则被丢弃，相当于新生成了 a。

（2）可更改的对象是指，真正改变了变量内部的一部分取值。例如，变量赋值 list=[1,2,3]，然后改变其取值 list[1]=6，实际上是更改了其第二个元素的值，list 本身没有变化，只是其内部的部分元素值被修改了。

当不可更改对象作为函数参数时，类似于 C、C++ 等语言中的值传递，传递的只是参数的值，并不会影响该不可更改对象本身，例如：

```
def changeVar(a):
    a = 1


b = 2
changeVar(b)
print(b)
```

上述代码的运行结果如图 4-19 所示。

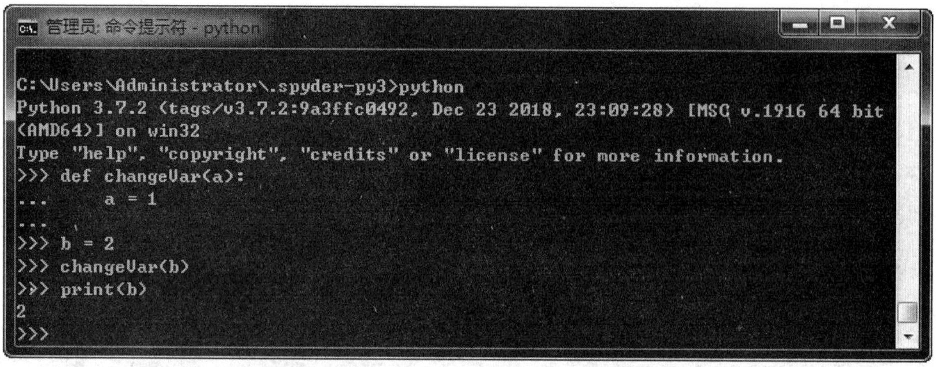

图4-19 不可更改对象作为函数参数

当可更改对象作为函数参数时，类似于 C、C++ 等语言中的引用传递，是将该对象本身传过去，在函数体内修改了该对象的内容后，其内部元素的值将被真正修改，例如：

```python
def changeVar2(l):
    l.append([3, 4])
    print("函数内取值: ", l)
    return


l = [1, 2]
changeVar2(l)
print("函数外取值: ", l)
```

上述代码的运行结果如图 4-20 所示。

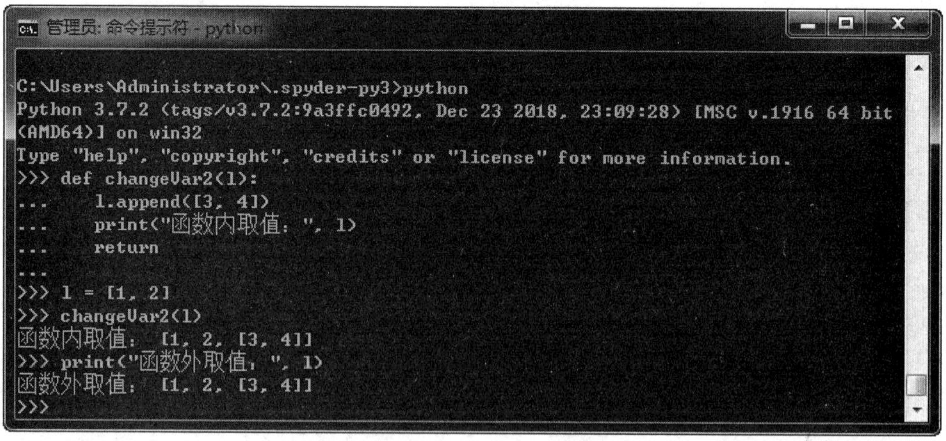

图4-20 可更改对象作为函数参数

4.3.2　变量作用域

Python 的变量访问权限取决于其赋值的位置，这个位置被称为变量作用域。Python 的作用域共有 4 种，分别是局部作用域（Local，L）、闭包函数外的函数中（Enclosing，E）、全局作用域（Global，G）和内置作用域（内置函数所在模块的范围，Builtin，B）。变量在作用域中查找的顺序是 L → E → G → B，即当在局部找不到时，就去局部外的局部找（如闭包），再找不到就在全局范围内找，最后去内置函数所在模块的范围中找。

分别在 L、E、G 范围内定义变量的例子如下。

```
global_var = 0                    # 全局作用域
def outer():
    enclosing_var = 1             # 闭包函数外的函数中
    def inner():
        local_var = 2             # 局部作用域
```

内置作用域是通过 builtins 模块实现的，可以使用以下代码查看当前 Python 版本的预定义变量。

```
import builtins
dir(builtins)
```

定义在函数内部的变量拥有一个局部作用域，定义在函数外的变量拥有全局作用域。局部变量只能在其声明语句所在的函数内部访问，全局变量则可以在整个程序范围内访问。调用函数时，所有在函数内声明的变量名称都将被加入作用域中。

当内部作用域想修改外部作用域的变量时，需要使用 global 关键字和 nonlocal 关键字声明外部作用域的变量，例如：

```
global_num = 1
    def func1():
    enclosing_num = 2
    global global_num                 # 使用global关键字声明
    print(global_num)
    global_num = 123
    print(global_num)
    def func2():
        nonlocal enclosing_num        # 使用nonlocal关键字声明
        print(enclosing_num)
        enclosing_num = 456
    func2()
    print(enclosing_num)
```

```
func1()
print(global_num)
```

上述代码的运行结果如图 4-21 所示。

图4-21 使用global关键字和nonlocal关键字声明外部作用域的变量

只有模块（module）、类（class）和函数（def、lambda）才会引入新的作用域，if/elif/else/、try/except、for/while 等语句则不会引入新的作用域，即外部可以访问在这些语句内定义的变量。

4.3.3 迭代器和生成器

迭代是重复反馈过程的活动，通常是为了逼近所需目标或结果。每对过程重复一次称为一次"迭代"，而每次迭代得到的结果会作为下一次迭代的初始值。在 Python 中，迭代是访问集合型数据的一种方式，对于字符串、列表、元组、集合和字典，都可以使用迭代来遍历其中的每个元素，而这些可以使用 for 循环遍历的对象也称为可迭代对象。

1. 迭代器

迭代器是将一个可迭代对象添加了迭代遍历特性后变换而成的对象。迭代器有以下特点。

（1）从集合的第一个元素开始访问，直到所有的元素被访问完结束。

（2）可以记住遍历的位置。

（3）只能向前不能后退。

可迭代对象不一定是迭代器，但迭代器一定是可迭代对象。

可以使用 isinstance() 函数来区分一个对象是迭代器还是可迭代对象，例如：

```
from collections import Iterable, Iterator
isinstance('abc', Iterable)
isinstance([1,2,3], Iterable)
isinstance((1,2), Iterable)
isinstance({1,2}, Iterable)
isinstance(123, Iterable)

isinstance('abc', Iterator)
isinstance([1,2,3], Iterator)
isinstance((1,2), Iterator)
isinstance({1,2}, Iterator)
isinstance(123, Iterator)
```

上述代码的运行结果如图 4-22 所示。

图4-22 使用isinstance()函数检查一个对象是迭代器还是可迭代对象

可见，字符串、列表、元组、字典都是可迭代对象，普通数字不是可迭代对象，这些数据类型的对象都不是迭代器。区分迭代器和可迭代对象的原则如下。

（1）具有 __iter__() 方法的对象称为可迭代对象，该方法可获取其迭代器对象。

（2）具有 __iter__() 方法和 __next__() 方法的对象称为迭代器对象，该方法能够自动返回下一个结果，当到达序列结尾时，引发 StopIteration 异常。

也就是说，可迭代对象本身不一定是迭代器，但通过 __iter__() 方法可以得到对应的迭代器对象。因此，定义可迭代对象，必须实现 __iter__() 方法；定义迭代器，必须实现 __iter__() 和 __next__() 方法。

对于可迭代对象，可以使用 iter() 函数得到其对应的迭代器对象，使用 next() 函数获取该迭代器对象当前返回的元素，例如：

```
l = [1, 2, 3]
iterName=iter(l)
print(iterName)
print(next(iterName))
print(next(iterName))
print(next(iterName))
print(next(iterName))
```

上述代码的运行结果如图 4-23 所示。

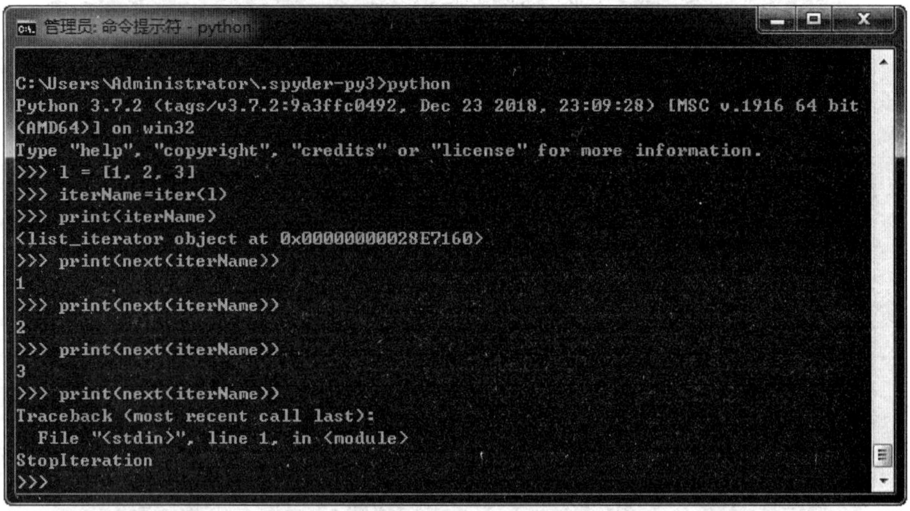

图4-23 使用iter()方法得到可迭代对象对应的迭代器对象

可见，iter() 函数与 __iter__() 方法联系非常紧密。iter() 是直接调用该对象的 __iter__() 方法，并将其返回结果作为自己的返回值；next() 函数则是调用该对象的 __next__() 方法获取当前元素。图 4-23 中在得到列表 l 的最后一个元素 3 后再一次使用了 next() 函数，而此时列表 l 中已经没有可获取的元素了，所以抛出了异常。

因此，可以将迭代器简单理解为"内置了 for 循环的可迭代对象"，每使用 next() 函数访问一次迭代器对象，其在返回当前元素的同时，内部指针将指向下一个元素。

2. 生成器

使用了 yield 语句的函数称为生成器（Generator）。与普通函数不同的是，生成器是一个返回迭代器的函数，只能用于迭代操作，因此生成器实际上是一种特殊的迭代器。调用一个生成器函数，返回的是一个迭代器对象。

使用 yield 语句相当于为函数封装好 __iter__() 方法和 __next__() 方法。在调用生成器运行的过程中，每次遇到 yield 语句时，函数都会暂停并保存函数执行的状态，返回 yield 语句中表达式的值，并在下一次执行 next() 方法时从当前位置继续运行。yield 可以理解为"return"，返回其后表达式的值给外层代码块。不同的是 return 返回后，函数会释放，而生成器则不会。在直接调用 next 方法或用 for 语句进行下一次迭代时，生成器会从 yield 下一句开始执行，直至遇到下一个 yield。

以下代码使用带 yield 语句的生成器得到"斐波那契数列"。

```python
import sys

def Fibonacci(n):
    a, b, counter = 0, 1, 0
    while True:
        if (counter > n):
            return
        yield a
        a, b = b, a + b
        counter += 1

f = Fibonacci(15)
while True:
    try:
        print(next(f), end=" ")
    except StopIteration:
        sys.exit()
```

上述代码的运行结果如图 4-24 所示。

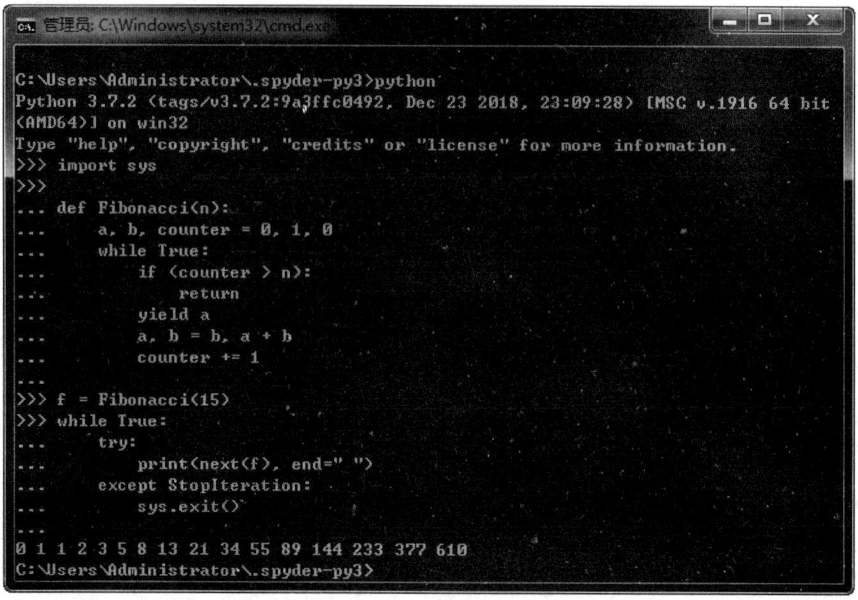

图4-24 使用生成器得到"斐波那契数列"的前15个数字

不带 yield 语句的生成器可以用来定义生成器表达式,将列表转换为元组。使用生成器表达式取代列表推导式可以同时节省 CPU 和内存资源,例如:

```
L = [1, 2, 3, 4, 5]
T = tuple(i for i in L)
print(T)
```

上述代码的运行结果如图 4-25 所示。

图4-25 使用生成器将列表转换为元组

一些 Python 内置函数可以识别生成器表达式,并直接代入运算,例如:

```
print(sum(i for i in range(100)))
```

上述代码的运行结果如图 4-26 所示。

图4-26 Python内置函数识别生成器并代入运算

注意：根据左开右闭原则，上述代码中的 range(100) 得到的列表是从 0 ~ 99，不包括 100。

4.3.4　装饰器

按照 Python 的编程原则，当一个函数被定义后，如要修改或扩展其功能，应尽量避免直接修改函数定义的代码段，否则该函数在其他地方被调用时将无法正常运行。因此，在需要修改或扩展已被定义函数的功能而不希望直接修改其代码时，可以使用装饰器。

先来看一个简单的例子。

```
def func1(function):
    print("这里是执行function()函数之前")
    def wrapper():
        function()
    wrapper()
    print("这里是执行function()函数之后")


@func1
def func2():
    print("正在执行function()函数")
```

上述代码的运行结果如图 4-27 所示。

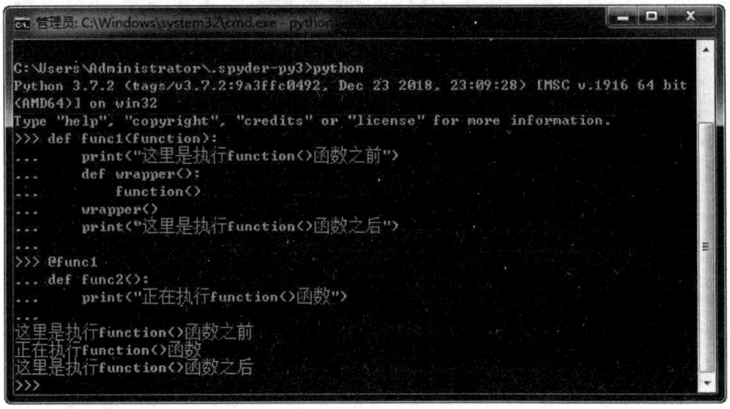

图4-27 一个装饰器的例子

105

这里的"@func1"与"func1(func2)"的写法是等价的。

在 Python 中一切皆是对象，所以装饰器本质上是一个返回函数的高阶函数。结合关键字参数，可以将一个函数作为其外部函数的返回值，例如：

```
def func1(arg = True):
    def func2():
        print("This is func2() function")
    def func3():
        print("This is func3() function")
    if arg == True:
        return func2
    else:
        return func3


func1()()
```

上述代码的运行结果如图 4-28 所示。

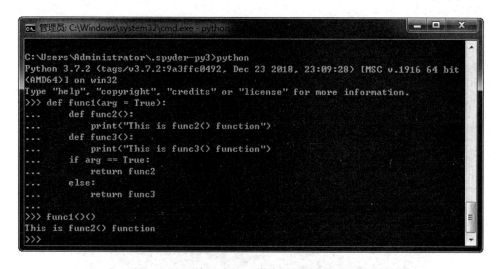

图4-28 装饰器将一个函数作为其外部函数的返回值

可以看到，调用 func1() 时实际上运行了 func2() 函数，第二对括号是用来运行 func2() 函数的，如果不写这对括号，则只会得到 func2() 函数的引用信息，如图 4-29 所示。

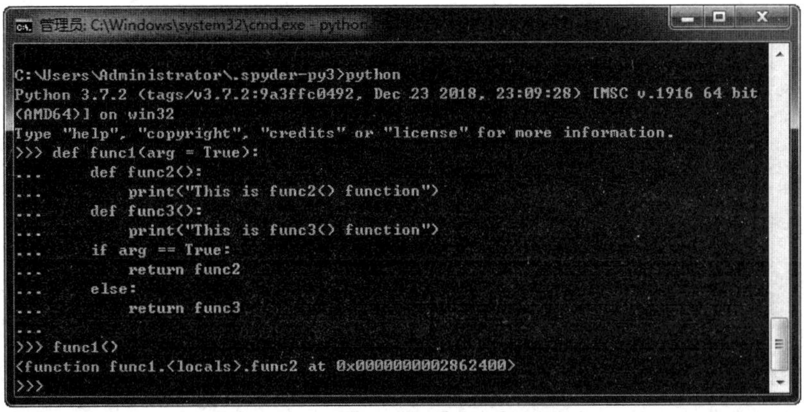

图4-29　使用装饰器得到内部函数的引用

装饰器也支持嵌套，嵌套的装饰器执行顺序是从里向外，先调用里层的装饰器，后调用外层的装饰器，例如：

```
@a
@b
@c
def f():
    pass
```

将按照以下顺序执行：

```
f = a(b(c(f)))
```

4.4 面向对象编程

面向过程是一种以过程为中心的编程思想，它先是分析出解决问题所需要的步骤，然后用函数把这些步骤一步一步实现，在使用时依次调用，是一种基础的顺序思维方式。面向过程的开发方式是对计算机底层结构的一种抽象，它将程序分为数据和操纵数据的操作两部分，其核心问题是数据结构和算法的开发和优化。常见的支持面向过程的编程语言有 C、COBOL 等。

面向对象是按人们认识客观世界的系统思维方式，采用基于对象（实体）的概念建立模型，模拟客观世界分析、设计、实现软件的办法，通过面向对象的理念使计算机软件系统能与现实世界中的系统一一对应。面向对象方法把所有事物都当作独立的对象，处理问题的过程中所思考的关键不再是怎样用数据结构来描述问题，而是直接考虑重现问题中各个对象之间的关系。面向对象方法的基础实现中也包含面向过程思想。常见的支持面向对象的编程语言有 C++、C#、Java 等。

4.4.1 类和对象

Python 从设计之初就是一种面向对象的语言，其一切数据都是对象。Python 中涉及面向对象的术语如下。

（1）类（Class）：用来描述具有相同属性和方法的对象集合，定义了该集合中每个对象所共有的属性和方法。类是生成对象的"模板"。

（2）对象：通过类定义的数据结构实例。对象由类变量、实例变量和方法构成。

（3）数据成员：类变量或者实例变量，用于处理类及其实例对象的相关数据，又称属性。

（4）类变量：同一个类的所有对象均可访问的变量。类变量在整个实例化的对象中是公用的，其定义在类中且在函数体之外。类变量通常不作为实例变量使用。

（5）实例变量：在类的声明中，属性是用变量来表示的。这种变量就称为实例变量，是在类内部（在类的其他成员方法之外）声明的。

（6）方法：类中定义的函数。

（7）实例化：创建一个类的实例，即生成类的一个具体对象。

（8）继承：指一个派生类（Derived Class，也称子类）继承基类（Base Class，也称父类）的字段和方法。继承允许把一个派生类的对象作为一个基类对象对待。

（9）方法重写：在子类中定义与父类同名的方法，这个过程称为方法的重写（Overwrite），又称方法的覆盖（Override）。

Python 中定义一个类的语法如下。

```
class 类名:
    <数据成员声明1>
    ......
    <数据成员声明N>
```

定义类后可以将其实例化得到一个对象，并通过操作对象完成目标任务，例如：

```
class Class1:
    i = 123
    def func1(self):
        return 'Hello there!'


x = Class1()
print("Class1 类的属性 i 为", x.i)
print("Class1 类的方法 func1() 输出为", x.func1())
```

类内部的变量分为类变量和实例变量两种，类变量的定义和普通变量一样，调用时使用如下方式直接访问，类的实例也能访问类变量。

```
类名.变量名
```

实例变量则是以 self. 开头，仅供各个实例对象使用。

类内部的方法分为 3 种。

（1）实例方法：指该类的每个实例都可以调用到的方法，只有实例能调用实例方法。与普通函数不同的是，实例方法有一个额外的第一个参数，其名称按惯例是 self。

（2）类方法：是将类本身作为对象进行操作的方法，类本身和实例都可以调用类方法。定义时使用 @classmethod 进行装饰，其第一个参数是类，名称按惯例是 cls。实例方法和类方法都是依赖 Python 修饰器实现的。

（3）静态方法：是一种存在于类中的普通函数，不会对任何实例类型进行操作。类本身和实例都可以调用静态方法，定义时以 @staticmethod 进行装饰声明。

Python 中定义一个类派生自另一个类的语法如下。

```
class  派生类名(基类名):
    <数据成员声明1>
    ......
    <数据成员声明N>
```

基类 BaseClassName 必须与派生类 DerivedClassName 定义在同一个作用域内。如基类来自不同的模块，可以在类名前添加模块名。在定义派生类时可以重写基类的方法，例如：

```
class Animal:
    name = ""
    def Speak(self):
        pass

class Cat(Animal):
    name = "狗"
    def Speak(self):
        print("喵～喵～喵～")

class Human(Animal):
    name = "人"
    def Speak(self):
        print("你好～")

c = Cat()
c.Speak()
h = Human()
h.Speak()
```

上述代码的运行结果如图 4-30 所示。

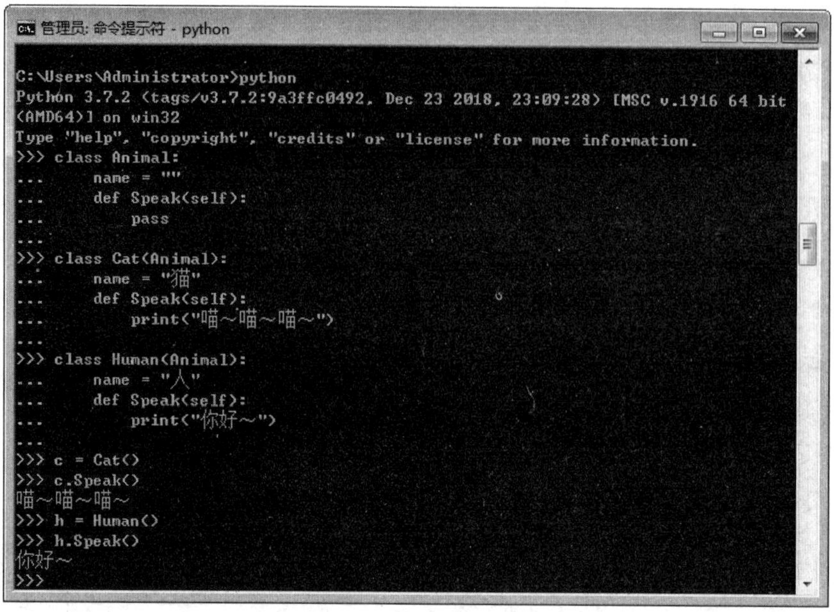

图4-30 类的继承与方法的重写

Python 支持有限的多重继承，其语法如下。

```
class 派生类名(基类1，基类2，…… 基类N)：
    <数据成员声明1>
    ……
    <数据成员声明N>
```

需要注意圆括号中父类的顺序，若是父类中有相同的方法名，而在子类中使用时未指定，Python 将按照从左至右的顺序在这些父类中查找该方法，例如：

```
class Animal:
    name = ""
    def Speak(self):
        pass


class Cat(Animal):
    name = "狗"
    def Speak(self):
        print("喵～喵～喵～")


class Human(Animal):
    name = "人"
    def Speak(self):
        print("你好～")
```

```
class Actor(Human, Cat):
    name = "演员"
    def Speak(self):
        Human.Speak(self)
        Cat.Speak(self)


a = Actor()
a.Speak()
```

上述代码的运行结果如图 4-31 所示。

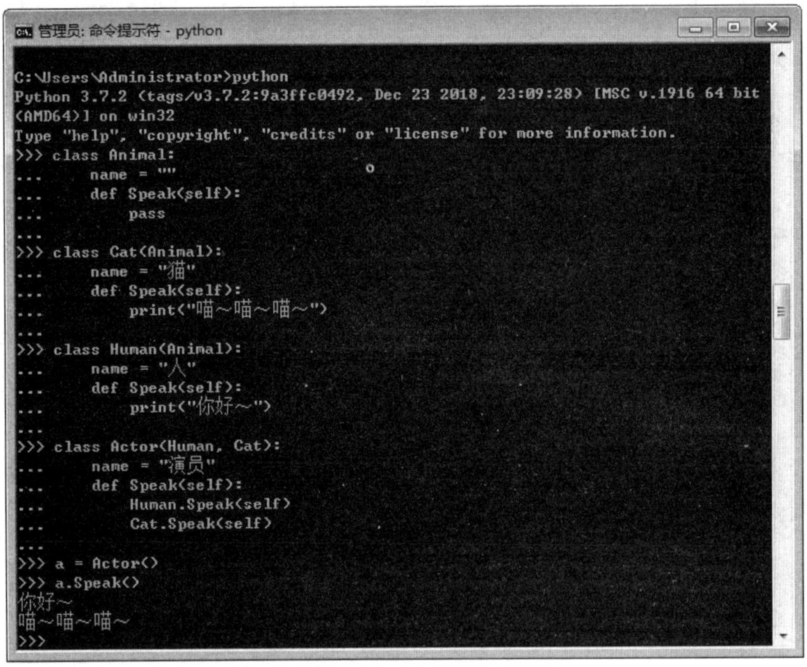

图4-31 多重继承与方法的重写

与 C++、C#、Java 等语言相似，Python 支持为类的属性和方法设置特定的访问权限，但不是通过关键字区分，而是使用一套约定式的规则。

（1）使用两个下画线"＿＿"开头的属性或方法为私有（Private）属性或方法，不能在类的外部直接访问，在类内部以"self.＿＿ 属性名或方法名"的方式使用。

（2）使用一个下画线"＿"开头的属性或方法为保护（Protected）属性或方法，只能在类或其派生类中访问，在类内部以"self.＿ 属性名或方法名"的方式使用。

（3）其他的属性或方法为公有（Public）属性或方法，可在类的外部直接访问，在类内部以"self. 属性名或方法名"的方式使用。

以下例子展示了 3 种不同访问权限的属性和方法。

```
class Class1:
    public1 = 111
    _protected1 = 222
    __private1 = 333
    def publicFunc1(self):
        pass
    def _protectedFunc1(self):
        pass
    def __privateFunc1(self):
        pass


class Class2(Class1):
    public2 = 444
    _protected2 = 555
    __private2 = 666
    def publicFunc2(self):
        pass
    def _protectedFunc2(self):
        pass
    def __privateFunc2(self):
        pass


c1 = Class1()
print(c1.public1)
print(c1._protected1)
print(c1.__private1)
c1.publicFunc1()
c1._protectedFunc1()
c1.__privateFunc1()

c2 = Class2()
print(c2.public1)
print(c2._protected1)
print(c2.__private1)
print(c2.public2)
print(c2._protected2)
print(c2.__private2)
```

```
c2.publicFunc1()
c2._protectedFunc1()
c2.__privateFunc1()
c2.publicFunc2()
c2._protectedFunc2()
c2.__privateFunc2()
```

上述代码的运行结果如图 4-32 所示。

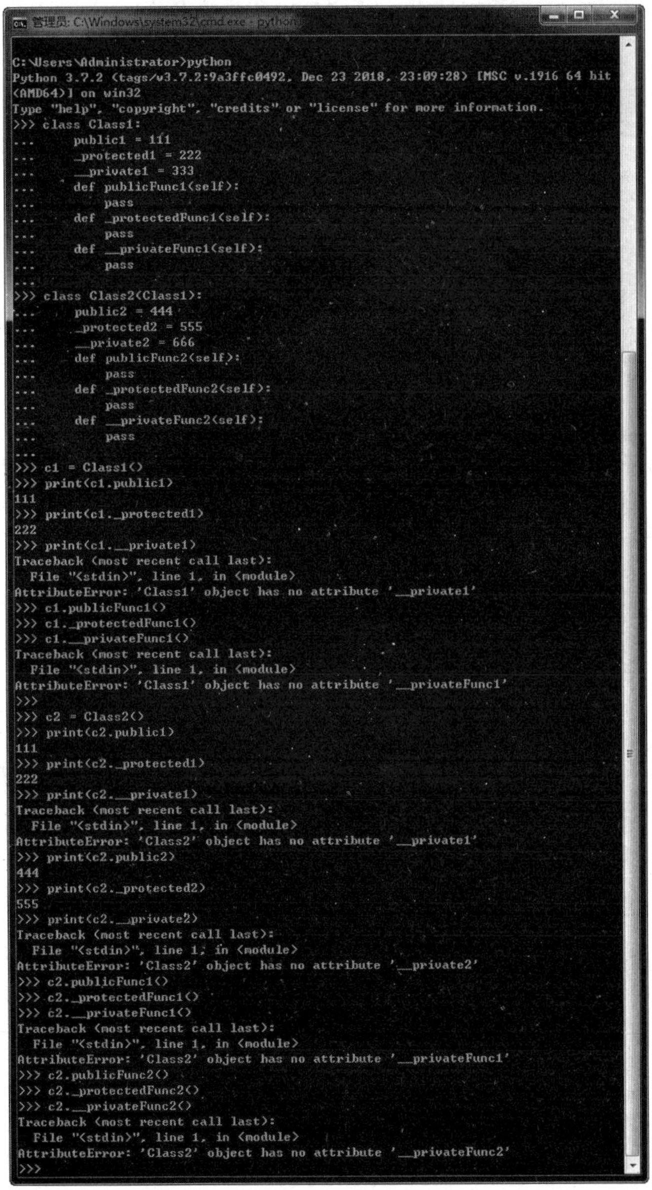

图4-32 类的3种不同访问权限的属性和方法

可以看到，在外部直接访问类的私有属性或方法时触发了 AttributeError 异常。

4.4.2　魔术方法

Python 中的类有一些特殊的方法，方法名前后分别添加了 2 个下画线，这些方法统称"魔术方法"（Magic Method）。使用魔术方法可以实现运算符重载，也可以将复杂的逻辑封装成简单的API。Python 中常用的魔术方法如表 4-1 所示。

表4-1　Python中常用的魔术方法

魔术方法	描述
__new__	创建类并返回这个类的实例
__init__	可理解为"构造函数"，在对象初始化的时候调用，使用传入的参数初始化该实例
__del__	可理解为"析构函数"，当一个对象进行垃圾回收时调用
__metaclass__	定义当前类的元类
__class__	查看对象所属的类
__base__	获取当前类的父类
__bases__	获取当前类的所有父类
__str__	定义当前类的实例的文本显示内容
__getattribute__	定义属性被访问时的行为
__getattr__	定义试图访问一个不存在的属性时的行为
__setattr__	定义对属性进行赋值和修改操作时的行为
__delattr__	定义删除属性时的行为
__copy__	定义对类的实例调用copy.copy()获得对象的一个浅拷贝时所产生的行为
__deepcopy__	定义对类的实例调用copy.deepcopy()获得对象的一个深拷贝时所产生的行为
__eq__	定义相等符号 "==" 的行为
__ne__	定义不等符号 "!=" 的行为
__lt__	定义小于符号 "<" 的行为
__gt__	定义大于符号 ">" 的行为
__le__	定义小于等于符号 "<=" 的行为
__ge__	定义大于等于符号 ">=" 的行为
__add__	实现操作符 "+" 表示的加法
__sub__	实现操作符 "-" 表示的减法

续表

魔术方法	描述
__mul__	实现操作符"*"表示的乘法
__div__	实现操作符"/"表示的除法
__mod__	实现操作符"%"表示的取模（求余数）
__pow__	实现操作符"**"表示的指数操作
__and__	实现按位"与"操作
__or__	实现按位"或"操作
__xor__	实现按位"异或"操作
__len__	用于自定义容器类型，表示容器的长度
__getitem__	用于自定义容器类型，定义当某一项被访问时，执行self[key]所产生的行为
__setitem__	用于自定义容器类型，定义执行self[key] = value时产生的行为
__delitem__	用于自定义容器类型，定义一个项目被删除时的行为
__iter__	用于自定义容器类型，定义一个容器迭代器
__reversed__	用于自定义容器类型，定义当reversed()被调用时的行为
__contains__	用于自定义容器类型，定义调用in和not in来测试成员是否存在时所产生的行为
__missing__	用于自定义容器类型，定义在容器中找不到key时触发的行为

以下代码使用魔术方法，采用运算符重载的方式实现了向量的加减法操作。

```python
class Vector:
    a = None
    b = None
    def __init__(self, a, b):
        self.a = a
        self.b = b
    def __str__(self):
        return '向量(%d, %d)' % (self.a, self.b)
    def __add__(self, other):
        return Vector(self.a + other.a, self.b + other.b)
    def __sub__(self, other):
        return Vector(self.a - other.a, self.b - other.b)

v1 = Vector(1, 2)
```

```
v2 = Vector(3, 4)
print(v1, "+", v2, "=", v1 + v2)
print(v1, "-", v2, "=", v1 - v2)
```

上述代码的运行结果如图 4-33 所示。

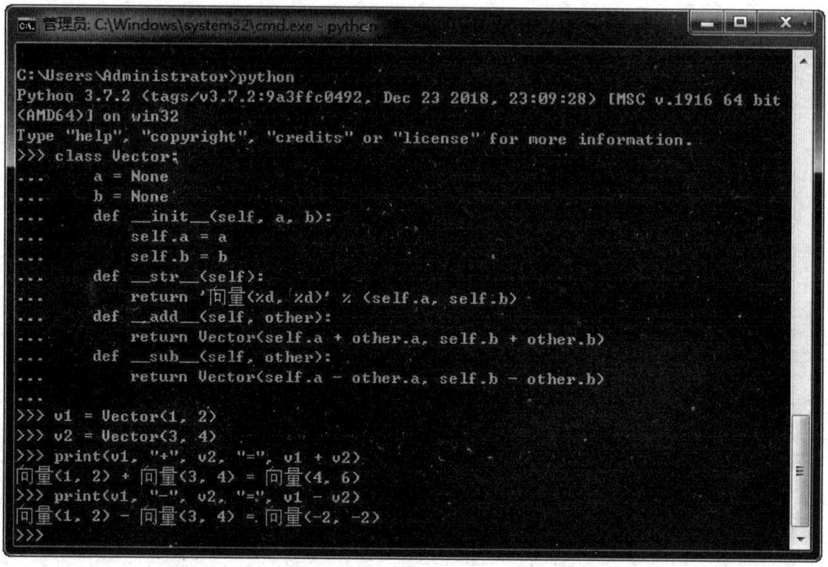

图4-33 使用魔术方法，采用运算符重载的方式实现了向量的加减法操作

4.5 文件操作

文件的操作主要分为读取和写入。读取文件是指将磁盘上的文件内容读入内存或命名管道；写入文件则是将内存、缓冲区或命名管道内的内容写入磁盘上的指定文件。Python 中操作文件也有两种常用方法：一是使用内置支持的 file 对象完成大部分文件操作；二是使用 os 模块提供的更为丰富的函数完成对文件和目录的操作。

在读取或写入文件之前，必须使用内置函数 open() 打开文件，其语法如下。

```
file object = open(filename [, accessmode="r"][, buffering="-1"][,
encoding=None][, errors=None][,newline=None][, closefd=True][, open
er=None])
```

其中，filename 是要访问的文件的文件名字符串，accessmode 用于指定文件打开的模式。详细的模式如表 4-2 所示。

表4-2 open()函数的accessmode参数

模式	描述
r	以只读方式打开文件，指针指向文件头
rb	以只读方式打开二进制文件，指针指向文件头
r+	以读写方式打开文件，指针指向文件头
rb+	以读写方式打开二进制文件，指针指向文件头
w	以只写方式打开文件，若文件已存在则覆盖该文件；若文件不存在则创建新文件
wb	以只写方式打开二进制文件，若文件已存在则覆盖该文件；若文件不存在则创建新文件
w+	以读写方式打开文件，若文件已存在则覆盖该文件；若文件不存在则创建新文件
wb+	以读写方式打开二进制文件，若文件已存在则覆盖该文件；若文件不存在则创建新文件
a	以追加方式打开文件，指针指向文件尾，若文件不存在则创建新文件
ab	以追加方式打开二进制文件，指针指向文件尾，若文件不存在则创建新文件
a+	以追加、读写方式打开文件，指针指向文件尾，若文件不存在则创建新文件
ab+	以追加、读写方式打开二进制文件，指针指向文件尾，若文件不存在则创建新文件

通常，文件以文本模式被打开，这意味着向文件写入或读出的字符串会被以特定的编码方式（默认是 UTF-8）编码。而以二进制模式打开文件表示数据会以字节对象的形式读出或写入，这种模式应该用于存储非文本内容的文件。在文本模式下，读取时会默认将平台有关的行结束符（UNIX 用 \n，Windows 用 \r\n）转换为 \n；在文本模式下写入时会默认将出现的 \n 转换成平台有关的行结束符。这种做法可能会损坏二进制文件，因此对不同类型的文件要采用正确的模式读写。

（1）buffering 用于指明访问文件时的缓冲区设置，取值为 0，表示不使用缓冲；取值为 1，表示在访问文件时使用行缓冲（仅用于文本模式）；取值为大于 1 的整数，表示使用固定大小的缓冲区进行缓冲；取值为负数，则表示使用系统默认大小的缓冲区。

（2）encoding 用于编码或解码文件的名称。该参数仅应用于文本模式，默认的编码是平台依赖的。

（3）errors 用于指定如何操作编、解码的错误，此参数不能用于二进制模式。常见的 errors 参数可取值如表 4-3 所示。

表4-3 open()函数的errors参数可取值

可取值	描述
strict或None	如果有编码错误，则引发ValueError异常
ignore	忽略错误

续表

可取值	描述
replace	在出现畸形数据的地方插入替代符号
surrogateescape	将任何不正确的字节以Unicode Private Use Area中的代码点表示
xmlcharrefreplace	编码不支持的字符会用适当的XML字符替换，只支持写入文件
backslashreplace	使用反斜杠 "\" 转义序列替换畸形数据
namereplace	使用\N{…}转义序列替换不支持的字符，只支持写入文件

（4）newline 用于控制通用换行模式如何运行（只支持文本模式），取值可以是 None、空串、\n、\r 和 \r\n。当读取输入时，如果取值为 None，启用通用换行模式，输入的行尾可以是 \n、\r 或 \r\n，在返回给调用者前会被转换为 \n；如果参数值是空串，也将启用通用换行模式，但是返回给调用者时行尾不做转换；如果取值为其他任意合法值，输入行以给定字符串结束，返回给调用者时行尾也不做转换。当输出写入时，如果取值为 None，则任意写入的 \n 将被转换为系统默认的行分隔符；如果取值为空串或 \n，则不进行转换；如果取值为其他任意合法值，则所有写入的 \n 字符将转换为给定字符串。

（5）closefd 指关闭文件时文件描述符的状态。若 closefd 为 False，且给定文件描述符（注意不是文件名），则当文件关闭时文件描述符将保持打开。若给定文件名，则 closefd 必须为 True（默认），否则将引发错误。

（6）opener 用于传递调用一个自定义打开器，通过调用 opener 获取文件对象的文件描述符。

以下代码使用内置支持的 file 对象展示了常见的文件操作。

```
# 打开文件
f = open("test.txt", "w+")
# 获取文件描述符
print(f.fileno())
# 写入文本
f.write( "Python语言很强大。\n是的，的确非常强大!\n" )
# 关闭文件
f.close()
# 以只读方式打开文件
f = open("test.txt", "r")
# 读取文件内容并输出至终端屏幕
print(f.read())
# 关闭打开的文件
f.close()
```

上述代码的运行结果如图 4-34 所示。

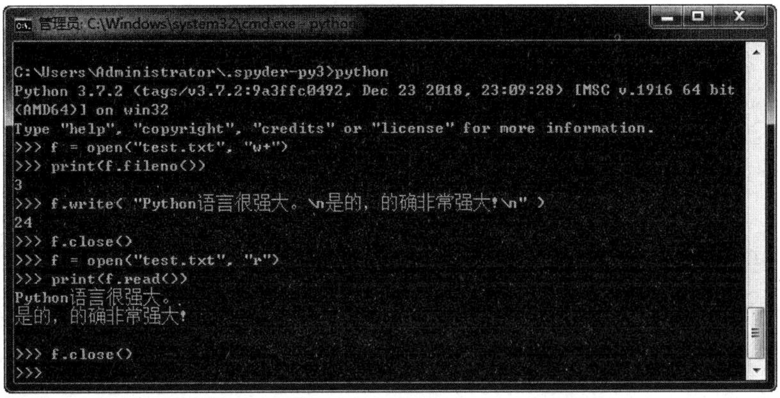

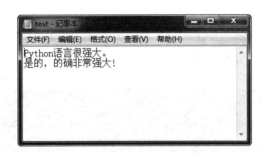

图4-34　使用file对象打开、写入、读取文件

生成的 test.txt 文件的内容如图 4-35 所示。

图4-35　生成的test.txt文件的内容

★新手问答★

01. 什么是接口？Python中怎样实现接口？

答：接口是定义了一些方法但没有实现方法的类。接口不能实例化，只能被别的类继承，从而实现这些具体的方法。Python 中有两种实现接口的方法：使用抽象类和抽象函数完成；使用普通父类定义接口，在继承该父类的子类中完成方法的具体实现。

02. 与列表相比，迭代器有什么优缺点？

答：与列表相比，迭代器的优点是在取值时不依赖于索引，这样就可以遍历那些没有索引的对象，比如字典和文件；迭代器是惰性计算，更节省内存。迭代器的缺点是无法自动获取长度，没有列表灵活；只能单向向后取值，不能反向向前取值。

★小试牛刀★

案例任务

写一个程序，输出 Fibonacci（斐波那契）数列的第 n 个数（如 n=50）。

技术解析

斐波那契数列又称黄金分割数列,指的是这样一个数列:1,1,2,3,5,8,13,21,34,…在数学上,斐波那契数列使用递推的方法定义:F(1)=1,F(2)=1,F(n)=F(n−1)+F(n−2)(n>=3,n ∈ N*)。可见,计算斐波那契数列的过程是典型的使用循环递推的过程。

编码实现

```
known = {0: 0, 1: 1}
def Fibonacci(n):
    if n in known:
        return known[n]
    res = Fibonacci(n - 1) + Fibonacci(n - 2)
    known[n] = res
    return res

print('Fibonacci(%d)=%d' % (50, Fibonacci(50)))
```

上述代码的运行结果如图 4-36 所示。

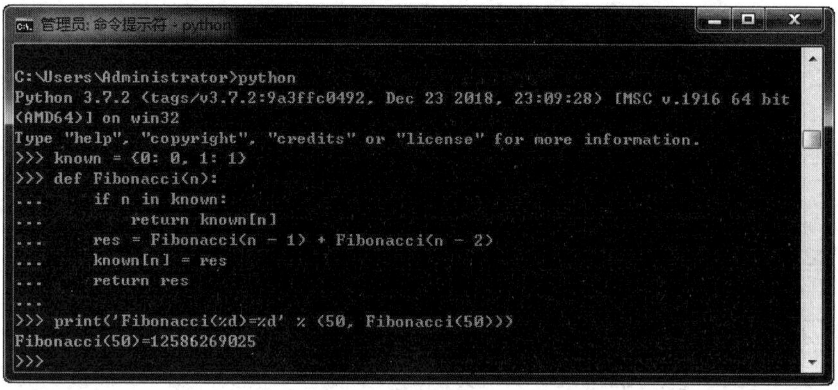

图4-36 斐波那契数列的第50个数

本章小结

本章主要介绍了 Python 语言的流程控制、异常处理、函数、面向对象编程及文件操作等知识。Python 语言具有列表和元组等灵活的集合、数据类型、类和面向对象的魔术方法,等等,可以在此基础上结合迭代器、生成器和装饰器等灵活实用的语法技巧,完成各种复杂的编程任务。

第2篇

应用篇

本篇主要介绍Python语言在数据获取、数据清洗及绘制平面和3D图形方面的基础知识，同时也介绍了数据清洗和预处理的有关概念、原则及大数据的相关概念、特征和处理环节。初级读者学完本篇内容将基本掌握Python语言在数据处理和可视化方面的相关技能，中高级读者可将本篇内容作为对已掌握知识的回顾和查漏补缺。

第5章

给大蟒找食：Python的数据存取操作

本章导读

　　数据的读取和保存是数据分析工作的必要和基本步骤。本章主要通过对文本数据文件、Excel文档和MySQL数据库的操作，介绍如何读写文件和数据库中的数据，并通过介绍网络爬虫的相关知识，让读者了解如何从互联网上获取所需的数据，以及对应的存储和读取操作。

知识要点

读者学习完本章内容后能掌握以下知识技能：

- ♦ Python读写文本文件的方法
- ♦ Python读写Excel文档的方法
- ♦ Python连接和操作MySQL数据库的方法
- ♦ 网络爬虫的基本知识、原理，以及Beautiful Soup库的简单用法

5.1 餐前小食：文本文件的数据存取

文本型文件是常见的可以用来存储数据的文件，使用文本文件存储数据的优点在于直观、存取方便，不足之处在于数据量达到一定规模后，读写和检索的速度会变得较为缓慢。

常见的存储文本数据的文本文件主要有两种：一种是基于分隔符的文本数据文件，这里的分隔符可以是空格、逗号、单双引号、TAB 制表符等，使用分隔符的目的是将同一行数据的不同列（字段）分开，便于以统一的规律读写；另一种是基于 JSON（JavaScript Object Notation）格式的文本文件，熟悉 JSON 格式的读者可能会联想到 Python 的字典类型，事实上确实可以这样理解，Python 可以使用 JSON 中的"键"来读写对应的数据。下面分别介绍这两种类型的存储数据的文本文件。

5.1.1 基于分隔符的文本数据文件

此类文本数据文件以行为各条数据的分隔，以各种分隔符（同一个文本数据文件中通常只使用一种）作为一条数据内不同列（字段）的分隔，存储需要处理的数据。下面是分别使用 TAB 制表符、逗号、空格、竖线作为分隔符的 4 个文本数据文件的例子，如图 5-1 所示。

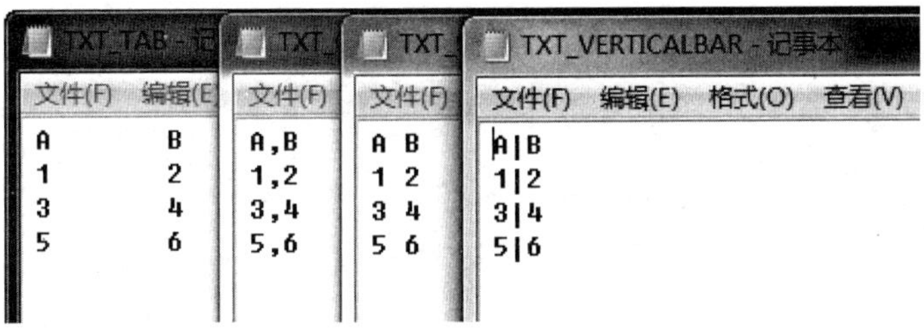

图5-1 分别使用TAB制表符、逗号、空格、竖线作为分隔符的4个文本数据文件

可见，不同的分隔符只是使文本数据文件的观感不同，对存储的数据并没有本质上的影响。在 Python 中读写基于分隔符的文本数据文件通常有 3 种方法。

1. 使用CSV模块读写

以使用逗号分隔的文本数据文件为例。文件名为"TXT_COMMA.txt"的文本文件中存有以下数据。

```
A,B
1,2
3,4
5,6
```

通过导入 Python 内置的 CSV 模块，可以使用以下代码读取该文本数据文件中的内容。

```
import csv
with open("TXT_COMMA.txt") as cf:
```

```
lines=csv.reader(cf)
for line in lines:
    print(line)
```

上述代码的运行结果如图 5-2 所示。

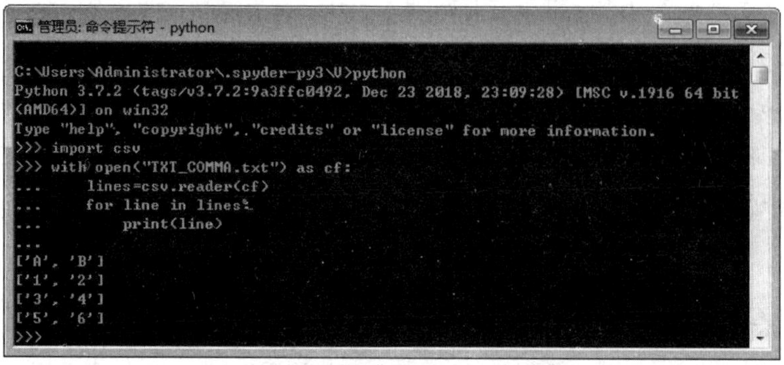

图5-2 使用Python内置的CSV模块读取TXT_COMMA.txt文件中存储的数据

可以看到，使用 CSV 模块导入文本数据文件后，每一行的每个数据字段都能识别成功，并自动添加了引号和方括号。以下代码使用 CSV 模块将数据写入文本文件。

```
import csv
headers=['A','B']
rows=[(1,4),(2,5),(3,6)]
f=open("TXT_COMMA2.txt ",'a+')
wf=csv.writer(f)
wf.writerow(headers)
wf.writerows(rows)
f.close()
```

上述代码的运行结果如图 5-3 所示。

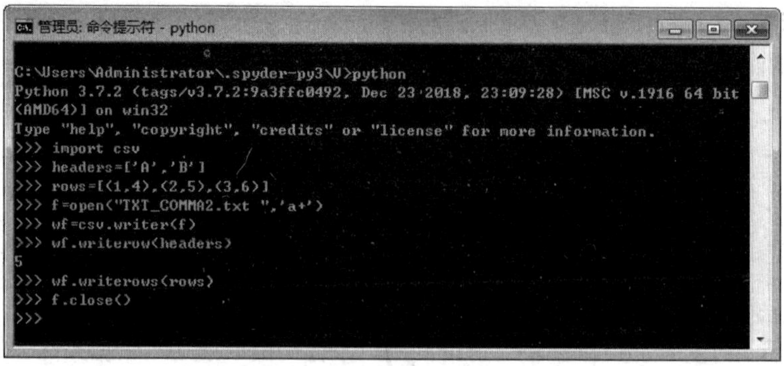

图5-3 使用Python内置的CSV模块将数据写入文本文件

生成名为"TXT_COMMA2.txt"的文本文件，如图 5-4 所示。

图5-4　生成的文本文件TXT_COMMA2.txt

使用内置的 CSV 模块读写基于分隔符的文本数据文件简单易懂，读者应熟练掌握。

温馨提示：关于CSV模块支持的分隔符

CSV模块的reader()方法和writer()方法的dialect参数指明了将要使用的分隔符。默认使用半角逗号分隔，也支持使用制表符分隔。除此之外的分隔符需要自定义，然后调用register_dialect()方法来注册使用。可以使用list_dialects()方法来查询已注册的所有编码列表。

---

2. 使用NumPy库读写

仍然操作 TXT_COMMA.txt 文件，这次使用 NumPy 库读取其中的数据，代码如下。

```
import numpy
A=numpy.loadtxt("TXT_COMMA.txt", dtype=str, delimiter=",", unpack=
False)
print(A)
```

上述代码的运行结果如图 5-5 所示。

图5-5　使用NumPy库读取TXT_COMMA.txt文件中存储的数据

可以看到，NumPy 库读取的结果和 CSV 模块读取的结果略有不同：NumPy 库读取的结果最外层多了一对方括号，而且每个 list 中间没有逗号。事实上使用 NumPy 库读取的结果的数据类型是

ndarray，与使用 CSV 模块读取得到的数据类型 list 不同。可以使用 type() 函数查看变量 A 的类型，如图 5-6 所示。

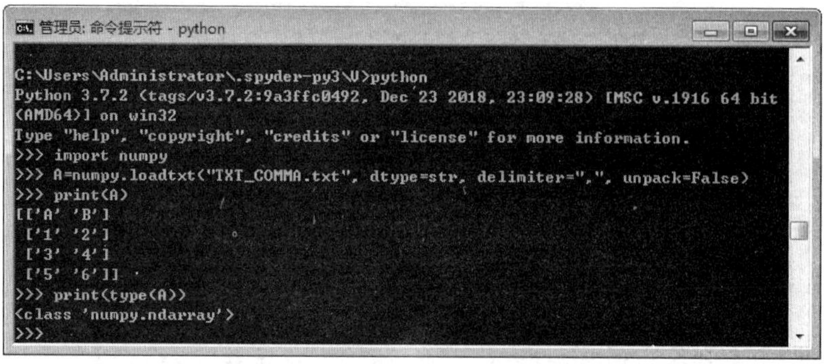

图5-6 使用NumPy库读取的结果的数据类型是ndarray

loadtxt() 函数的原型是：

```
loadtxt(fname, dtype=<class 'float'>, comments='#', delimiter=None,
converters=None, skiprows=0, usecols=None, unpack=False, ndmin=0,
encoding='bytes')
```

各参数含义如下。

（1）fname：要读取的带路径文件名，如文件后缀是 .gz 或 .bz2，则文件将被解压，然后再载入。

（2）dtype：要读取的数据类型。

（3）comments：文件头部或尾部字符串的开头字符，用于识别头部或尾部字符串。

（4）delimiter：分隔字段（列）的字符串。

（5）converters：将某列使用特定函数处理。

（6）skiprows：跳过前若干行。

（7）usecols：获取某些列，如需要前三列则为 usecols=(0,1,2)，只需要第二列则为 usecols=(1,)。

（8）unpack：取值为 True 时，每列数据以数组形式返回。

（9）ndmin：指定读取文件后存储数据的数组最少应具有的 ndarray 维度。

（10）encoding：解码输入文件的字符集编码。

NumPy 库同样可以将数据写入文本数据文件，例如：

```
import numpy
data=[['A','B'],['1','2'],['3','4'],['5','6']]
numpy.savetxt("TXT_COMMA3.txt", data, delimiter=",", newline="\r\
n", fmt="%s,%s")
```

上述代码的运行结果如图 5-7 所示。

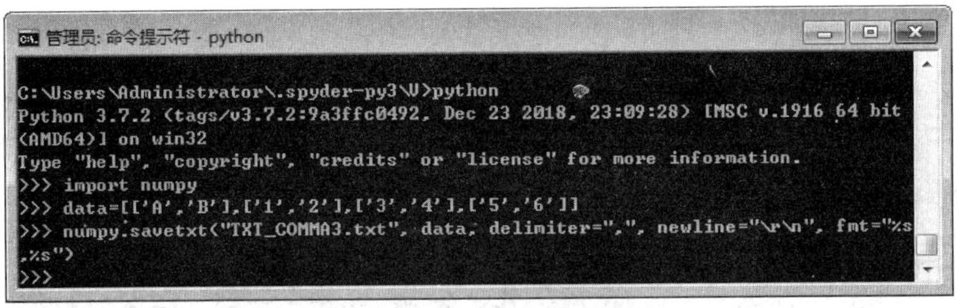

图5-7　使用NumPy库将数据写入TXT_COMMA3.txt

生成名为"TXT_COMMA3.txt"的文本文件，如图 5-8 所示。

图5-8　生成的文本文件TXT_COMMA3.txt

savetxt() 函数的原型是：

```
savetxt(fname, X, fmt='%.18e', delimiter=' ', newline='\n', header='',
 footer='', comments='# ', encoding=None)
```

各参数含义如下。

（1）fname：要写入的带路径文件名。

（2）X：要存储的一维或二维数组。

（3）fmt：控制数据存储的格式。

（4）delimiter：分隔字段（列）的字符串。

（5）newline：数据行之间的分隔符。

（6）header：文件头部写入的字符串。

（7）footer：文件尾部写入的字符串。

（8）comments：文件头部或者尾部字符串的开头字符，默认为 #。

（9）encoding：写入文件的字符集编码。

3. 使用Pandas库读写

使用 Pandas 库操作 TXT_COMMA.txt 文件，代码如下。

```
import pandas as pd
A=pd.read_csv('TXT_COMMA.txt')
print(A)
```

127

上述代码的运行结果如图 5-9 所示。

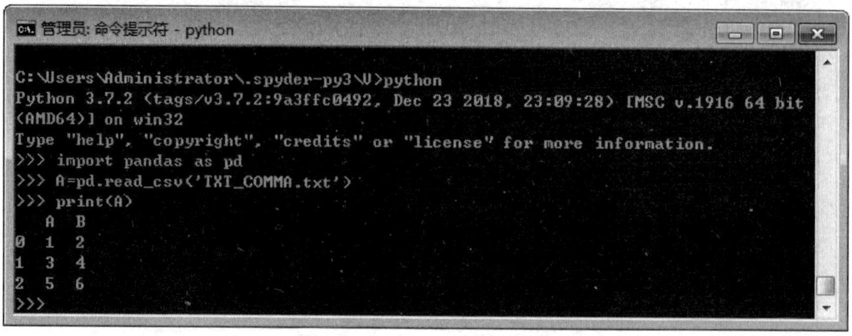

图5-9 使用Pandas库读取TXT_COMMA.txt文件存储的数据

Pandas 同样可以写入文本数据文件，例如：

```
import pandas as pd
A=pd.read_csv('TXT_COMMA.txt')
A.to_csv('TXT_COMMA4.txt')
```

上述代码的运行结果如图 5-10 所示。

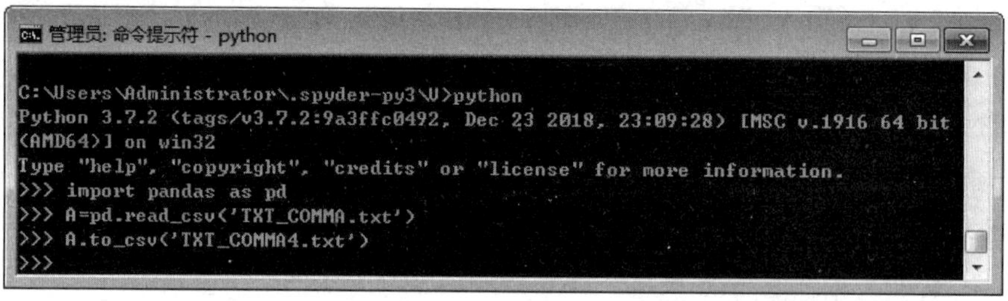

图5-10 使用Pandas库将数据写入TXT_COMMA4.txt

生成的文本文件 TXT_COMMA4.txt 如图 5-11 所示。

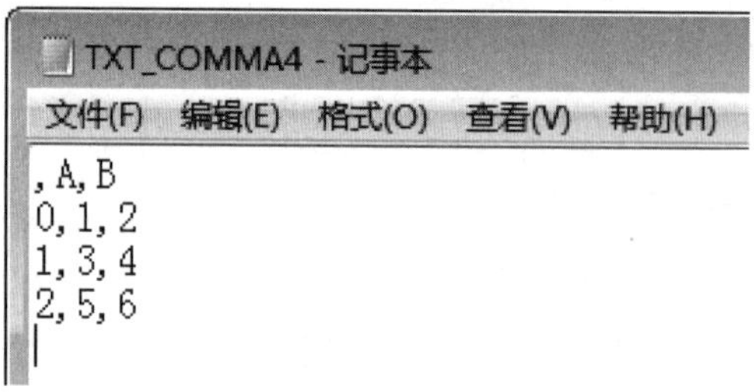

图5-11 生成的文本文件TXT_COMMA4.txt

> **温馨提示：使用CSV模块、NumPy库和Pandas库处理文本文件的区别**
>
> CSV模块、NumPy库和Pandas库都可以读取文本文件中的数据，也可以将数据写入文本文件。它们的主要区别有3点。
>
> （1）所需组件的支持程度不同。CSV模块是Python内置的，可以直接调用；NumPy库和Pandas库都需要联网安装，而且Pandas库依赖于NumPy库。
>
> （2）读取数据以后得到的数据类型，以及写入文件后的数据格式不同。
>
> （3）主要功能和运行效率不同。CSV模块主要用于处理文本型数据的读写；而Pandas和NumPy的功能比CSV模块要强大很多，NumPy库主要面向高精度和高性能的计算，提供了大量相关函数；Pandas库多用于时间序列分析，可以方便、快速地处理大量连续型数据。

5.1.2　基于JSON格式的文本文件

JSON（JavaScript Object Notation）是一种轻量级的数据交换格式，易于人们阅读和编写，同时也易于机器解析和生成。它是基于 JavaScript Programming Language，由 Standard ECMA-262 3rd Edition - December 1999 产生的一个子集。JSON 虽然采用完全独立于语言的文本格式，但也使用了一些 C 语言的特性，这些特性使 JSON 成为一种理想的数据交换语言。在 Python 中读写 JSON 格式的文本文件通常有 2 种方法。

1. 使用json模块读写

Python 内置了处理 JSON 的 json 模块，可以直接处理字符串、整型、浮点型、列表、元组、字典等类型的数据。将 Python 原始数据类型转换为 JSON 类型的过程称为序列化（以便存入 JSON 文件），序列化前后的对应类型关系如表 5-1 所示。

表5-1　Python类型序列化后对应的JSON类型

Python类型	JSON类型
dict	object
list、tuple	array
str	string
int、long、float	number
True	true
False	false
None	null

下面是一个序列化的例子。

```
import json
obj = [[1,2,3],123,123.123,'abc',{'key1':(1,2,3),'key2':(4,5,6)}]
fp = file('test.json', 'w')
json.dump(obj, fp)
fp.close()
```

上述代码的运行结果如图 5-12 所示。

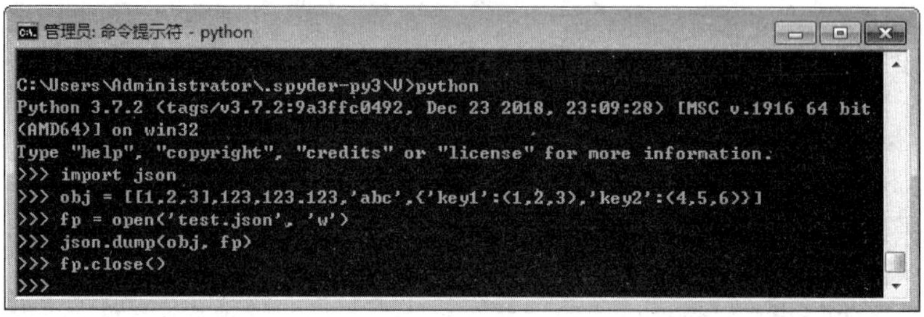

图5-12 使用json模块序列化存储Python数据

生成的 test.json 文件如图 5-13 所示。

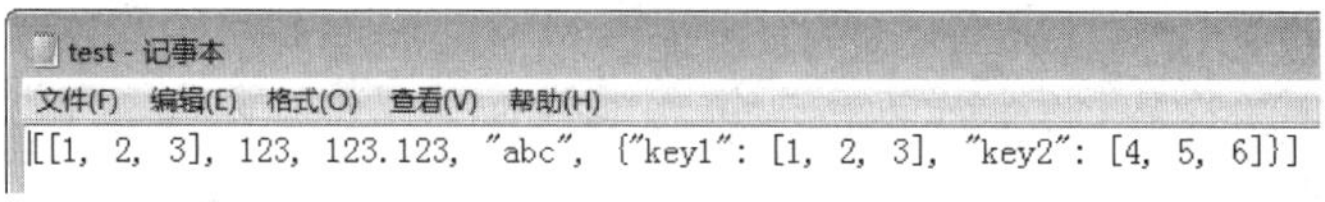

图5-13 生成的test.json文件

将 JSON 类型转换为 Python 类型的过程称为反序列化（从 JSON 文件中读取数据），反序列化前后的对应类型关系如表 5-2 所示。

表5-2 JSON类型反序列化后对应的Python类型

JSON类型	Python类型
object	dict
array	list
string	str
number（int）	int、long
number（real）	float
true	True
false	False
null	None

下面是一个反序列化的例子，用于读取图 5-13 中 JSON 文件的内容。

```
import json
obj = json.load(open('test.json'))
print(obj)
```

上述代码的运行结果如图 5-14 所示。

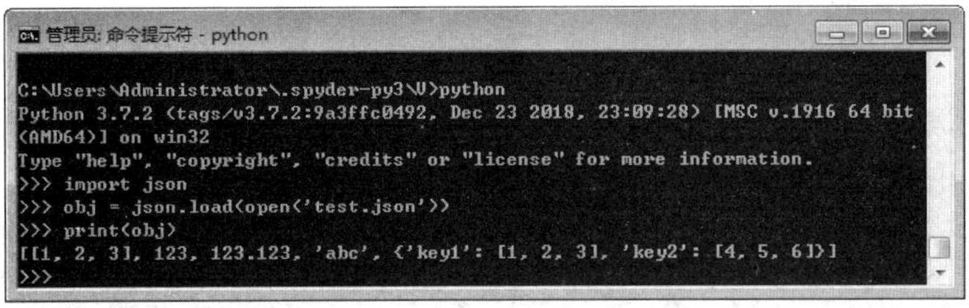

图5-14　使用json模块反序列化读取JSON文件中的数据

2. 使用Pandas库读写

test2.json 文件的内容如图 5-15 所示。

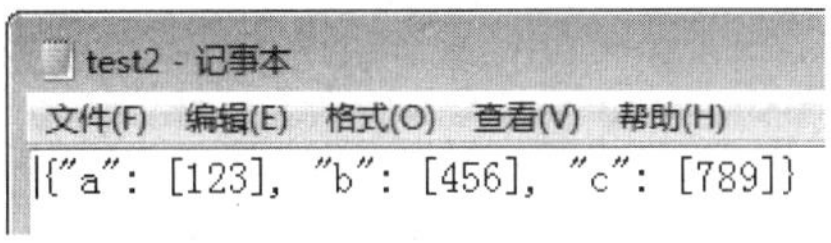

图5-15　test2.json文件的内容

使用 Pandas 库读取 test2.json 文件：

```
import pandas as pd
A=pd.read_json('test2.json')
print(A)
```

注意：Pandas 读取的 JSON 数据将会创建 DataFrame 对象，若直接传入标量的字典则需要写入索引，因此需要为标量值加上方括号，表示这是列表值，否则将会报错，如 "ValueError: If using all scalar values, you must pass an index"。上述代码的运行结果如图 5-16 所示。

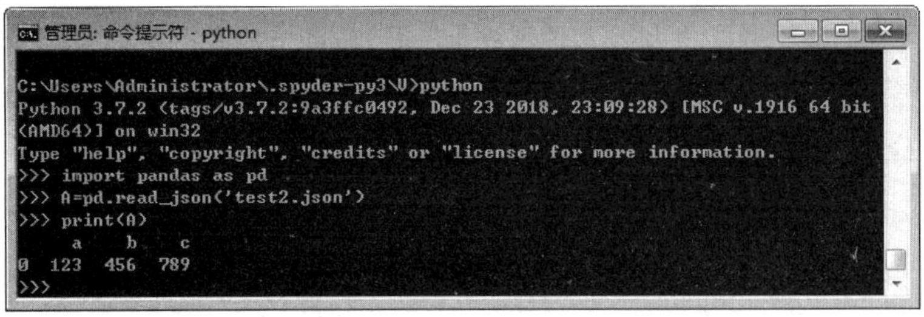

图5-16　使用Pandas库读取JSON文件中的数据

用 Pandas 库将 Python 列表数据写入 tcst3.json 文件：

```
import pandas as pd
A=pd.DataFrame([['a',123],['b',456],['c',789]])
fp = open('test3.json', 'w')
fp.write(A.to_json(force_ascii=False))
fp.close()
```

上述代码的运行结果如图 5-17 所示。

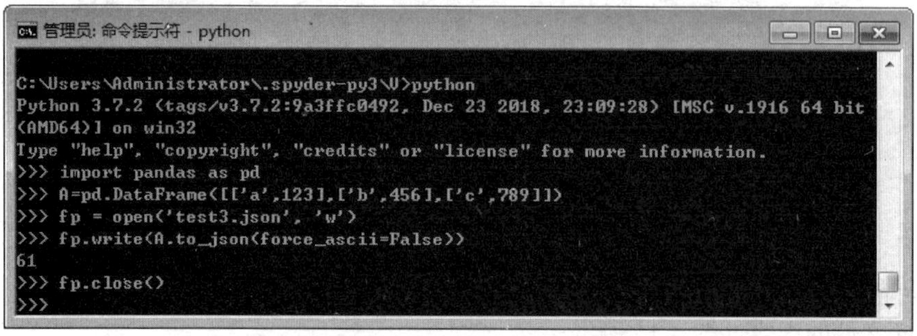

图5-17 使用Pandas库将JSON数据写入文件

生成的 test3.json 文件如图 5-18 所示。

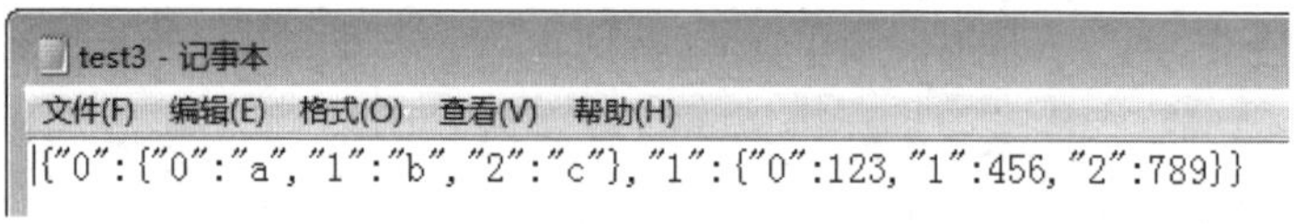

图5-18 生成的test3.json文件

5.2 开胃菜：Excel文件的数据存取

微软公司的 Excel 软件几乎占领了电子表格处理工具的半壁江山，在实际学习、工作中使用 Excel 存储的各类数据比比皆是。为了读写和处理各类 Excel 文档中的数据，Python 提供了众多的模块和库。

5.2.1 Excel的模块和库

Python 常用的 Excel 模块和库有 7 个，名称及功能比较如表 5-3 所示。

表5-3 Python常用的Excel模块和库

模块和库	支持的操作系统	支持的Python版本	是否支持xlsx	安装方式
win32com	Win	2.X/3.X	是	PIP
xlwings	Win/Mac	2.X/3.X	是	PIP
xlsxwriter	Win/Mac	2.X/3.X	是	PIP
DataNitro	Win	2.X/3.X	是	独立安装包
Pandas	Win/Mac	2.X/3.X	是	PIP
openpyxl	Win/Mac	2.X/3.X	是	PIP
xlutils	Win/Mac	2.X/3.X	否	PIP

（1）win32com 从命名上就可以看出，这是一个处理 Windows 应用的扩展，Excel 只是该库能实现的一小部分功能。该库还支持 Office 的众多操作。

（2）xlwings 可结合 VBA 实现对 Excel 编程，具有强大的数据输入分析能力和丰富的接口，再结合 Pandas/NumPy/Matplotlib，能轻松应对 Excel 的数据处理工作。

（3）xlsxwriter 拥有丰富的特性，支持图片、表格、图表、筛选、格式、公式等，功能与 openpyxl 相似，其优点是比 openpyxl 对 VBA 的支持要好。

（4）DataNitro 作为插件内嵌到 Excel 中，可完全替代 VBA，在 Excel 中使用 python 脚本，不过需要付费使用。

（5）Pandas 的强项是数据处理，Excel 文档可以作为 Pandas 输入、输出数据的容器。

（6）openpyxl 简单易用，功能强大，单元格格式、图片、表格、公式、筛选、批注、文件保护等功能应有尽有，图表功能是其一大亮点，唯一的不足是对 VBA 的支持不够好。

（7）xlutils 是基于 xlrd 和 xlwt 的老牌 python 包，其功能中规中矩，而且仅支持 xls 文件。

需要注意的是，xlwings 安装成功后，如果运行提示报错信息 "ImportError: no module named win32api"，则需要安装 pypiwin32 或者 pywin32；win32com 集成在其他库中，安装 pypiwin32 或 pywin32 即可使用；xlsxwriter 并不支持打开或修改现有文件；xlwings 不支持对新建文件重命名，这意味着若使用 xlsxwriter 则需要从零开始；DataNitro 作为 Excel 插件需依托于软件本身；Pandas 新建文档需要依赖其他库。

接下来主要介绍使用 xlwings 读写 Excel 文档。使用 xlwings 库需先安装微软 Office 软件（以便 xlwings 调用 Excel 组件），未安装 xlwings 库的可以运行以下命令安装：

```
python -m pip install xlwings
```

5.2.2 读取Excel文件

test.xlsx 文件内容如图 5-19 所示。

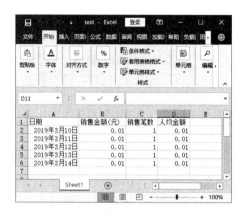

图5-19 test.xlsx文件的内容

用 xlwings 读取 test.xlsx 文件内容：

```
import xlwings as xw
app=xw.App(visible=True, add_book=False)
app.display_alerts=False
app.screen_updating=False
wb=app.books.open('test.xlsx')
data=app.books[0].sheets[0].range('A1:D6').value
print(data)
wb.close()
app.quit()
```

上述代码的运行结果如图 5-20 所示。

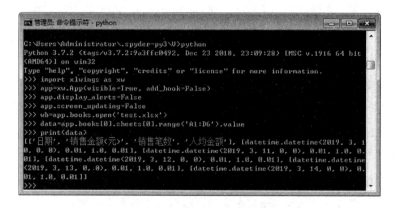

图5-20 使用xlwings读取test.xlsx文件内容

可见，使用 xlwings 可以直接获取 Excel 文档中的各类型数据，并转化为对应的 Python 类型的数据。

5.2.3　生成Excel文件并写入数据

用 xlwings 将 Python 数据写入 test2.xlsx 文件：

```
import xlwings as xw
wb = xw.Book()
sht = wb.sheets[0]
info_list = [['20190001','已揽收','Beijing'],
['20190002','已发货','Shanghai'],
['20191234','已揽收','Tianjin'],
['20192234','已发货','Chengdu'],
['20195678','正在派送','Chongqing']]
titles = [['包裹号','状态','地点']]
sht.range('a1').value = titles
sht.range('a2').value = info_list
wb.save('test2.xlsx')
```

上述代码的运行结果如图 5-21 所示。

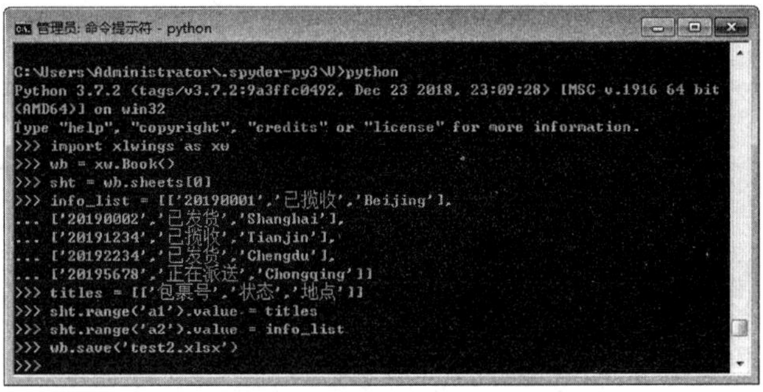

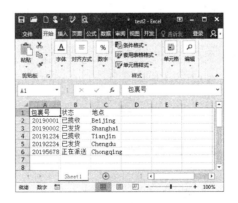

图5-21　使用xlwings将Python数据写入test2.xlsx文件

生成的 test2.xlsx 文件如图 5-22 所示。

图5-22　生成的test2.xlsx文件

事实上，xlwings 中存在 App、Book、Sheet、Range 等类型的对象，这些对象之间的层次关系如图 5-23 所示。

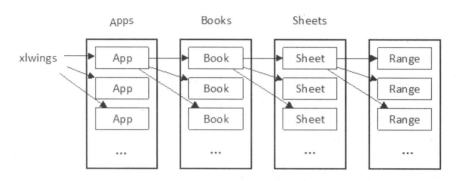

图5-23 xlwings中各类型对象的层次关系

App 是指 Excel 程序（进程）；Book 是指 Excel 工作簿（Excel 文档）；Sheet 是指 Excel 文档中的工作表；Range 是指工作表中的单元格区域。多个 Excel 程序统一放置在 Apps 中；多个工作簿统一放置在 Books 中；多个工作表统一放置在 Sheets 中。在操作 Excel 文档时只需按照层次依次访问相应的对象即可。

5.3 主菜：写一个爬虫来收集网页数据

Python 除了能读写本地计算机磁盘上的文本文件，还能从网上获取一些数据。

5.3.1 爬虫的概念

常见的搜索引擎有百度、Google、Bing 等。搜索引擎的工作原理大致分为爬取信息、存储、建立索引、排序、检索等环节，其中第一阶段就是使用专用程序收集网页数据，这个程序通常称为蜘蛛（Spider）或爬虫（Crawler）。搜索引擎从已知的数据库出发，访问这些网页并抓取文件。搜索引擎通过这些爬虫从一个网站爬到另一个网站，跟踪网页中的链接，访问更多的网页，这个过程称为爬行。这些新的网址会被存入数据库等待搜索。所以跟踪网页链接是搜索引擎发现新网址的最基本的方法，反向链接成为搜索引擎优化的基本要素之一。搜索引擎抓取的页面文件与用户通过浏览器得到的完全一样。

一套典型的爬虫系统大体上可以分为 5 个部分，各部分之间的工作流程如图 5-24 所示。

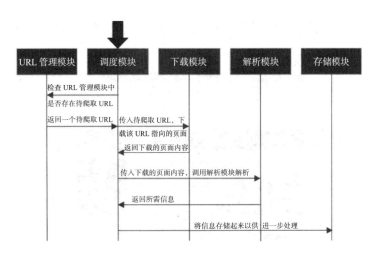

图5-24 爬虫系统的5个部分及工作流程

Python 中常见的可以用来编写爬虫的库有 Urllib、Requests、Beautiful Soup、Scrapy、Pyspider、Etlpy 等。其中 Beautiful Soup、Scrapy、Pyspider 和 Etlpy 是相对独立、各有特色的；Urllib 和 Requests 主要是封装了 HTTP 协议的基本操作，要用其编写爬虫，还需要自行完成许多基础工作。

5.3.2 写一个简单的爬虫

Beautiful Soup 是一个可以从 HTML 或 XML 文件中提取数据的 Python 库，常被用来编写网页爬虫。它可以使用Python标准库中的HTML解析器或第三方解析器完成对页面或XML文档的解析，常用的解析器如表 5-4 所示。

表5-4 Beautiful Soup常用的解析器

解析器	优势	劣势
Python标准库	Python内置标准库	Python 2.7.3或Python 3.2.2前的版本文档容错能力差
	执行速度适中	
	文档容错能力强	
lxml HTML解析器	速度快	需要安装C语言库
	文档容错能力强	
lxml XML解析器	速度快	
	唯一支持XML的解析器	
HTML5lib	最好的容错性	速度慢
	以浏览器的方式解析文档	
	生成HTML5格式的文档	不依赖外部扩展

下面来看一下如何使用 Beautiful Soup 获取中关村在线（http://www.zol.com.cn/）首页"今日焦点"栏目的头条新闻列表。首先打开浏览器，输入网址，打开中关村在线，如图 5-25 所示。

图5-25 中关村在线首页

图中画框的部分就是希望获取的内容。通过查看页面源代码可以发现，这部分内容使用了 HTML 中的 DIV、UL、LI、A 等标签，如图 5-26 所示。

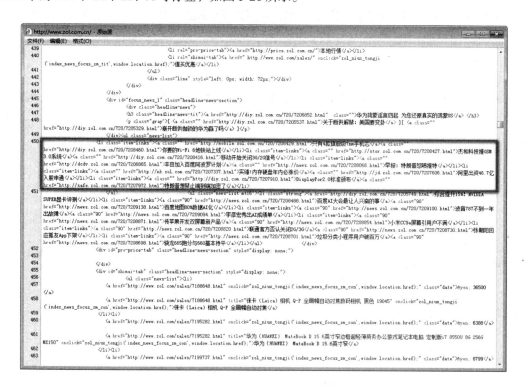

图5-26 "今日焦点"栏目的头条新闻的HTML源代码

这部分内容的 HTML 代码如下。

```
<div id="focus_news_1" class="headline-news-section">
    <div class="headline-news">
```

```
            <h3 class="headline-news-tit">
                <a href="http://diy.zol.com.cn/720/7206852.html"
 class="">华为鸿蒙谣言四起 为您还原真实的鸿蒙OS</a> </h3>
                    <p class="gray">[ <a class="" href="http://diy.
zol.com.cn/720/7205537.html">关于断供解禁：美国要变卦</a> ][ <a class=""
href="http://diy.zol.com.cn/720/7205329.html">崩开断供枷锁的华为赢了吗</a>
 ]</p>
        </div>
<ul class="news-list">
    <li class="item-links"><a class="" href="http://mobile.zol.com.
cn/720/7208429.html">只有4款旗舰级7nm手机芯</a><a class="" href="http://
diy.zol.com.cn/720/7208460.html">你要的Wi-Fi 6地铁站上线</a></li>
    <li class="item-links"><a class="" href="http://stor.zol.com.
cn/720/7208427.html">杰和科技推GSM 3.0系统</a><a class="" href="http://
diy.zol.com.cn/720/7208416.html">移动开始关闭3G/2G信号</a></li>
    <li class="item-links"><a class="" href="http://dcdv.zol.com.
cn/720/7206865.html">丰田加入百度阿波罗计划</a><a class="" href="http://
news.zol.com.cn/720/7208068.html">早报：特朗普怒喷推特</a></li>
    <li class="item-links"><a class="" href="http://nb.zol.com.
cn/720/7207337.html">实锤!内存硬盘年内必涨价</a><a class="" href="http://
jd.zol.com.cn/720/7207606.html">阿里出资46.7亿入股申通</a></li>
    <li class="item-links"><a class="" href="http://diy.zol.com.
cn/720/7207910.html">DisplayPor2.0标准颁布</a><a class=""
href="http://safe.zol.com.cn/720/7207972.html">特朗普想禁止端到端加密了</
a></li>
</ul>
...
</div>
```

为了得到页面的 HTML 代码，可以使用 Requests 库的 get 方法。

```
content = requests.get('http://www.zol.com.cn/').content
```

然后再使用 Beautiful Soup 将 HTML 转为对象，即可遍历页面，获取其中的文字和链接地址。

```
from bs4 import BeautifulSoup
import requests
import pandas as pd


content = requests.get('http://www.zol.com.cn/').content
soup = BeautifulSoup(content, 'html.parser', from_encoding='utf-8')
```

```
ul = soup.find(id="focus_news_1").find("ul", class_="news-list")
text = []
href = []
for item in ul.find_all('a'):
    text.append(item.string)
    href.append(item.get('href'))

print(text)
print(href)
```

上述代码的运行结果如图 5-27 所示。

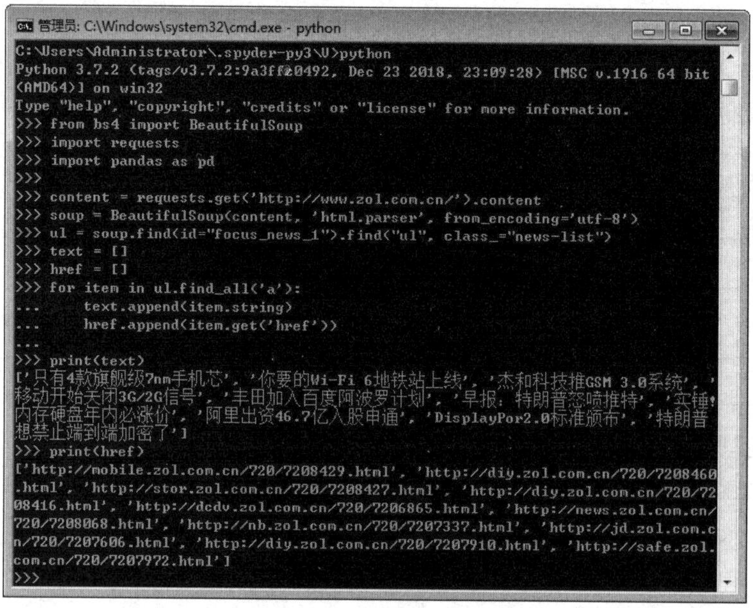

图5-27 取得文字和链接地址

5.3.3 保存爬取到的数据

在得到文字和链接地址后，可以将列表转换为 Pandas 的 DataFrame，便于导出为 CSV 格式并保存。

```
from bs4 import BeautifulSoup
import requests
import pandas as pd


content = requests.get('http://www.zol.com.cn/').content
```

```
soup = BeautifulSoup(content, 'html.parser', from_encoding='utf-8')
ul = soup.find(id="focus_news_1").find("ul", class_="news-list")
text = []
href = []
for item in ul.find_all('a'):
    text.append(item.string)
    href.append(item.get('href'))


print(text)
print(href)


df = pd.DataFrame({'Text': pd.Series(text), 'Href': pd.Series(href)})
df.to_csv('zol_TopNews.csv', encoding='utf-8-sig')
```

生成的 zol_TopNews.csv 文件如图 5-28 所示。

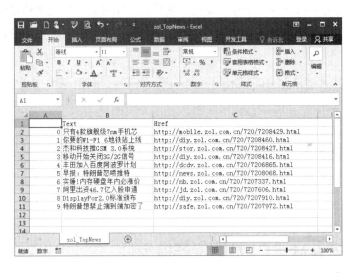

图5-28 生成的zol_TopNews.csv文件

5.4 主菜：操作MySQL数据库

虽然可以通过爬虫获取并保存互联网上的内容，但从磁盘上"读取数据—执行操作—写入磁盘"这个过程仍然很慢。这是因为磁盘读写的速度与内存相比要慢得多，而且当存储数据的文本文件或 Excel 文档多了以后也很难管理。那么有什么办法能提高读写数据的效率呢？

5.4.1　MySQL数据库是什么

在介绍 MySQL 数据库之前，先来看一下什么是数据库。《数据库系统概论（第 5 版）》中对数据库进行了专业的解释："是长期储存在计算机内、有组织、可共享的大量数据的集合""数据库中的数据按一定的数据模型组织、描述和储存，具有较小的冗余度、较高的数据独立性和易扩展性，并可为各种用户共享"。由此可见，数据库是专门存放和管理数据的地方。自 20 世纪 60 年代以来，人们在数据库技术上已经取得了巨大的进步。

MySQL 是一个关系型数据库管理系统（Relational DataBase Management System，DBMS），由瑞典 MySQL AB 公司开发，目前属于 Oracle 公司的产品。在 Web 应用方面，MySQL 是最好的关系型数据库管理系统之一。与 Oracle、MS SQLServer 等数据库系统相比，MySQL 主要有以下优点。

（1）体积小、速度快、多线程、多用户、总体拥有成本低（几乎是免费的）、支持正规的 SQL 查询语言和多种数据类型、能对数据进行各种详细的查询等。

（2）支持多种操作系统，在一个操作系统中实现的应用可以很方便地移植到其他操作系统。

（3）核心程序采用完全多线程编程，可以灵活地为用户提供服务，能充分利用 CPU 又不会过多地消耗系统资源。

（4）有一个非常灵活且安全的权限和口令系统，客户端与 MySQL 服务器之间所有的口令被加密传送。

（5）支持大数据量，可以存储上千万条记录。

（6）通过一个高度优化的类库实现 SQL 函数库，且没有内存漏洞。

（7）提供多种不同的用户界面，包括命令行客户端操作、网页浏览器，以及各式各样的程序语言界面，如 C#、C++、Perl、Java、PHP 及 Python 等。

5.4.2　选择并安装MySQL数据库连接组件

本书假设读者已经安装好了 MySQL 数据库服务器，下面介绍使用 Python 连接 MySQL 数据库的方法。

在 Python 官方扩展平台 Python Package Index（https://pypi.org）上以"MySQL"为关键词进行搜索，可以查到许多支持 Python 连接 MySQL 数据库的第三方组件，本书选择使用 mysql-connec-tor-python，选择 8.0.16 版本，采用第 2 章介绍的相关方法进行安装，如图 5-29 所示。

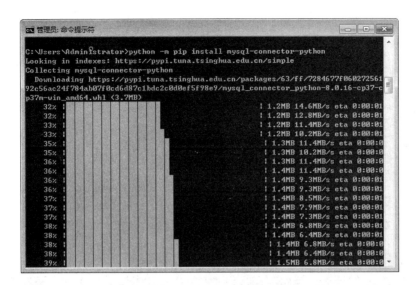

图5-29 安装mysql-connector-python库

安装完毕后进入 Python 交互环境，运行以下代码。

```
import mysql.connector
```

如果没有出现错误提示信息，即表示安装成功，如图 5-30 所示。

图5-30 测试mysql-connector-python库是否安装成功

5.4.3 连接到MySQL数据库

用 mysql-connector-python 连接 MySQL 数据库服务器。

```
import mysql.connector
```

```
try:
    con=mysql.connector.connect(host='MySQL数据库服务器地址',port=3306,
user='数据库用户名',password='数据库密码',database='数据库名称',char
set='utf8')
    print(con.connection_id)
    con.close()
except mysql.connector.Error as e:
    print(e)
```

上述代码首先引入了 mysql.connector 对象，然后调用其 connect() 方法连接 MySQL 数据库服务器，连接成功后将返回 con 对象并输出当前连接的 connection_id，如图 5-31 所示。

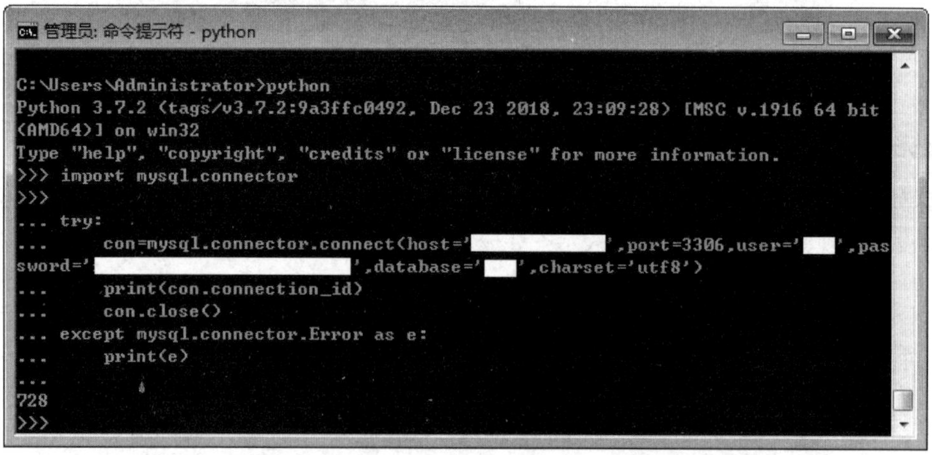

图5-31 成功连接MySQL数据库服务器

若连接失败则输出错误提示信息，如图 5-32 所示。

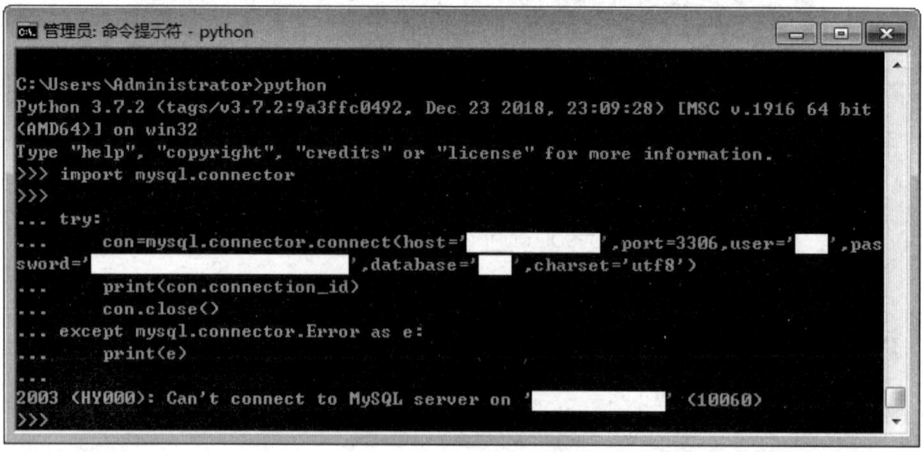

图5-32 连接MySQL数据库服务器失败

数据库连接信息还可以使用字典方式传入 connect() 方法，例如：

```
import mysql.connector

try:
    config={
        'host':'MySQL数据库服务器地址',
        'port':3306,
        'user':'数据库用户名',
        'password':'数据库密码',
        'database':'数据库名称',
        'charset':'utf8'
    }
    con=mysql.connector.connect(**config)
    print(con.connection_id)
    con.close()
except mysql.connector.Error as e:
    print(e)
```

5.4.4 把数据放进去

在 MySQL 数据库 test 中建立数据表 users，其结构如表 5-5 所示。

表5-5 users表的结构

字段名	数据类型	长度	是否可以为空	是否主键	备注
userid	int	6	否	是	用户ID，自增
name	varchar	50	否	否	用户名
age	smallint	3	是	否	年龄

接下来向 users 表中插入一条数据，其 userid 取数据库自增 ID，name 为 Alice，age 为 20，写成 SQL 语句如下。

```
INSERT INTO USERS(name,age) VALUES ('Alice',20);
```

以下代码实现了执行这条 SQL 语句，插入数据并返回对应的 userid。

```
from mysql import connector

try:
    config={
        'host':'MySQL数据库服务器地址',
```

```
    'port':3306,
    'user':'数据库用户名',
    'password':'数据库密码',
    'database':'数据库名称',
    'charset':'utf8'
    }
    con=connector.connect(**config)
    cursor=con.cursor()
    sql=("INSERT INTO USERS(name,age) VALUES ('Alice',20)")
    cursor.execute(sql)
    con.commit()
    print(cursor.lastrowid)
    cursor.close()
    con.close()
except connector.Error as e:
    print(e)
```

上述代码的运行结果如图 5-33 所示。

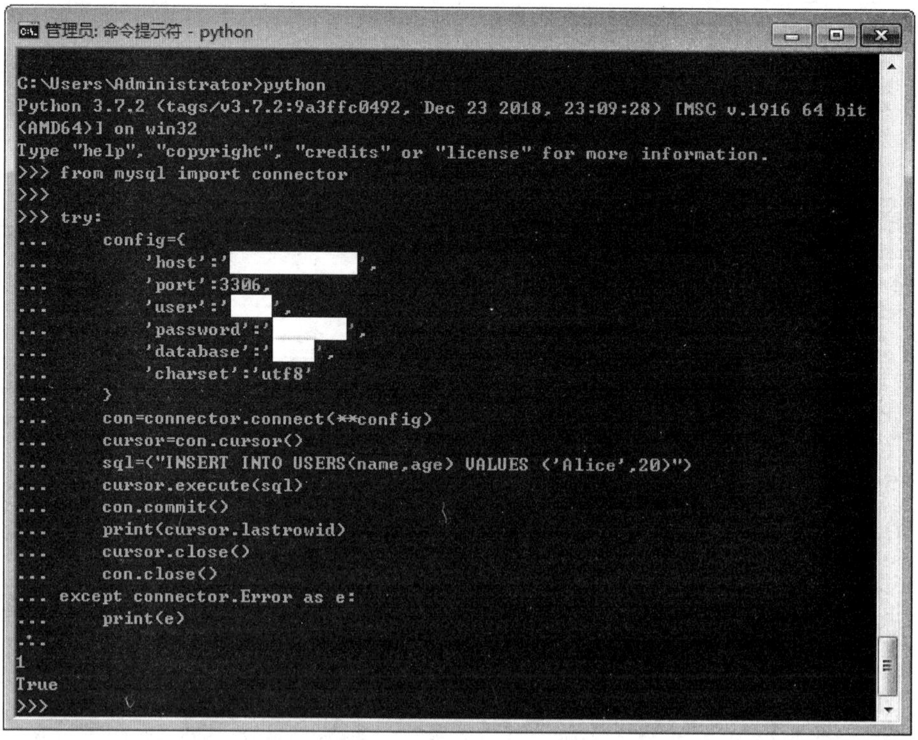

图5-33 执行SQL语句向users表中插入一条数据

除使用 SQL 语句外，还可以使用 Python 的元组和字典方式向 users 表中插入数据，例如：

```
from mysql import connector

try:
    config={
        'host':'MySQL数据库服务器地址',
        'port':3306,
        'user':'数据库用户名',
        'password':'数据库密码',
        'database':'数据库名称',
        'charset':'utf8'
    }
    con=connector.connect(**config)
    cursor=con.cursor()
    sql1=("INSERT INTO USERS(name,age) VALUES (%s,%s)")
    data=('Bob',21)
    cursor.execute(sql1,data)
    con.commit()
    print(cursor.lastrowid)
    sql2=("INSERT INTO USERS(name,age) VALUES (%(name)s,%(age)s)")
    data={'name':'Calvin', 'age':22}
    cursor.execute(sql2,data)
    con.commit()
    print(cursor.lastrowid)
    cursor.close()
    con.close()
except connector.Error as e:
    print(e)
```

注意，使用元组和字典方式时，SQL 语句是不同的，上述代码的运行结果如图 5-34 所示。

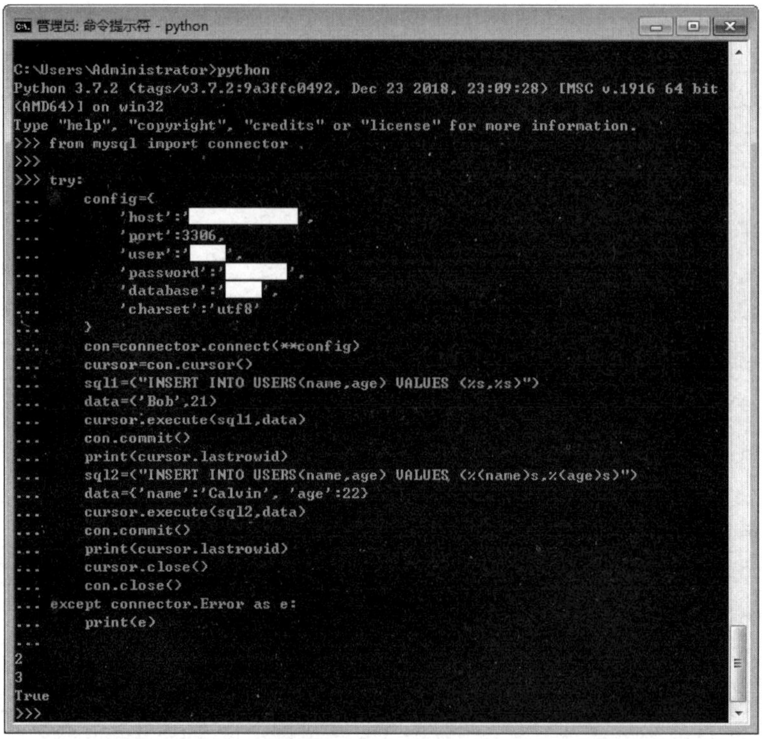

图5-34 使用元组和字典方式向users表中插入一条数据

当同时要插入多条数据时，还可以使用批量方式，如使用字典方式一次性向 users 表中插入三条数据。

```
from mysql import connector

try:
    config={
        'host':'MySQL数据库服务器地址',
        'port':3306,
        'user':'数据库用户名',
        'password':'数据库密码',
        'database':'数据库名称',
        'charset':'utf8'
    }
    con=connector.connect(**config)
    cursor=con.cursor()
    sql=("INSERT INTO USERS(name,age) VALUES (%(name)s,%(age)s)")
    data=[{'name':'Calvin', 'age':22},{'name':'Douglas', 'age':23},
{'name':'Einstein', 'age':24}]
```

```
    cursor.executemany(sql,data)
    con.commit()
    cursor.close()
    con.close()
except connector.Error as e:
    print(e)
```

事实上，批量处理数据就是将多条数据存储为列表，并作为 executemany() 方法的参数传入即可。上述代码运行的结果如图 5-35 所示。

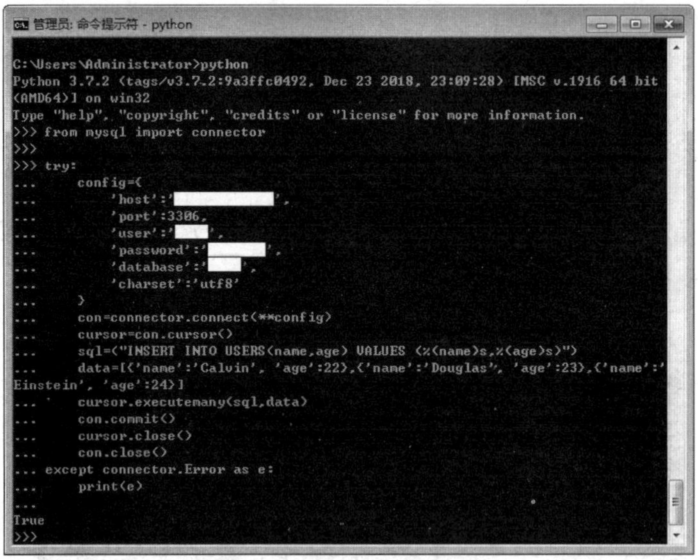

图5-35 同时向users表中插入三条数据

5.4.5 把数据拿出来

插入数据后，如果想知道表里都有哪些数据，应该如何操作呢？其实方法与插入数据类似，仍然是执行 SQL 语句：

```
from mysql import connector

try:
    config={
        'host':'MySQL数据库服务器地址',
        'port':3306,
        'user':'数据库用户名',
        'password':'数据库密码',
```

```
        'database':'数据库名称',
        'charset':'utf8'
    }
    con=connector.connect(**config)
    cursor=con.cursor(dictionary=True)
    sql=("select userid,name,age from users")
    cursor.execute(sql)
    result=cursor.fetchall()
    for user in result:
        print(user)
    cursor.close()
    con.close()
except connector.Error as e:
    print(e)
```

调用 execute() 方法执行 SQL 语句后，接着调用 fetchall() 方法取回所有结果，并通过 for 循环显示出来。上述代码运行的结果如图 5-36 所示。

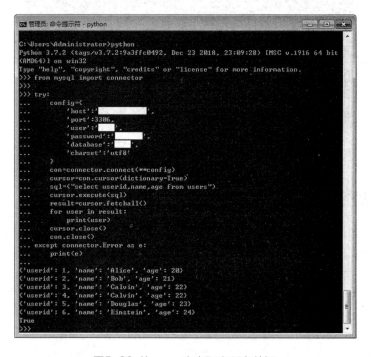

图5-36 从users表中取出所有数据

调用 cursor() 方法如果不传入 dictionary=True，则返回的是元组形式。

如果只想取出其中一条 userid=4 的数据应如何操作呢？很简单，可将 SQL 语句改为：

```
select userid,name,age from users where userid='4'
```

然后调用 cursor 的 fetchone() 方法即可，上述代码的运行结果如图 5-37 所示。

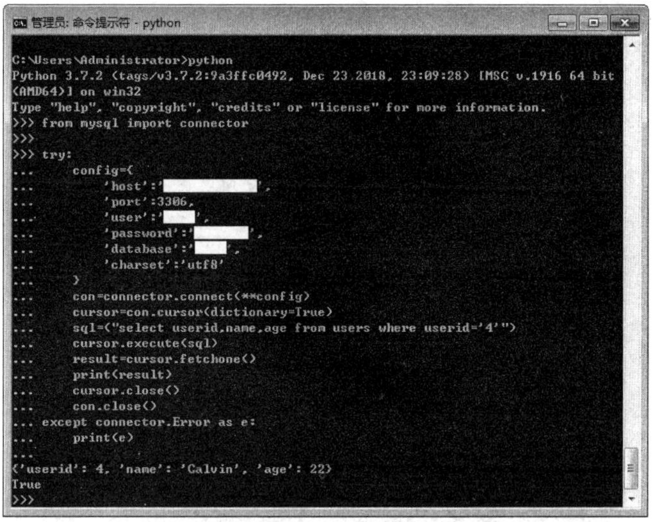

图5-37　从users表中取出userid=4的一条数据

5.4.6　删除和更新数据

从前面所学的内容中可以看出，图 5-36 中存在 userid=3 和 userid=4 两条数据，name 都是 Calvin，age 都是 22。运行以下代码即可删除 userid=4 的数据。

```python
from mysql import connector

try:
    config={
        'host':'MySQL数据库服务器地址',
        'port':3306,
        'user':'数据库用户名',
        'password':'数据库密码',
        'database':'数据库名称',
        'charset':'utf8'
    }
    con=connector.connect(**config)
    cursor=con.cursor()
    sql=("delete from users where userid='4'")
    cursor.execute(sql)
    con.commit()
    cursor.close()
```

```
        con.close()
except connector.Error as e:
        print(e)
```

上述代码的运行结果如图 5-38 所示。

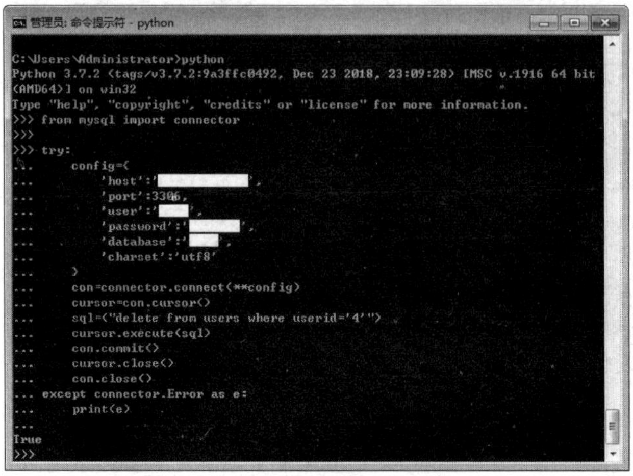

图5-38 删除userid=4的数据

此时 users 表中的数据如图 5-39 所示。

userid	name	age
1	Alice	20
2	Bob	21
3	Calvin	22
5	Douglas	23
6	Einstein	24

图5-39 删除userid=4的数据后，users表中的数据

以下代码可以更新 userid=5 的数据中 name 字段的内容。

```
from mysql import connector

try:
    config={
        'host':'MySQL数据库服务器地址',
        'port':3306,
        'user':'数据库用户名',
        'password':'数据库密码',
        'database':'数据库名称',
        'charset':'utf8'
```

```
    }
    con=connector.connect(**config)
    cursor=con.cursor()
    sql=("update users set name=%(name)s where userid=%(userid)s")
    data={'userid':5, 'name': 'Doctor'}
    cursor.execute(sql, data)
    con.commit()
    cursor.close()
    con.close()
except connector.Error as e:
    print(e)
```

更新后 users 表的数据如图 5-40 所示。

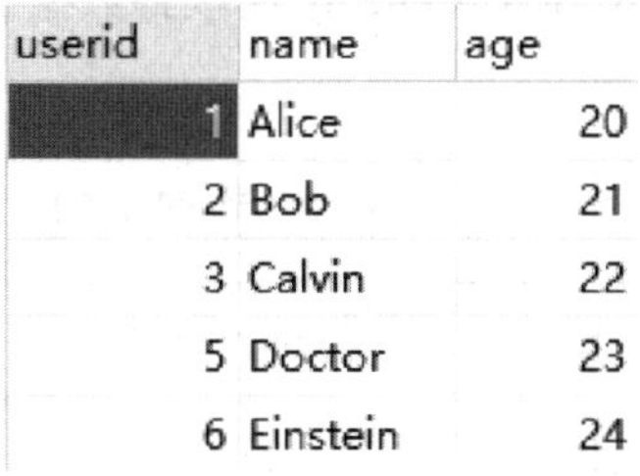

userid	name	age
1	Alice	20
2	Bob	21
3	Calvin	22
5	Doctor	23
6	Einstein	24

图5-40　更新userid=5的数据中name字段的内容后，users表中的数据

5.5 甜点：ORM框架

ORM（Object Relational Mapping，对象关系映射）是一种实现面向对象编程语言中不同类型的系统数据之间的转换的技术，通常用于建立数据库的表和面向对象编程语言的类之间的对应关系。ORM 提供了概念性的、易于理解的模型化数据的方法。

Python 语言中常见的 ORM 框架有 Django ORM、SQLAlchemy、Peewee、Storm、SQLObject 等。ORM 框架的优点与不足如表 5-6 所示。

表5-6　常见Python ORM框架的优点与不足

ORM框架	优点	不足
Django ORM	易用且学习曲线短	复杂的查询会强制开发者回到原生 SQL
	和Django紧密集成，用Django时使用约定俗成的方法去操作数据库即可	和Django紧密集成，在Django环境外很难使用

续表

ORM框架	优点	不足
SQLAlchemy	企业级API，代码有较强的健壮性和适应性 灵活的设计使查询很轻松	学习曲线略陡峭 编写复杂
Peewee	Django式的API，简便易用 容易和Web框架集成	不支持自动化schema迁移 多对多查询写起来不直观
Storm	轻量级API，学习曲线平缓 不需要特殊的类构造函数，也没有必要的基类	不能从模型类自动派生，需要手工编写建表的DDL语句
SQLObject	采用易懂的ActiveRecord 模式 代码库相对较小	方法和类的命名遵循Java的驼峰风格 不支持数据库Session隔离工作单元

下面以 SQLAlchemy 为例介绍 ORM 框架的常见用法，SQLAlchemy 的安装过程详见本书 2.5 节相关内容。

仍以 test 库为例，以下代码使用 SQLAlchemy 连接到数据库并创建了名为 courses 的表，其中 courses 表的结构如表 5-7 所示。

表5-7 courses表的结构

字段名	数据类型	长度	是否可以为空	是否主键	备注
coursed	int	11	否	是	课程ID，自增
title	varchar	50	否	否	课程名称

以下代码使用 SQLAlchemy 创建 courses 表。

```
from sqlalchemy import create_engine
from sqlalchemy.ext.declarative import declarative_base
from sqlalchemy import Column, Integer, String


connect = create_engine("mysql+mysqlconnector:// 数据库用户名：数据库密码
@MySQL数据库服务器地址:3306/数据库名称", encoding="utf-8", echo=True)
Base = declarative_base()
class Course(Base):
    __tablename__ = "courses"
    courseid = Column(Integer, primary_key=True)
    title = Column(String(50))


Base.metadata.create_all(connect)
```

上述代码的运行结果如图 5-41 所示。

图5-41 使用SQLAlchemy创建courses表

生成的 courses 表如图 5-42 所示。

名	类型	长度	小数点	不是 null	键
courseid	int	11	0	☑	🔑1
title	varchar	50	0	☐	

图5-42 courses表的结构

接着执行以下语句向表中添加一条数据。

```python
from sqlalchemy import create_engine, Column, Integer, String
from sqlalchemy.ext.declarative import declarative_base
from sqlalchemy.orm import sessionmaker


connect = create_engine("mysql+mysqlconnector:// 数据库用户名：数据库密码
@MySQL数据库服务器地址:3306/数据库名称", encoding="utf-8", echo=True)
Base = declarative_base()
class Course(Base):
    __tablename__ = "courses"
    courseid = Column(Integer, primary_key=True)
    title = Column(String(50))


session_class = sessionmaker(bind=connect)
session = session_class()
course = Course(title="计算机文化基础")
session.add(course)
```

```
session.commit()
```

上述代码调用 sessionmaker() 函数绑定了 connect 连接，然后生成了 Course 类的一个对象并添加到 session 中提交给数据库。上述代码的运行结果如图 5-43 所示。

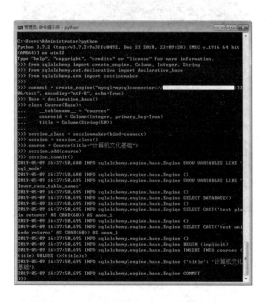

图5-43 向courses表中添加一条数据

此时查看 courses 表的内容，会发现新增数据成功，如图 5-44 所示。

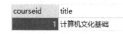

图5-44 courses表结构

如何在 Python 中将这条数据查询出来呢？可以使用 session 对象的 query() 方法，加上过滤条件即可，例如：

```
from sqlalchemy import create_engine, Column, Integer, String
from sqlalchemy.ext.declarative import declarative_base
from sqlalchemy.orm import sessionmaker

connect = create_engine("mysql+mysqlconnector:// 数据库用户名: 数据库密码
@MySQL数据库服务器地址:3306/数据库名称", encoding="utf-8", echo=True)
Base = declarative_base()
class Course(Base):
    __tablename__ = "courses"
    courseid = Column(Integer, primary_key=True)
    title = Column(String(50))
```

```
session_class = sessionmaker(bind=connect)
session = session_class()
data = session.query(Course).filter_by(courseid="1").first()
print(str(data.courseid)+', '+data.title)
dataall = session.query(Course).filter(Course.courseid>1).all()
for course in dataall:
    print(str(course.courseid)+', '+course.title)
```

上述代码的运行结果如图 5-45 所示。

图5-45 查询courses表的数据

当需要修改数据时，需要先将这条数据查询出来，修改后再提交到数据库，例如：

```
from sqlalchemy import create_engine, Column, Integer, String
from sqlalchemy.ext.declarative import declarative_base
from sqlalchemy.orm import sessionmaker

connect = create_engine("mysql+mysqlconnector:// 数据库用户名: 数据库密码
@MySQL数据库服务器地址:3306/数据库名称", encoding="utf-8", echo=True)
Base = declarative_base()
class Course(Base):
    __tablename__ = "courses"
    courseid = Column(Integer, primary_key=True)
```

```
    title = Column(String(50))

session_class = sessionmaker(bind=connect)
session = session_class()
data = session.query(Course).filter_by(courseid="1").first()
data.title = "Python语言程序设计"
session.commit()
```

上述代码将 courseid=1 的数据查询出来，并将其 title 修改为"Python 语言程序设计"后提交回数据库，运行结果如图 5-46 所示。

图5-46 修改courses表中courseid=1的数据

删除数据与修改数据类似，也需要先将满足条件的数据查出来再删除。例如，数据库中有图 5-47 所示的数据。

图5-47 courses表中的现有数据

如果想删除 courseid>2 的所有数据，可以执行以下代码。

```
from sqlalchemy import create_engine, Column, Integer, String
from sqlalchemy.ext.declarative import declarative_base
from sqlalchemy.orm import sessionmaker
```

```
connect = create_engine("mysql+mysqlconnector:// 数据库用户名：数据库密码
@MySQL数据库服务器地址:3306/数据库名称", encoding="utf-8", echo=True)
Base = declarative_base()
class Course(Base):
    __tablename__ = "courses"
    courseid = Column(Integer, primary_key=True)
    title = Column(String(50))


session_class = sessionmaker(bind=connect)
session = session_class()
session.query(Course).filter(Course.courseid>2).delete()
session.commit()
```

上述代码的运行结果如图 5-48 所示。

图5-48 删除courses表中courseid>2的数据

执行完毕后，courses 表中的数据如图 5-49 所示。

图5-49 执行删除操作后，courses表中的数据

★新手问答★

01. Google、百度等搜索引擎将爬取的数据存放在哪里？

答：从 Google 公开的论文来看，其中涉及存储的有 GFS 文件系统和 BigTable 分布式数据存储系统。通常来说，搜索引擎会将爬取的页面基本信息（如页面标题、URL、域名、入链出链数量等元数据）放入数据库存储，将页面缓存放入文件系统，然后在数据库中建立元数据和缓存文件的对应关系。当用户搜索时，搜索引擎会将数据库中命中的条目返回给用户端的浏览器，若用户需要访问搜索引擎保存的缓存页面，搜索引擎再将页面缓存文件发送到用户端。以上大致介绍了搜索引擎数据存取的过程，实际情况要复杂得多。百度等搜索引擎的工作原理与此类似。

02. MySQL数据库中Datetime和Timestamp的区别是什么？

答：MySQL 数据库中的 Datetime 和 Timestamp 主要有以下区别。

（1）两者的存储方式不一样。Timestamp 把客户端插入的时间从当前时区转化为 UTC（世界标准时间）进行存储，查询时，又将其转化为客户端当前时区进行返回；而 Datetime 则不做任何改变，基本上是原样输入和输出。

（2）两者所能存储的时间范围不一样。Timestamp 所能存储的时间范围为 1970-01-01 00:00:01.000000 到 2038-01-19 03:14:07.999999；Datetime 所能存储的时间范围为 1000-01-01 00:00:00.000000 到 9999-12-31 23:59:59.999999。对于跨时区的业务，Timestamp 更为合适。

（3）自动初始化和更新。自动初始化是指如果对该字段没有显性赋值，则自动设置为当前系统时间。自动更新是指如果修改了其他字段，则该字段的值将自动更新为当前系统时间。这与 MySQL 数据库的 explicit_defaults_for_timestamp 参数有关，默认情况下，该参数的值为 Off。Timestamp 有自动初始化和更新功能，更新某条记录时该列值会自动更新。

★小试牛刀★

案例任务

设计并实现一个 Python 类，主要功能为读取和写入数据，其中读取数据应包括读取 CSV 文件、定宽数据文件、制表符（空格）分隔文件和 Excel 文件等。写入数据主要是将数据写入 MySQL 数据库。

技术解析

根据本章所介绍的知识，这个类应包括从 CSV 文件中读取数据的 load_csv() 方法、从定宽数据文件中读取数据的 load_fwf() 方法、从制表符（空格）分隔文件中读取数据的 load_table() 方法和从 Excel 文件中读取数据的 load_excel() 方法，以及写入 MySQL 数据库的 save() 方法。这些方法均可通过对 Pandas 相应函数的封装实现。

编码实现

程序 Chap5_MySQLLoader.py 参考代码如下。

```
import pandas as pd
from sqlalchemy import create_engine
```

```python
class MySQLLoader:
    def __init__(self,file,file_type,table_name,db_info):
        self.__file = file
        self.__type = file_type
        self.__table_name = table_name
        self.__db_info = db_info
        self.__sep = ','
        self.__data = []
        self.__engine = []

    def set_db_info(self,db_info):
        self.__db_info = db_info

    def set_sep(self, sep):
        self.__sep = sep

    def load(self):
        self.conn()
        if self.__type == 'csv':
            self.load_csv()
            self.save()
        elif self.__type == 'excel':
            self.load_excel()
            self.save()
        elif self.__type == 'table':
            self.load_table()
            self.save()
        elif self.__type == 'fwf':
            self.load_fwf()
            self.save()
        else:
            print('type is not valid.')

    def load_csv(self):
        self.__data = pd.read_csv(self.__file)

    def load_excel(self):
        self.__data = pd.read_excel(self.__file)
```

```
def load_table(self):
    self.__data = pd.read_csv(self.__file, self.__sep)

def load_fwf(self):
    self.__data = pd.read_fwf(self.__file)

def save(self):
    pd.io.sql.to_sql(self.__data, self.__table_name, con=self.__en
gine, index=False, if_exists='replace')

def conn(self):
    self.__engine = create_engine('mysql+pymysql://%(user)s:%(pass
word)s@%(host)s:%(port)d/%(database)s?charset=utf8' % self.__db_info,
encoding='utf-8')
```

程序 Chap5_MySQLLoaderTest.py 参考代码如下。

```
from Chap5_MySQLLoader import MySQLLoader

db_info = {
    'user': '数据库用户名',
    'password': '数据库密码',
    'host': '数据库服务器地址',
    'database': '数据库名称',
    'port': 3306
}

loader = MySQLLoader('tmp001.tbl', 'table', 'my_table', db_info)
loader.set_sep(' ')
loader.load()
print('导入成功')
```

本章小结

本章内容是对前面章节所讲知识的综合运用，同时对后续章节起到铺垫作用，主要介绍了 Python 语言对数据的读写操作方法，可见使用 Python 读写各类文件非常简单、方便，对数据库的相关操作也很容易掌握。通过介绍网络爬虫的相关知识，让读者了解如何从互联网上获取所需的数据，以及如何进行对应的存储和读取操作。

第6章

洗干净了再吃：使用Python预处理数据

本章导读

　　本章主要介绍数据清洗和预处理的有关概念、原则，以及脏数据的清洗方法，以具体操作实例讲解如何使用Pandas库清洗和预处理数据。

知识要点

读者学习完本章内容后能掌握以下知识技能：
- 数据清洗和预处理的概念和原则
- 脏数据的清洗方法
- 使用Pandas库预处理数据的基本方法和步骤

6.1 清洗和预处理数据的原因及方法

为了精确绘制各种图形，将数据之间的关系和走势通过图形以可视化的方式准确地表达出来，要求数据在准确性、精度及语义等方面必须满足一定的原则，而实际生活中的各类数据往往是不完整、含有噪声或者前后语义不一致的，因此必须对采集（爬取）到的数据进行清洗和预处理。

6.1.1 数据清洗和预处理的意义及原则

在清洗数据之前，首先需要明确什么是脏数据。脏数据是指源系统中的数据不在给定的范围内或对于实际业务毫无意义，或者数据格式非法，又或者系统中的编码不规范或业务逻辑含糊不明。

数据清洗则是利用现有的数据挖掘手段和方法，将脏数据转化为满足数据质量要求或应用要求的数据，是发现并纠正数据文件中可识别错误的一个重要步骤。

可见，为了得到满足需要的数据，必须对原始数据进行预处理。预处理主要包括数据清洗、数据集成、数据变换和数据规约等方法。

其中，数据清洗应关注以下内容。

（1）方法一致性：数据资源清洗加工的工作应统一决策，同一数据库范围内的工作方法、技术指标均应统一，从而达成数据产品的一致性。

（2）数据可信性：主要包括精确性、完整性、一致性、有效性和唯一性。

① 精确性是指数据是否与其对应的客观实体的特征相一致。

② 完整性用于描述数据是否存在缺失记录或缺失字段。

③ 一致性用于描述同一实体的同一属性值在不同系统中是否一致。

④ 有效性是指数据是否满足用户定义的条件或在一定的阈值范围内。

⑤ 唯一性用于描述数据是否存在重复记录。

（3）数据可用性：主要包括时间性和稳定性。

① 时间性用于区分数据是当前数据还是历史数据。

② 稳定性是指数据是否是稳定的，是否在其有效期内。

具体来说，数据清洗过程应执行以下基本检查。

（1）非空检查：要求字段不能为空时执行。

（2）主键重复检查：多个系统中的同类数据经过清洗后进行统一保存时，为保证主键唯一性，需要执行该检查。

（3）非法代码、非法值清洗：非法代码包括代码与数据标准不一致等；非法值包括取值错误、格式错误、多余字符、乱码等，两者均需根据具体情况执行检查和修正。

（4）数据格式检查：检查数据表中属性值的格式是否正确，比如时间格式、乱码等，以此来衡量其准确性。

（5）记录数检查：检查各系统相关数据之间的数据总数、数据表中固定时间段数据量的波动等。

（6）业务约束检查：在实施过程中与业务人员共同确定，业务人员需从业务的正确性、一致性、有效性等角度检查数据。

6.1.2　脏数据清洗方法

一般来说，预处理脏数据主要有 5 个步骤。

步骤 1：去除 / 补全有缺失的数据。

步骤 2：去除 / 修改格式和内容错误的数据。

步骤 3：去除 / 修改逻辑错误的数据。

步骤 4：去除不需要的数据。

步骤 5：关联性验证。

根据数据的缺陷类型，可将脏数据存在的问题分为缺失值数据、错误数据、错误关联数据 3 种情况进行清洗。

（1）缺失值数据处理。

不完整的、含噪声的数据是未经清洗的数据集的共同特点。在数据集中，若某记录的属性值被标记为空白或"—"等，则认为该记录存在缺失值，是不完整的数据。缺失值是最常见的数据问题，处理缺失值时可以先计算出每个字段的缺失值比例，然后按照缺失率和字段重要性分别制定策略。

温馨提示：如何根据字段重要性和缺失率制定策略

可以分别根据字段重要性和缺失率的高低将原始数据划分为以下4类，并分别制定策略。

（1）重要性高、缺失率高：尝试通过其他渠道补全；使用其他字段通过计算获得；去除该字段并在结果中说明。

（2）重要性高、缺失率低：通过计算填充；通过经验或业务知识估计得到。

（3）重要性低、缺失率高：可去除该字段。

（4）重要性低、缺失率低：可不做处理或简单填充。

（2）错误数据处理。

错误数据包括格式内容问题数据和逻辑问题数据。

① 格式内容问题。

• 日期、时间、数值、全角 / 半角等格式不一致

方法：将其处理成某种一致的格式。

• 内容中有不该存在的字符

例如，数据的开始、中间或结尾存在空格，或姓名中存在数字符号、居民身份证号中出现汉字等。

方法：需要以半自动校验、半人工方式来找出可能存在的问题，并去除不需要的字符。

• 数据内容与该字段应有的内容不符

该问题不能简单地以删除来处理，因为其成因复杂，可能是人工填写错误、前端没有校验、导入数据时部分或全部存在列没有对齐等，因此要具体识别问题类型。

② 逻辑问题数据。

一般采用逻辑推出的方法，可以去掉一些用简单逻辑即可直接发现问题的数据，防止分析结果错误。处理过程主要包含以下 3 个步骤。

• 去重

去重要放在格式内容清洗之后。原因是只有格式内容清洗之后，才能在总体上发现重复的业务数据。

• 处理离群值（异常值）

采集数据时可能因为技术或物理原因，所取的数据值超过数据值域范围。要处理离群值，首先需要识别离群值。识别离群值后，操作人员需要按照经验和业务流程判断其值的合理性：若此数值合理，则予以保留；若不合理，则按照其重要性考虑是否需要重新采集。对于重要性较高而又无法重新采集的数值，可按照缺失值办法处理；对于重要性较低的数值，可直接去除。

• 修正矛盾内容

有些字段可以互相验证。需要根据字段的数据来源判定哪个字段提供的信息更可靠，以去除或重构不可靠字段。

（3）错误关联数据处理。

如果数据有多个来源，则有必要进行关联性验证。多个来源的数据整合具有复杂性，要注意数据之间的关联性，在分析过程中尽量避免数据之间互相矛盾。

对于不一致数据的处理，主要体现为数据不满足完整性约束。可以通过分析数据字典、元数据等，或梳理数据之间的关系来进行修正。不一致的数据往往是因为缺乏数据标准或未依照已有标准执行而产生的。错误关联数据的清洗方法主要有以下 5 种。

① 基于统计学的方法：将属性作为随机变量，通过置信区间来判断值的正误。

② 基于聚类的方法：根据数据相似度将数据分组，以发现不能归并到分组的孤立点。

③ 基于距离的方法：使用距离来量化数据对象之间的相似性。

④ 基于分类的方法：训练一个可以区分正常数据和异常数据的分类模型。

⑤ 基于关联规则的方法：定义数据之间的关联规则，不符合规则的数据则为异常数据。

6.2 使用Pandas预处理数据

Pandas（Python Data Analysis Library）是一个开源的、基于 BSD 许可的库，为 Python 编程语言提供了高性能、易于使用的数据结构和数据分析工具。Pandas 最初由 AQR Capital Management 于 2008 年 4 月开发，并于 2009 年年底正式开源，目前由专注于 Python 数据包开发的 PyData 团队继续开发和维护，属于 PyData 项目的一部分。读者可以参考本书 2.5 节的相关内容来安装 Pandas。

6.2.1 Pandas数据结构

Pandas 中常用的数据结构有以下 4 种。

（1）Series：一维数组，与 NumPy 中的一维 Array 类似。二者与 Python 的基本数据结构 List 也很相近，其区别是 List 中的元素可以是不同的数据类型，而 Array 和 Series 则只允许存储相同的数据类型，这样就可以更有效地使用内存，提高运算效率。

以下代码定义了一个 Series。

```
from pandas import Series

s=Series([1,2,'aa','b'])
```

此时在交互式环境下查看 Series 的内容，如图 6-1 所示。

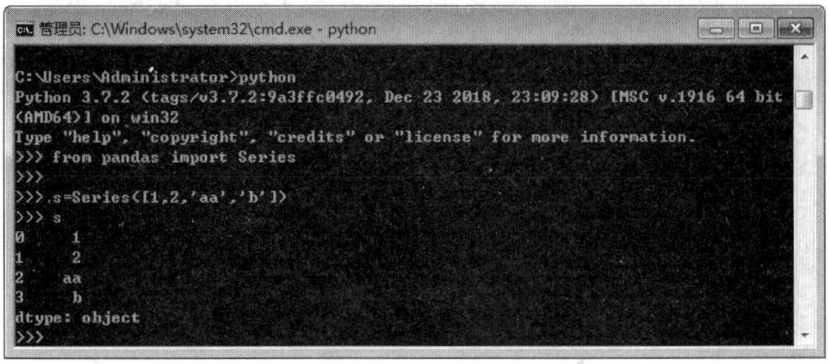

图6-1 定义并查看Series的内容

可以通过数字下标访问或修改 Series 的元素值，例如：

```
from pandas import Series

s=Series([1,2,'aa','b'])
s[1]=3
```

上述代码的运行结果如图 6-2 所示。

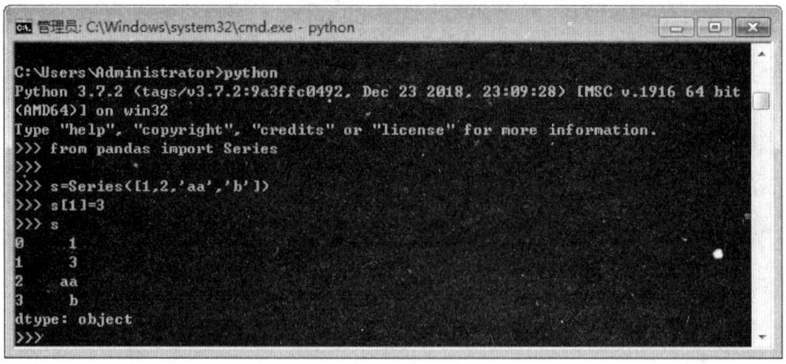

图6-2 通过下标访问或修改Series的元素值

可以在创建 Series 时使用自定义索引或使用 Index 方法定义、修改自定义索引。

```
from pandas import Series

s1=Series([1,2,'aa','b'], index=['A','bb','c','D23'])
s2=Series([111,234,'AA'])
s2.index=['A','bb','c']
```

上述代码的运行结果如图 6-3 所示。

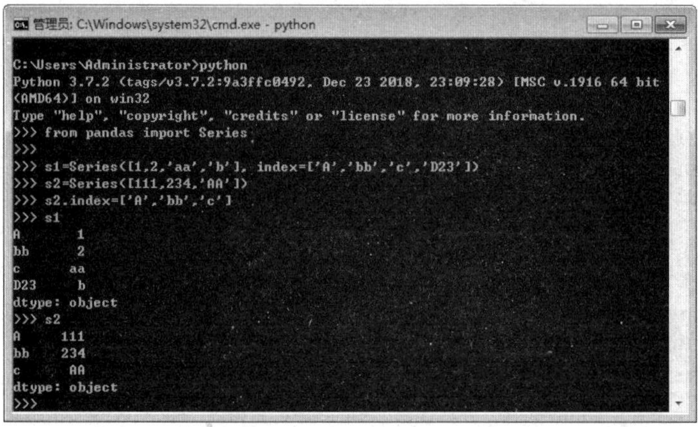

图6-3 使用自定义索引

（2）Time- Series：以时间为索引的 Series。

（3）DataFrame：二维的表格型数据结构。其很多功能与 R 中的 data.frame 类似。可以将 DataFrame 理解为 Series 的容器。

以下代码定义了一个 DataFrame。

```
from pandas import Series,DataFrame

data={"title":['语文','数学','英语'],"score":[100,99,99]}
```

```
df=DataFrame(data)
```

上述代码的运行结果如图 6-4 所示。

图6-4 定义并查看DataFrame的内容

与普通字典不同的是，DataFrame 的列可以自定义顺序，而且索引也可以自定义，例如：

```
from pandas import Series,DataFrame

data={"title":['语文','数学','英语'],"score":[100,99,99]}
df=DataFrame(data, columns=['score','title'], index=['0','a','45'])
```

上述代码的运行结果如图 6-5 所示。

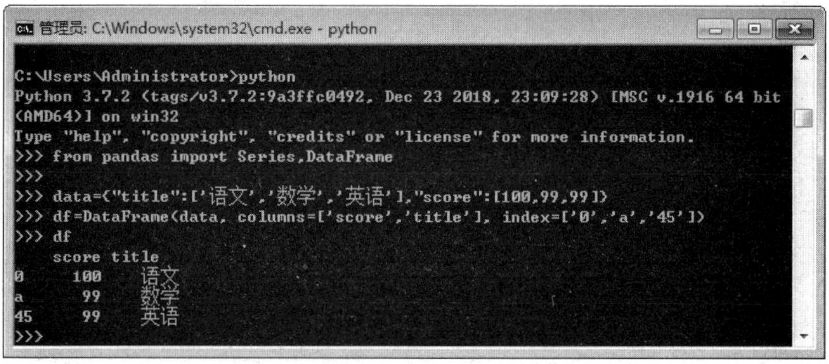

图6-5 自定义DataFrame列的顺序和索引

还可以使用嵌套字典的方式定义 DataFrame，例如：

```
from pandas import Series,DataFrame

data={"title":{0:'语文',1:'数学',2:'英语'},"score":{0:100,1:99,2:99}}
df=DataFrame(data)
```

上述代码的运行结果如图 6-6 所示。

图6-6 使用嵌套字典的方式定义DataFrame

对于 DataFrame，可以按列修改其中的数据，或使用下标修改某个元素的数据。

```
from pandas import Series,DataFrame

data={"title":{'A':'语文','B':'数学','C':'英语'},"score":{'A'
:100,'B':99,'C':99}}
df1=DataFrame(data)
df1['score']=[90,80,85]
df2=df1.copy()
df2.at['C','score']=66
```

上述代码的运行结果如图 6-7 所示。

图6-7 按列或使用下标修改DataFrame的数据

这里需要注意，在连续赋值时可新定义一个 DataFrame 变量，并对原 DataFrame 调用 copy() 函数赋值，然后使用 at() 函数定位到要修改的元素并赋值，否则会出现 "A value is trying to be set on a copy of a slice from a DataFrame"错误提示，即"操作的数据不是原始数据"。

（4）Panel：三维的数组，可以理解为 DataFrame 的容器。

6.2.2　预处理数据

Pandas 支持读取多种数据源的数据，其读取常见数据源所使用的函数如表 6-1 所示。

表6-1　Pandas读取常见数据源所使用的函数

函数	描述
read_table(filepath_or_buffer[, sep, …])	读取普通分隔的数据
read_csv(filepath_or_buffer[, sep, …])	读取CSV格式的数据
read_excel(io[, sheetname, header, …])	读取Excel格式的数据
read_json([path_or_buf, orient, typ, dtype, …])	读取JSON格式的数据
read_html(io[, match, flavor, header, …])	读取HTML格式的数据
read_sql(sql, con[, index_col, …])	读取数据库中的数据

以 CSV 文件为例，希望读取的"201711-2.csv"文件的内容如图 6-8 所示。

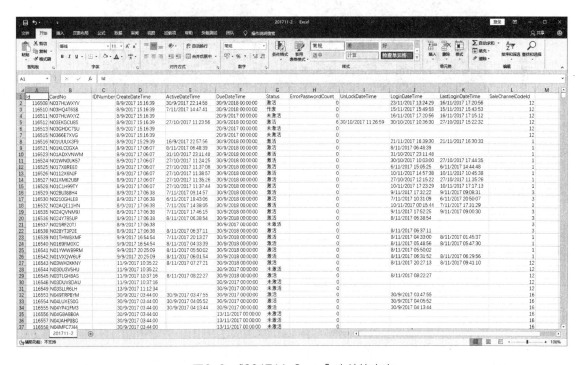

图6-8　"201711-2.csv"文件的内容

先使用 read_csv() 函数把文件内容读取出来。

```
import pandas as pd

data=pd.read_csv('201711-2.csv', encoding='gbk')
```

此处需要注意的是，read_csv() 函数默认是以 UTF-8 方式读取文件，如果在后续操作中发现读取的结果是乱码，可以尝试使用 encoding 参数更改字符集。

读取文件内容后，可以先调用 head() 函数查看前 5 条数据的内容，这样可以大致了解数据的基本情况。

```
import pandas as pd

data=pd.read_csv('201711-2.csv', encoding='gbk')
data.head()
```

上述代码运行的结果如图 6-9 所示。

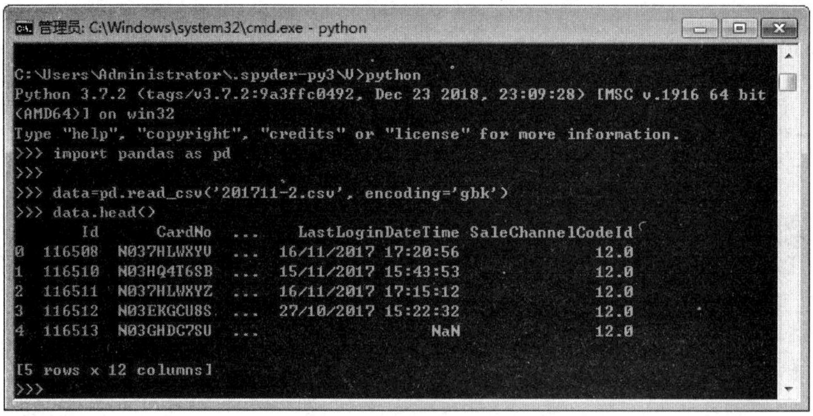

图6-9 查看前5条数据的内容

由于受限于 DOS 窗口的宽度，CSV 文件中的 12 列数据只显示了最左和最右的 4 列，当显示区域宽度足够时将会显示更多的信息。

基本了解 CSV 中存储的数据情况后，可以用多种方法选择需要的数据。

```
import pandas as pd

data=pd.read_csv('201711-2.csv', encoding='gbk')
data.head()
data['CardNo']                          #选择一列
data[['CardNo','Status']]               #选择多列
data['CardNo'][:6]                      #选择一列的前6行数据
data[data['Id'] < 116512]               #条件过滤
```

可以对选择的行或列数据进行排序。

```
#根据CreateDateTime列数据的降序顺序对data排序
data.sort_values(by=['CreateDateTime'], ascending=False)
```

接下来处理脏数据。先检查原始数据中是否存在重复数据。

```
import pandas as pd

data=pd.read_csv('201711-2.csv', encoding='gbk')
for isDuplicate in data.duplicated():
    if isDuplicate==True:
        print(isDuplicate)
```

上述代码中调用了 duplicated() 函数检查原始数据是否存在两行（及更多行）所有字段完全一样的内容，如果存在就会显示出来。上述代码的运行结果如图 6-10 所示。

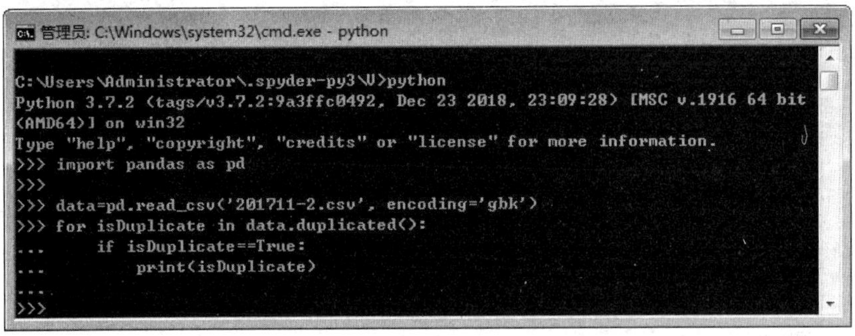

图6-10 检查原始数据中是否存在重复数据

可见"201711-2.csv"中没有重复数据。接下来检查数据中是否存在空值（Null），Python 中的空值一般显示为 NaN。

温馨提示：什么是空值？

在数据处理工作中，一般使用空值表示某个字段没有对应的数据。这里的"没有数据"与空白（空格）或0值不同，空白（空格）或0值实际上也有值，但"没有数据"则表示这个字段缺失数据，什么都没有，就像真空一样。英文中使用Null表示空值。

可以使用 isnull() 函数检查每行数据的每个字段是否为空。

```
import pandas as pd

data=pd.read_csv('201711-2.csv', encoding='gbk')
data.isnull()
```

如果为空则以 True 显示，不为空则以 False 显示。上述代码的运行结果如图 6-11 所示。

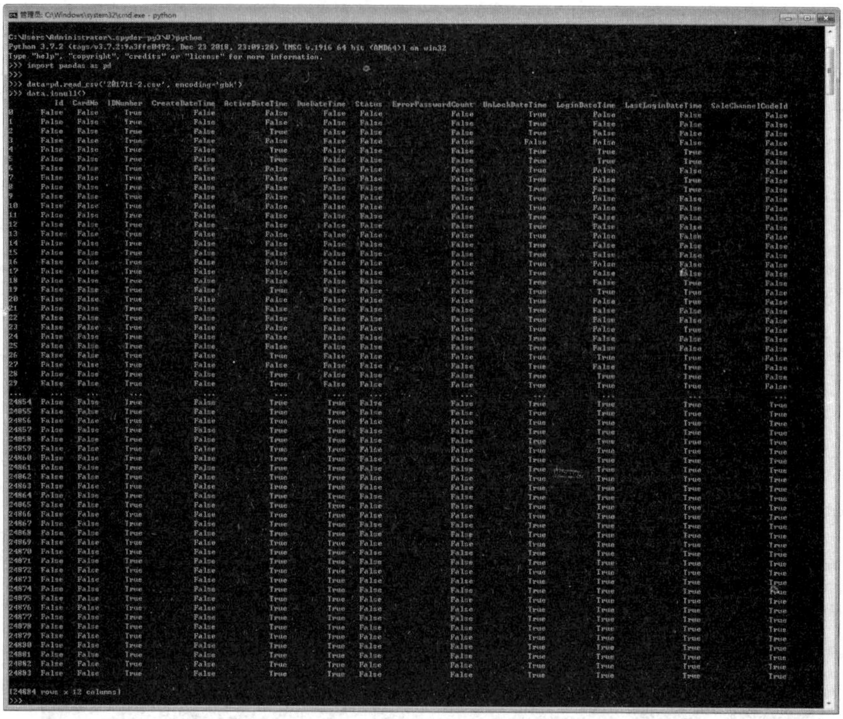

图6-11 使用isnull()函数检查数据的字段是否为空

由于"201711-2.csv"中的行较多，因此 Python 交互式环境只显示了其头尾的部分内容。

对于空值通常有两种处理方法：使用 fillna() 函数对空值进行填充，可以选择填充 0 值或者其他任意值；使用 dropna() 函数可以直接将包含空值的数据删除。

假设选择填充空值的方法，以 IDNumber 列为例，将其中的空值填充为 123。

```python
import pandas as pd

data=pd.read_csv('201711-2.csv', encoding='gbk')
data['IDNumber']=data['IDNumber'].fillna('123')
```

上述代码运行的结果如图 6-12 所示。

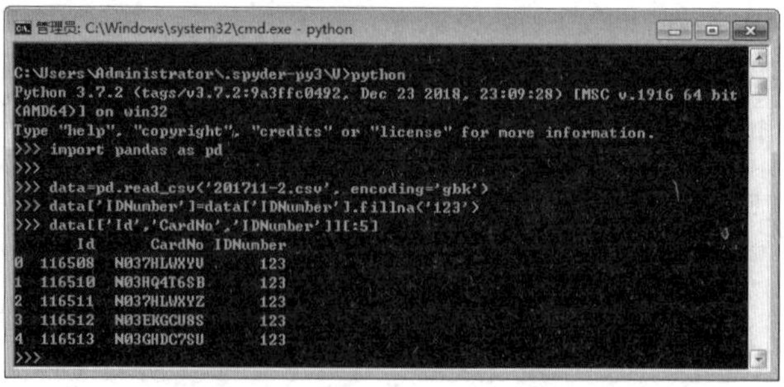

图6-12 使用fillna()函数对空值进行填充

下一步来处理数据中的空格（空白符）和对英文字母进行大小写转换。

在 Python 中去除字符串中的空格主要使用 strip()、lstrip() 和 rstrip() 三个函数，分别用于去除字符串左右、左边和右边的空格。需要注意的是，数据中间的空格可能是有实际意义的，一般不能随便去除。以下代码用于去除 CardNo 字段中数据左右两边的空格。

```python
import pandas as pd

data=pd.read_csv('201711-2.csv', encoding='gbk')
data['CardNo']=data['CardNo'].map(str.strip)
```

对英文字母进行大小写转换也比较简单，Python 提供了 upper()、lower() 和 title() 三个函数，分别用于将全部字母转换为大写、将全部字母转换为小写、将首字母转换为大写，例如：

```python
import pandas as pd

data=pd.read_csv('201711-2.csv', encoding='gbk')
data['CardNo']=data['CardNo'].map(str.lower)
data['CardNo']=data['CardNo'].map(str.title)
data['CardNo']=data['CardNo'].map(str.upper)
```

再将原始数据中的日期型数据转换为日期格式。

```python
import pandas as pd
import numpy as np
import time

data=pd.read_csv('201711-2.csv', encoding='gbk')
data['CreateDateTime']=data['CreateDateTime'].fillna(time.strftime('%Y-
%m-%d %H:%M:%S',time.localtime(time.time())))
data['CreateDateTime']=pd.to_datetime(data['CreateDateTime'])
data['ActiveDateTime']=data['ActiveDateTime'].fillna(time.strftime('%Y-
%m-%d %H:%M:%S',time.localtime(time.time())))
data['ActiveDateTime']=pd.to_datetime(data['ActiveDateTime'])
data['DueDateTime']=data['DueDateTime'].fillna(time.strftime('%Y-%m-%d
%H:%M:%S',time.localtime(time.time())))
data['DueDateTime']=pd.to_datetime(data['DueDateTime'])
data['UnLockDateTime']=data['UnLockDateTime'].fillna(time.strftime('%Y-
%m-%d %H:%M:%S',time.localtime(time.time())))
data['UnLockDateTime']=pd.to_datetime(data['UnLockDateTime'])
data['LoginDateTime']=data['LoginDateTime'].fillna(time.strftime('%Y-%m-
%d %H:%M:%S',time.localtime(time.time())))
```

```
data['LoginDateTime']=pd.to_datetime(data['LoginDateTime'])
data['LastLoginDateTime']=data['LastLoginDateTime'].fillna(time.strf
time('%Y-%m-%d %H:%M:%S',time.localtime(time.time())))
data['LastLoginDateTime']=pd.to_datetime(data['LastLoginDateTime'])
```

上述代码首先将 "201711-2.csv" 中的 CreateDateTime、ActiveDateTime、DueDateTime、UnLockDateTime、LoginDateTime、LastLoginDateTime 6 个字段的空值替换为当前日期和时间，然后将这 6 个字段的数据转换为统一的日期时间格式，运行结果如图 6-13 所示。

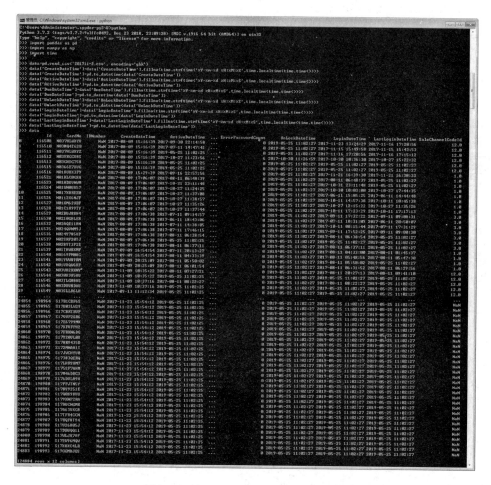

图6-13 将日期型数据转换为日期格式

完成数据预处理后即可将其保存到文件中，可以使用 to_csv() 函数。

```
data.to_csv('201711-2Clear.csv', encoding='gbk')
```

即可生成新的 CSV 文件，其内容如图 6-14 所示。

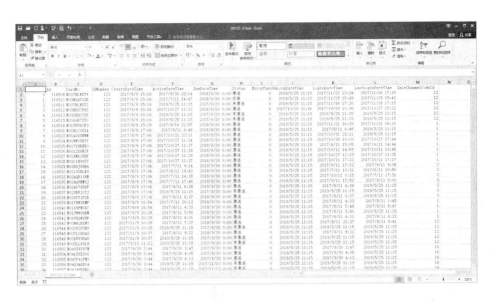

图6-14　将预处理后的数据保存为新的CSV文件

★新手问答★

01. Pandas中使用loc、iloc方式选择行或列的数据与使用行索引或列名的方式有何不同？

答：loc 是根据列名选取，其使用方法为：

`dataframe.loc[行索引开始位置：行索引结束位置,[列名数组]]`

iloc 是根据索引选取，其使用方法为：

`dataframe.iloc[行索引开始位置：行索引结束位置,列索引开始位置：列索引结束位置]`

loc 和 iloc 选取行或列数据时，看上去与使用 dataframe[行索引] 或 dataframe[列名数组] 的方式一致，但是 loc 和 iloc 返回的是 dataframe，而使用行索引或列名的方式返回的是 Series。

02. 除了使用Python，是否能在数据库中清洗数据？

答：当然可以在数据库中清洗数据。其步骤为：首先使用数据库"导入 / 导出"工具将数据导入数据表中，其次使用 SELECT 语句查看存在脏数据的行，最后使用 UPDATE 语句更新这些行中相应的字段，或是使用 DELETE 语句删除这些行。若需要调整字段名称，可以通过调整表的结构来实现。

★小试牛刀★

案例任务

采集当当网【图书畅销榜】【总榜】【第一页】【近七日】的图书（排名、书名、评论数、出版日期、出版社名称、折扣价和原价）数据，将结果存为 CSV 文件并导入 MySQL 数据库。

技术解析

首先来看当当网【图书畅销榜】【总榜】【第一页】【近七日】的页面，如图 6-15 所示。

图6-15 当当网【图书畅销榜】【总榜】【第一页】【近七日】图书榜单

可见，目标任务就是采集该页面列出的 20 本图书的排名、书名、评论数、出版日期、出版社名称、折扣价和原价数据，将结果存为 CSV 文件并导入 MySQL 数据库。通过查看页面源代码可知，需要采集的数据对应页面中不同名称的 div，因此通过查找页面 HTML 代码的相应内容即可获得这些数据。

需要注意的是，在获取页面内容前，可以设置 UserAgent 和 Cookie，通过模仿浏览器访问该页面以获取正常的 HTML 代码。

编码实现

参考代码如下。

```python
import re
import time
import requests
from lxml import etree
from fake_useragent import UserAgent
from bs4 import BeautifulSoup
import pandas as pd
from Chap5_MySQLLoader import MySQLLoader


class DangDang:
    def __init__(self):
        self.url = "http://bang.dangdang.com/books/bestsellers/01.00.
00.00.00.00-recent7-0-0-1-"
        self.ua = UserAgent(verify_ssl=False)
        self.headers = {
            "Cookie": "s_ViewType=10; _lxsdk_cuid=167ca93f5c2c8-
0c73da94a9dd08-68151275-1fa400-167ca93f5c2c8; _lxsdk=167ca93f5c2c8-0c73
da94a9dd08-68151275-1fa400-167ca93f5c2c8; _hc.v=232064fb-c9a6-d4e0-
cc6b-d6303e5eed9b.1545291954; cy=16; cye=wuhan; td_cookie=686763714;
_lxsdk_s=%7C%7CNaN",
            "User-Agent": self.ua.random   # 获取随机的User-Agent
        }
        self.dic = {}   # class-digit字典

    def get_page(self, page):
        self.rank_list = []
        self.name_list = []
        self.comment_list = []
        self.publish_date_list = []
        self.publisher_list = []
        self.price_discount_list = []
        self.price_original_list = []
        url = '%s%s'%(self.url,page)
        res = requests.get(url, headers=self.headers)
        #print(res.text)
```

```
soup = BeautifulSoup(res.text, 'html.parser')
tag = soup.find('ul', 'bang_list_mode')

li_list = tag.find_all('li')
#print(li_list[1])

for item in li_list:
    #排名
    rank = item.find('div', 'list_num')
    print(rank.string)
    self.rank_list.append(rank.string.replace('.', ''))

    #书名
    name = item.find('div', 'name')
    print(name.a['title'])
    self.name_list.append(name.a['title'])

    #评论
    comment = item.find('div', 'star')
    print(comment.a.string)
    self.comment_list.append(comment.a.string.replace('条评论',
''))

    #出版日期
    publish = item.find_all('div', 'publisher_info')
    print(publish[1].span.string)
    self.publish_date_list.append(publish[1].span.string)

    #出版社
    print(publish[1].a.string)
    self.publisher_list.append(publish[1].a.string)

    #折扣价
    price_discount = item.find('span', 'price_n')
    print(price_discount.string)
    self.price_discount_list.append(price_discount.string.
replace('¥', ''))
```

```
            #原价
            price_original = item.find('span', 'price_r')
            print(price_original.string)
            self.price_original_list.append(price_original.string.
replace('¥', ''))

    def to_db(self, filename, tablename, dbinfo):
        loader = MySQLLoader(filename, 'csv', tablename, dbinfo)
        loader.load()

    def to_csv(self, filename):
        df = pd.DataFrame({
            'rank': pd.Series(self.rank_list),
            'name': pd.Series(self.name_list),
            'comment': pd.Series(self.comment_list),
            'publish_date': pd.Series(self.publish_date_list),
            'publisher': pd.Series(self.publisher_list),
            'price_discount': pd.Series(self.price_discount_list),
            'price_original': pd.Series(self.price_original_list)
        })

        df.to_csv(filename, index=False, encoding = 'utf-8-sig')
        return df

if __name__ == '__main__':
    dp = DangDang()
    #传入页码
    dp.get_page(1)

    #存为CSV文件
    dp.to_csv('chap6.csv')

    #写入数据库
    db_info = {
        'host':'MySQL数据库服务器地址',
        'port':3306,
        'user':'数据库用户名',
        'password':'数据库密码',
```

```
        'database':'数据库名称'
    }
dp.to_db('chap6.csv', 'tb_dd_rank', db_info)
```

上述代码的运行结果如图 6-16 所示。

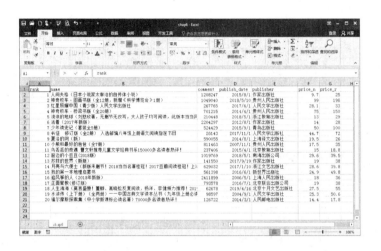

图6-16 采集当当网【图书畅销榜】【总榜】【第一页】【近七日】的图书生成的CSV文件

本章小结

本章先是讲解了数据清洗和预处理的原因及相关方法，然后介绍了使用 Pandas 库清洗和预处理数据的步骤。经过清洗和预处理的数据更规范、有序，可以在后续数据分析或可视化操作中直接使用。

第7章

有营养的食物：大数据分析及可视化基础知识

本章导读

　　本章内容主要分为两部分，第一部分介绍大数据的概念、特征和未来的主要发展趋势，以及结合最新研究成果介绍大数据处理的6个主要环节（阶段）。第二部分主要讲解NumPy和SciPy的实例，重点介绍如何使用NumPy处理多维数组数据，以及如何使用SciPy完成高级数学计算，为后续的数据可视化做好准备工作。

知识要点

　　读者学习完本章内容后能掌握以下知识技能：

- 大数据的特征和发展趋势
- 分析大数据的6个主要环节（阶段）及各个环节（阶段）的特点
- 使用NumPy处理多维数组数据的方法
- 使用SciPy完成高级数学计算的方法

7.1 大数据的概念

最早提出"大数据时代到来"的是全球知名咨询公司麦肯锡，麦肯锡称："数据已经渗透到当今每一个行业和业务职能领域，成为重要的生产因素。人们对于海量数据的挖掘和运用，预示着新一波生产率增长和消费者盈余浪潮的到来。"其实，"大数据"在军事、金融、通信等领域已存在许久，但一直未受到大众关注，随着互联网和信息行业的发展，人们对其也加大了关注。

2012 年开始，"大数据"（Big Data）一词越来越多地被提及，人们用它来描述和定义信息爆炸时代产生的海量数据。然而，作为信息行业的热门概念，大数据并不像 CPU、计算机网络、移动终端等名词具有明确且有共识的定义。麦肯锡对大数据的定义是：一种规模大到在获取、存储、管理、分析方面大大超出了传统数据库软件工具能力范围的数据集合，具有数据规模大、数据流转快、数据类型多和价值密度低这四大特征。

综合各方研究人员和学者的研究成果，可以发现大数据主要具有 8 个方面的特征，简称"6V2C"。

（1）体量（Volume）大：数据量从常规的 MB、GB 猛增至 TB、PB 甚至 EB、ZB 级。

（2）种类（Variety）多：数据类型繁多，不仅包括传统的结构化数据，还包括各类视频、图片、地理位置等非结构化数据。

（3）速度（Velocity）快：在数据量大的前提下，仍然能保证数据处理的高速度。

（4）价值（Value）高：通过合理运用大数据，以低成本创造高价值。

（5）变化（Variability）快：数据种类、数据类型和数据结构化程度的变化快。

（6）真实性（Veracity）高：数据的质量高。

（7）复杂性（Complexity）高：数据来源众多，标准与格式多样。

（8）相关性（Correlativity）强：数据内部耦合与关联性强。

大数据作为一种新兴技术，可以说是方兴未艾。大数据技术的战略意义不在于掌握庞大的数据信息，而在于对数据进行专业化处理。如果把大数据比作一种产业，那么这种产业实现盈利的关键在于提高对数据的"加工能力"，通过"加工"实现数据的"增值"。大数据在商业领域的价值体现在，为大量消费者提供产品或服务的企业可以利用大数据进行精准营销，小而美模式的中小微企业可以利用大数据做服务转型，以及在互联网压力之下必须转型的传统企业也需要充分利用大数据的价值。

目前，大数据的发展趋势主要包括以下 8 个方面。

（1）数据资源化。

大数据成为企业和社会关注的新焦点，并已成为大家争相抢夺的重要战略资源。因而企业必须要提前制订大数据营销战略计划，抢占市场先机。

（2）与云计算深度结合。

大数据离不开云处理，云处理为大数据提供了弹性可拓展的基础设备，是获取大数据的平台之一。除此之外，物联网、移动互联网等新兴计算形态也将助力大数据革命，让大数据营销能产生更大的影响力。

（3）科学理论的突破。

随着大数据的快速发展，随之兴起的数据挖掘、机器学习和人工智能等相关技术，可能会改变数据世界里的很多算法和基础理论，实现科学技术上的突破。

（4）数据科学和数据联盟的成立。

数据科学将成为一门学科，被越来越多的人认知。各大高校将设立专门的数据科学类专业，这也会催生一批与之相关的新工作岗位。与此同时，基于数据这个基础平台，将建立起跨领域的数据共享平台，数据共享将扩展到企业层面，并且成为未来产业核心的一环。

（5）数据泄露情况严重。

世界 500 强企业未来都会面临数据攻击，无论他们是否已经做好安全防范。所有的企业，无论规模大小，都需要重新审视如今的"安全定义"。在世界 500 强企业中，超过 50% 的企业将会设置"首席信息安全官"这一职位。企业需要从新的角度来确保自身及客户数据的安全，所有数据在创建之初便需要设置安全保障，而并非在数据保存的最后一个环节才设置，仅仅加强最终环节的安全措施已被证明于事无补。

（6）数据管理成为核心竞争力。

当"数据资产是企业核心资产"的概念深入人心之后，企业对于数据管理便有了更清晰的定义，持续发展、战略性规划与运用数据资产成为企业数据管理的核心。数据资产管理效率与主营业务收入增长率、销售收入增长率显著正相关。此外，对于具有互联网思维的企业而言，数据资产的管理效果将直接影响企业的财务表现。

（7）数据质量成为 BI（Business Intelligence，商业智能）成功的关键。

用好大数据需要面临的一个挑战就是，很多数据源会带来大量的低质量数据。想要成功，企业就需要理解原始数据与数据分析之间的差距，从而消除低质量数据并通过 BI 获得更佳决策。

（8）数据生态系统复合化程度加强。

大数据的世界不只是一个单一的、巨大的计算机网络，而是由终端设备提供商、基础设施提供商、网络服务提供商、网络接入服务提供商、数据服务使能者、数据服务提供商、触点服务、数据服务零售商等一系列的参与者共同构建的生态系统。如今，这个数据生态系统的基本雏形已形成，接下来的发展将趋向于系统内部角色的细分，即市场的细分；系统机制的调整，即商业模式的创新；系统结构的调整，即竞争环境的调整，等等。从而使得数据生态系统复合化程度逐渐增强。

回顾大数据产生和发展的过程，可以发现数据价值的凸显和数据获取手段、数据处理技术的改进是"大数据"时代到来的主要原因。而随着数据科学、数据科技的不断发展和数据价值的深度挖掘及应用，带来了一场大数据革命，它将带动国家战略及区域经济发展、智慧城市建设、企业转型升级、社会管理及个人工作和生活等各个领域的创新和变革。如何真正应用好大数据，发挥大数据的威力，是当前正在研究和探索的问题。

7.2 大数据分析

从技术上来看，因为大数据具有体量大、种类多、相关性强等特点，往往难以使用单一的计算机设备处理，必须使用分布式、并行计算等方式，采用数据挖掘、云计算、分布式数据库等技术，在用户能够接受的时间内完成分析和处理任务。

具体来说，大数据处理时代的数据处理理念发生了深刻变化：相对于抽样更注重全体；相对于精确更注重效率；相对于因果更注重相关。因此，大数据分析的主要思路是采用统计分析方法，在确保处理速度的前提下，重点关注数据的趋势和数据内部的相关性。

从数据在信息系统中的生命周期来看，大数据从数据源开始到最终成品，一般需要经过数据收集、数据存储、资源管理与服务协调、计算引擎、数据分析和数据可视化6个主要环节。

7.2.1 数据收集

数据收集阶段主要对接数据源，负责将数据源中的数据以实时或近实时的频率收集到一起。通常数据源具有分布式、异构性、多样化及流式产生等特点。因此，对应的大数据收集系统通常具有以下特性。

（1）扩展性：能够灵活适配不同的数据源，同时接入大量数据源时不会产生系统瓶颈。

（2）可靠性：数据在传输过程中不会丢失或发生非人为改变。

（3）安全性：敏感数据在收集和传输过程中不会产生安全隐患。

（4）低延迟：能够在较低延迟的情况下将数据传输到后端存储系统中。

在数据收集阶段，常用的开源技术主要是关系型与非关系型数据收集组件（如 Sqoop/Canal、Flume 等）和分布式消息队列（如 Kafka、RabbitMQ 等）。

7.2.2 数据存储

数据存储阶段主要负责海量结构化与非结构化数据的存储。传统的关系型数据库和文件系统受限于存储容量、扩展性和容错性，难以适应大数据应用场景。在大数据时代，来自数据收集系统的各类数据源源不断，这对数据存储系统的扩展性、容错性和存储模型种类提出了新的要求。

（1）扩展性：实际应用中数据的增速非常快，在现有集群存储能力即将达到上限时需要快速扩展新的存储能力，这要求存储系统本身具备非常好的线性扩展能力。

（2）容错性：存储系统应确保在其中一部分机器出现故障时，不会导致数据丢失。

（3）存储模型种类：因采集到的数据具有多样性，因此数据存储应支持多种数据模型，确保结构化和非结构化的数据都能容易保存和提取。

数据存储阶段常用的开源技术主要是分布式文件系统（如 HDFS 等）和分布式数据库（如 Hbase、Kudu 等）。

7.2.3　资源管理与服务协调

随着互联网的不断发展，各类新型应用和服务不断涌现。为了防止不同应用和服务之间相互干扰，传统做法是将每类应用或服务单独部署到独立的服务器上，这种方案简单易行，但存在资源利用率低、运维成本高、数据共享困难等问题。为了解决这些问题，可以将所有应用或服务部署到一个公共的集群中，使其共享集群配置、统一使用各类资源，同时对各个应用和服务进行隔离，形成弹性资源管理平台。相比传统模式，统一管理资源并进行服务协调的好处有以下 3 点。

（1）资源利用率高：通过多种应用或服务共享资源，使集群中的资源得到充分利用。

（2）运维成本低：由于实现了应用与服务集群的集中化，因此只需要少数人员即可完成多个框架的统一管理。

（3）数据共享方便：各类应用与服务共享相同的数据和硬件资源，将大大减少数据转移带来的成本。

常用的统一资源管理与调度系统和服务协调系统有 YARN、ZooKeeper 等。

7.2.4　计算引擎

在实际生产环境的一些场景下，只需处理离线数据，对实时性要求不高，但对系统吞吐率要求高，如搜索引擎构建索引。而另一些场景则需要对数据进行实时分析，要求每条数据的处理延迟尽可能低，如公共消息平台和在线购物系统。可见，系统吞吐率和处理延迟往往是矛盾的两个优化方向。因此，针对不同应用场景需要单独构建计算引擎，每种计算引擎只专注解决某一类问题，从而形成多样化的计算引擎。按照对时间性能的要求，可以将计算引擎分为以下 3 类。

（1）批处理型：这类计算引擎追求的是高吞吐率，对时间要求低，一般处理时间为分钟和小时级别，有些系统甚至允许以天为数据处理的时间单位，典型应用如搜索引擎构建索引等。常见的开源技术有 MapReduce、Tez 等。

（2）交互式处理型：这类计算引擎对时间要求较高，一般为秒级，而且需要与人交互，典型应用如数据查询等。常见的开源技术有 Spark、Impala、Presto 等。

（3）实时处理型：这类计算引擎对时间要求最高，一般要求在毫秒或微秒级，典型应用如在线购物、广告推荐等。常见的开源技术有 Storm、Spark Streaming 等。

7.2.5 数据分析

数据分析阶段直接与用户对接，为其提供直观、易用的数据处理工具，如 API、SQL 查询语言、数据挖掘 SDK 等。通常情况下，首先使用批处理框架分析原始海量数据，产生小规模数据集，再基于此使用交互式处理工具对该数据集进行快速查询，获得最终结果。常用的数据分析工具有 Hive、Pig、SparkSQL、Mahout、MLLib、Apache Beam、Cascading 等。

7.2.6 数据可视化

在数据可视化阶段需要运用计算机图形学和图像处理技术，将各类数据转换为图形图像显示给最终用户，并进行交互处理。数据可视化屏蔽了数据内部复杂的逻辑和繁冗的处理过程，将结果直观地呈现出来，便于非计算机行业或数据分析专业的人士进行判断、决策。

7.3 使用NumPy和SciPy快速处理数据

在了解大数据的基本概念后，本节将着重介绍如何使用 NumPy 处理多维数组数据及如何使用 SciPy 完成高级数学计算，为后续的数据可视化工作做好准备。

7.3.1 使用NumPy处理多维数组

NumPy 提供了对多维数组对象的支持，实现了大量的维度数组与矩阵运算，针对数组运算提供了大量的数学函数库。NumPy 中可用于创建多维数组的函数如表 7-1 所示。

表7-1 NumPy中可用于创建多维数组的函数

函数	描述
array()	将输入数据（列表、元组、数组等）转换为多维数组。其中所有元素必须是相同的类型，可显式指定或由Python推断得到
asarray()	将输入转换为多维数组
arange()	与range()函数类似，但返回多维数组而不是列表
ones()、ones_like()	ones()根据指定的形状和数据类型创建全1数组。ones_like()以现有数组为参数，根据其形状和数据类型创建全1数组
zeros()、zeros_like()	与ones()、ones_like()类似，但创建的是全0数组

函数	描述
empty()、empty_like()	与ones()、ones_like()类似，但只创建数组、分配内存，而不填充数据
eye()、identity()	创建多维单位方阵（仅对角线为1，其余全为0）

以下代码演示了表 7-1 中的函数的基本用法。

```
import numpy

#一维数组操作
data = [1,2,3,4,5,6]
x = numpy.array(data)
print(x)
print(x.dtype)

#二维数组操作
data = [[1,2],[3,4],[5,6]]
x = numpy.array(data)
print(x)
print(x.ndim)
print(x.shape)

#全1全0全空数组操作
x = numpy.zeros(6)
print(x)
x = numpy.zeros((2,3))
print(x)
x = numpy.ones((2,3))
print(x)
x = numpy.empty((3,3))
print(x)

print(numpy.arange(6))
print(numpy.arange(0,6,2))
```

上述代码的运行结果如图 7-1 所示。

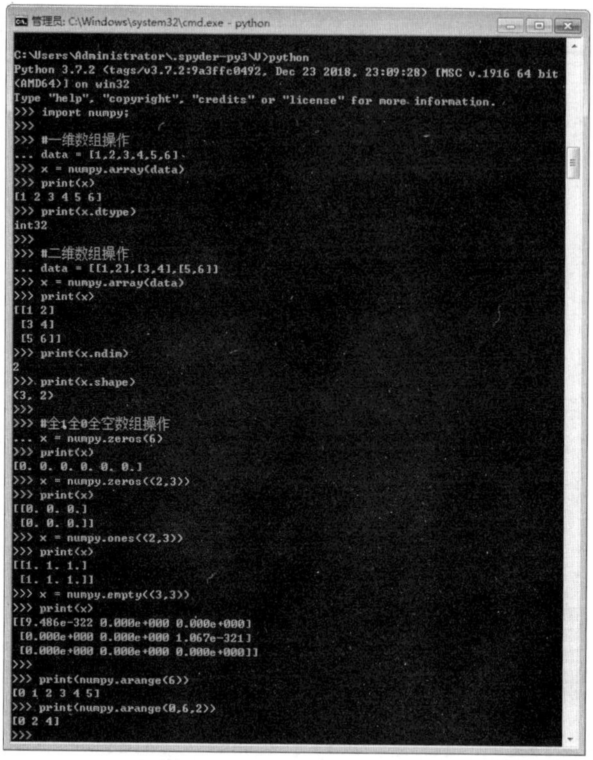

图7-1 NumPy中对多维数组的基本操作

当需要指定多维数组中元素的数据类型时，需要在创建时传入 dtype 参数，指定对应的数据类型。NumPy 中可用于多维数组的数据类型如表 7-2 所示。

表7-2 NumPy中可用于多维数组的数据类型

类型	类型代码	描述
int8、uint8	i1、u1	有符号和无符号的8位（1字节）整型
int16、uint16	i2、u2	有符号和无符号的16位（2字节）整型
int32、uint32	i4、u4	有符号和无符号的32位（4字节）整型
int64、uint64	i8、u8	有符号和无符号的64位（6字节）整型
float16	f2	半精度浮点数
float32	f4或f	标准单精度浮点数，与C语言的float兼容
float64	f8或d	标准双精度浮点数，与Python本身的float和C语言的double兼容

类型	类型代码	描述
float128	f16或g	扩展精度浮点数
complex64、complex128、complex256	c8、c16、c32	分别用2个32位、64位或128位浮点数表示的复数
bool	?	布尔类型
object	O	Python对象
string_	S	固定长度的字符串类型（每个字符1字节）
unicode_	U	固定长度的Unicode类型（每个字符占用的字节数由平台决定）

以下代码演示了上述数据类型的基本使用方法。

```python
import numpy

#生成指定元素类型的数组：设置dtype属性
x = numpy.array([1,2.6,3],dtype = numpy.int64)
print(x)
print(x.dtype)
x = numpy.array([1,2,3],dtype = numpy.float64)
print(x)
print(x.dtype)

#使用astype复制数组，并转换类型
x = numpy.array([1,2.6,3],dtype = numpy.float64)
y = x.astype(numpy.int32)
print(y)
print(x)
z = y.astype(numpy.float64)
print(z)

#将字符串元素转换为数值元素
x = numpy.array(['1','2','3'],dtype = numpy.string_)
y = x.astype(numpy.int32)
print(x)
print(y)
```

```
#使用其他数组的数据类型作为参数
x = numpy.array([ 1., 2.6,3. ],dtype = numpy.float32)
y = numpy.arange(3,dtype=numpy.int32)
print(y)
print(y.astype(x.dtype))
```

上述代码运行的结果如图 7-2 所示。

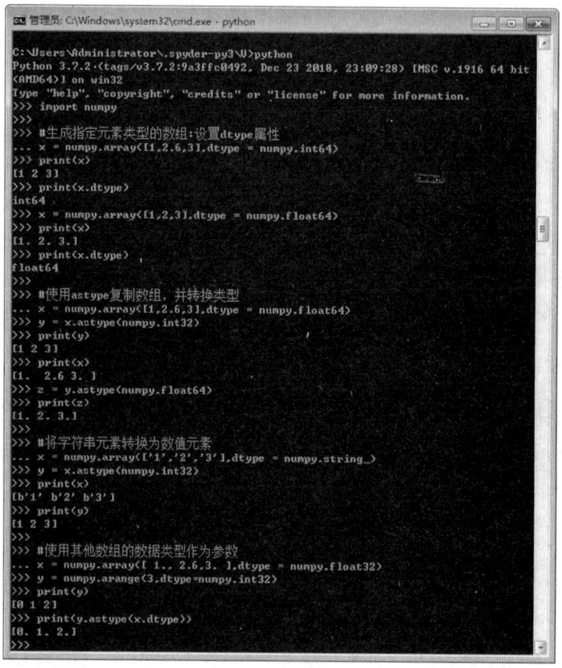

图7-2 NumPy中常用数据类型的基本用法

对于多维数组，基本数学函数在数组上以元素方式运行，既可以作为运算符重载，也可以作为 NumPy 模块中的函数，例如：

```
import numpy as np

x = np.array([[1,2],[3,4]], dtype=np.float64)
y = np.array([[5,6],[7,8]], dtype=np.float64)

print(x + y)
print(np.add(x, y))
print(x - y)
print(np.subtract(x, y))
print(x * y)
print(np.multiply(x, y))
```

```
print(x / y)
print(np.divide(x, y))
print(np.sqrt(x))
```

上述代码的运行结果如图 7-3 所示。

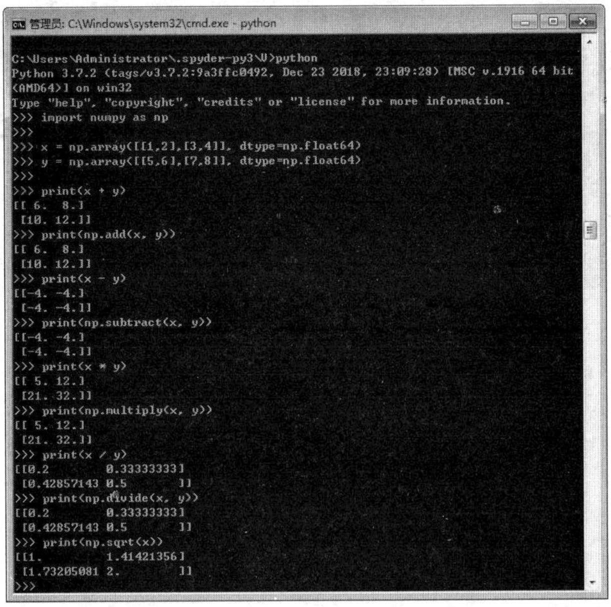

图7-3 多维数组的基本数学函数

需要注意的是，"*" 运算符实现的是元素乘法，如要计算向量内积，则需要使用dot() 函数，例如：

```
import numpy as np

x = np.array([[1,2],[3,4]])
y = np.array([[5,6],[7,8]])
v = np.array([9,10])
w = np.array([11, 12])

print(v.dot(w))
print(np.dot(v, w))
print(x.dot(v))
print(np.dot(x, v))
print(x.dot(y))
print(np.dot(x, y))
```

上述代码的运行结果如图 7-4 所示。

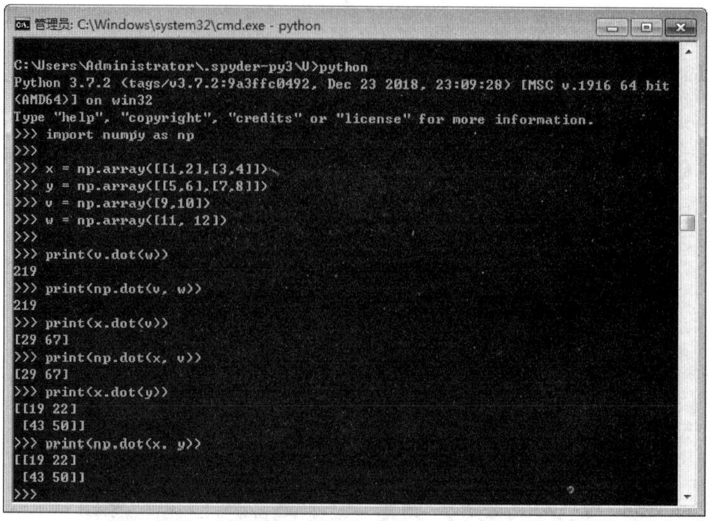

图7-4 定义并查看DataFrame的内容

NumPy 还提供了一些矩阵的常用操作，如使用数组对象的 T 属性可以得到转置矩阵。

```
import numpy as np


x = np.array([[1,2], [3,4]])
print(x)
print(x.T)
```

上述代码的运行结果如图 7-5 所示。

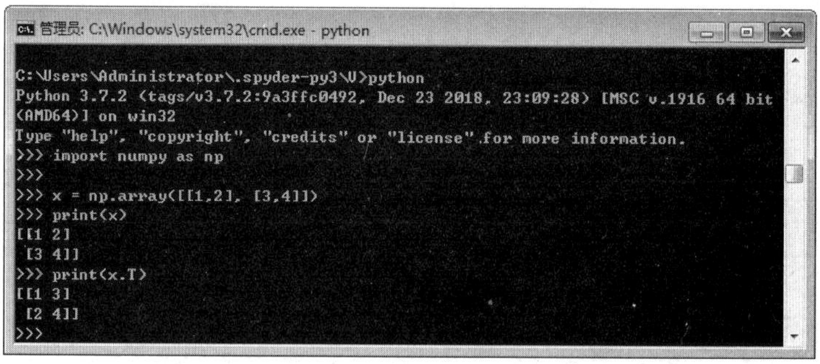

图7-5 自定义DataFrame列的顺序和索引

NumPy 中存在被称为"广播"的一种强大机制，它允许 NumPy 在执行算术运算时使用不同形状的数组。如果有一个较小的数组和一个较大的数组，当希望多次使用较小的数组来对较大的数组执行一些操作时，就可以通过 NumPy 中的广播机制来完成，如将标量与多维数组进行混合运算或是不同维度数组之间进行运算。

```
import numpy as np
```

```
x = np.array([[1,2,3,4],[2,3,4,5]])
print(x*2)
print(x>2)
y = np.array([5,6,7,8])
print(x+y)
print(x>y)
```

上述代码的运行结果如图 7-6 所示。

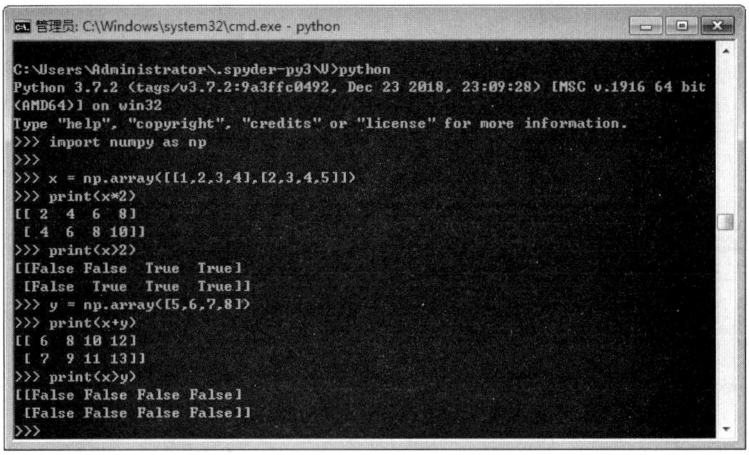

图7-6 NumPy中的广播机制

将两个数组一起广播时应遵循以下规则。

（1）如果数组不具有相同的维度，则将较低等级数组的形状添加 1，直到两个形状具有相同的长度。

（2）如果两个数组在维度上具有相同的大小，或者如果其中一个数组在该维度中的大小为 1，则称这两个数组在维度上是兼容的。

（3）如果数组在所有维度上兼容，则可以一起广播。

（4）广播之后，每个结果数组各维度的大小为输入数组的对应各维度的最大值。

（5）在一个数组的大小为 1 且另一个数组的值大于 1 的任何维度中，第一个数组的行为就像沿着该维度复制一样。

7.3.2 使用SciPy完成高级数学计算

SciPy 是一个包含许多科学计算中常见问题的工具集合，其中包括很多针对不同应用场景的子模块功能。常用的一些子模块如表 7-3 所示。

表7-3 SciPy常用的子模块

子模块名称	主要功能
scipy.cluster	向量计算K-means算法
scipy.constants	物理和数学常量
scipy.fftpack	傅里叶变换
scipy.integrate	积分程序
scipy.interpolate	插值算法
scipy.io	数据输入和输出
scipy.linalg	线性代数程序
scipy.ndimage	n维图像包
scipy.odr	正交距离回归
scipy.optimize	优化算法
scipy.signal	信号处理
scipy.sparse	稀疏矩阵
scipy.spatial	空间数据结构和算法
scipy.special	一些特殊数学函数，如贝塞尔函数scipy.special.jn()、椭圆函数scipy.special.ellipj()、Gamma 函数scipy.special.gamma()等
scipy.stats	数理统计

需要注意的是，大部分 SciPy 子模块都依赖于 NumPy，因此要使用 SciPy，需要先安装并引入 NumPy。

下面介绍 SciPy 在线性代数运算、快速傅里叶变换、优化和拟合、统计和随机数等方面的主要用法。

1. 线性代数运算

在线性代数运算中，为了计算方阵的行列式，可以使用 det() 函数。

```
import numpy as np
from scipy import linalg

arr = np.array([[1, 9, 2],[4, 8, 3],[5, 7, 6]])
print(linalg.det(arr))
```

上述代码的运行结果如图 7-7 所示。

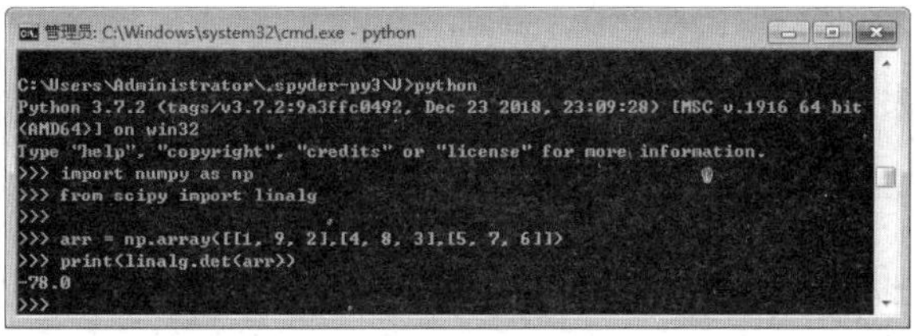

图7-7　计算方阵的行列式

inv() 函数用于计算方阵的逆矩阵。

```
import numpy as np
from scipy import linalg


arr = np.array([[1, 9, 2],[4, 8, 3],[5, 7, 6]])
print(linalg.inv(arr))
```

上述代码的运行结果如图 7-8 所示。

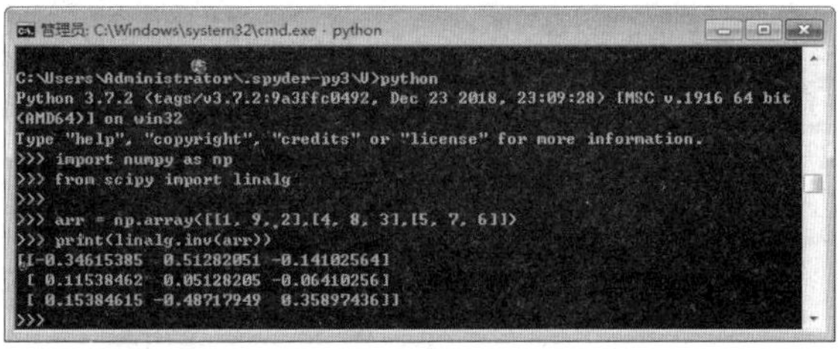

图7-8　查看前五条数据的内容

对矩阵进行奇异值分解，可以使用 svd() 函数。

```
import numpy as np
from scipy import linalg


arr = np.array([[1, 9, 2],[4, 8, 3],[5, 7, 6]])
print(linalg.svd(arr))
```

上述代码的运行结果如图 7-9 所示。

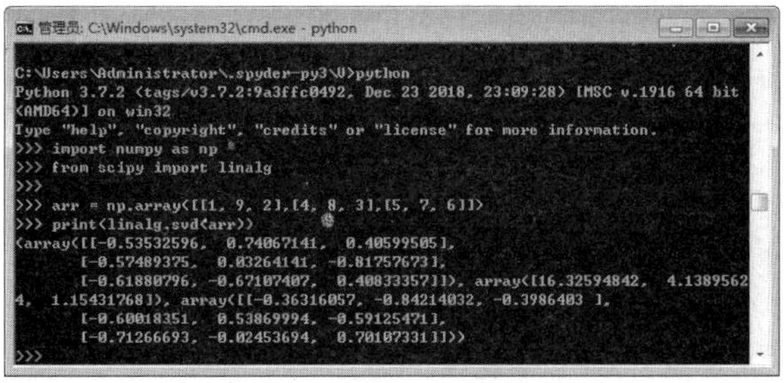

图7-9　对矩阵进行奇异值分解

2. 快速傅里叶变换

scipy.fftpack 模块用来计算快速傅里叶变换，以下代码演示了对输入信号采样并运行傅里叶变换的结果，并以图形方式显示，达到可视化效果。

```python
import scipy
import scipy.fftpack
import pylab
from scipy import pi

t = scipy.linspace(0,120,4000)
acc = lambda t: 10*scipy.sin(2*pi*2.0*t) + 5*scipy.sin(2*pi*8.0*t) +
2*scipy.random.random(len(t))
signal = acc(t)
FFT = abs(scipy.fft(signal))
freqs = scipy.fftpack.fftfreq(signal.size, t[1]-t[0])

pylab.subplot(211)
pylab.plot(t, signal)
pylab.subplot(212)
pylab.plot(freqs,20*scipy.log10(FFT),'x')
pylab.show()
```

上述代码的运行结果如图 7-10 所示。

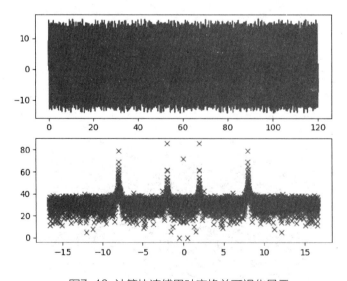

图7-10 计算快速傅里叶变换并可视化显示

可见，在原始信号的 ±2Hz 和 ±8Hz 处分别有一个峰。

3. 优化和拟合

对于优化和拟合类问题，往往需要找到一个函数的（全局或局部）最小值或等式的数值解，scipy.optimize 子模块提供了函数最小值（标量或多维）、曲线拟合和寻找等式根的有用算法。

例如，寻找函数 f(x) 在 [−20, 20] 的局部极小值和全局最小值问题，f(x) 的定义如下。

```python
import numpy as np
from scipy import optimize
import pylab as plt

def f(x):
    return x**2 + 20 * np.sin(x)

x = np.arange(-20, 20, 0.1)
plt.plot(x, f(x))
plt.show()
```

上述代码的运行结果如图 7-11 所示。

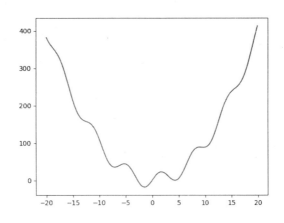

图7-11 函数f(x)在[−20, 20]的图像

使用 fminbound() 函数查看 f(x) 在 [0, 10] 的局部极小值。

```python
import numpy as np
from scipy import optimize
import pylab as plt

def f(x):
    return x**2 + 20 * np.sin(x)
```

```
x = np.arange(-20, 20, 0.1)
xmin_local = optimize.fminbound(f, 0, 10)
print(xmin_local)
```

可以得到极值点在 x=4.271095329827143 处，如图 7-12 所示。

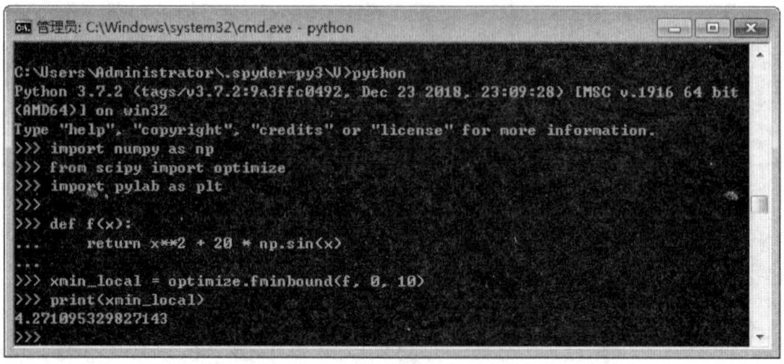

图7-12 求函数f(x)在[0, 10]的局部极小值

为了找到全局最小值，可以将范围定义为 [−2000, 2000]，使用 brute() 函数暴力搜索。

```
import numpy as np
from scipy import optimize
import pylab as plt


def f(x):
    return x**2 + 20 * np.sin(x)


grid = (-2000, 2000, 0.1)
xmin_global = optimize.brute(f, (grid,))
print(xmin_global)
```

可见，函数 f(x) 在 [−2000, 2000] 内的全局最小值是 x= −1.42754883，如图 7-13 所示。

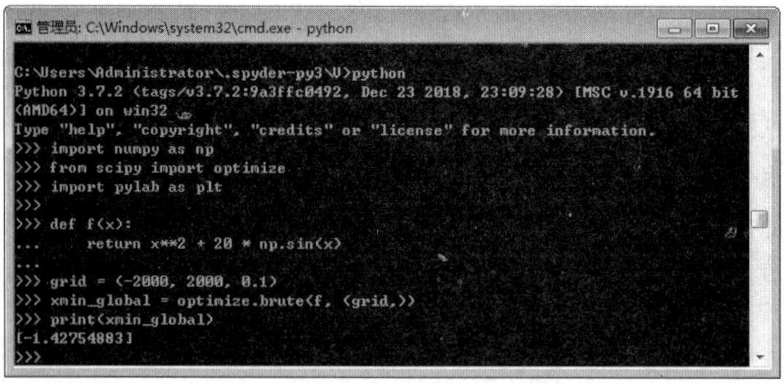

图7-13 求函数f(x)在[−2000, 2000]的全局极小值

4. 统计和随机数

scipy.stats 包括统计工具和随机过程的概率分布函数。我们知道，给定一个随机过程的观察值，其直方图是随机过程的概率密度函数的估计。因此当给定了随机过程族（如正态过程）时，可以对观测值进行最大似然拟合来估计基本分布参数，例如：

```python
import numpy as np
from scipy import stats
import matplotlib.pyplot as plt


a = np.random.normal(size=1000)
bins = np.arange(-4, 5)
histogram = np.histogram(a, bins=bins, normed=True)[0]
bins = 0.5*(bins[1:] + bins[:-1])
b = stats.norm.pdf(bins)
plt.plot(bins, histogram)
plt.plot(bins, b)
plt.show()
```

上述代码中随机过程的随机数生成器使用了 numpy.random 的 normal() 函数，运行结果如图 7-14 所示。

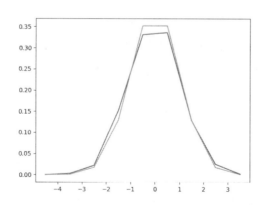

图7-14 对给定随机过程观察值的拟合

可以使用 norm.fit() 函数查看拟合结果的期望值和标准差。

```python
loc, std = stats.norm.fit(a)
```

上述随机过程的期望可能为 −0.0008381407122474806，标准差可能为 1.015211925249888，如图 7-15 所示。

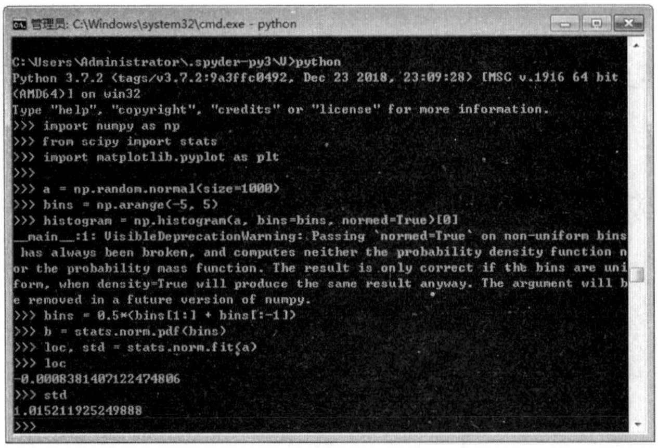

图7-15 计算给定随机过程拟合结果的期望值和标准差

★新手问答★

01. Google在大数据领域主要采用哪些技术？

答：根据 Google 近年发表的论文来看，其大数据处理工作主要涉及数据存储、资源管理与服务协调、计算引擎和数据分析 4 个阶段。其中，数据存储阶段主要采用 GFS、BigTable、MegaStore、Spanner 等技术；资源管理与服务协调阶段主要采用 Borg、Omega、Chubby 等技术；计算引擎阶段主要采用 MapReduce、Dreme、Pregel、Precolator、MillWheel 等技术；数据分析阶段主要采用 FlumeJava、Tenzing 等技术。

02. 为什么NumPy和SciPy中都有sin()、cos()等函数？

答：SciPy 是基于 NumPy 构建的，由于一些历史原因，sin()、cos() 等函数在两个库中都存在。在 SciPy 最新的版本中，这些函数实际上是直接调用的 NumPy 中对应的函数。

★小试牛刀★

案例任务

在第 6 章采集当当网数据的基础上，分析并分别获得评论数最多、出版日期最新和折扣率（折扣价 / 原价）最低的图书。

技术解析

在第 6 章采集得到的数据的基础上，只需依据评论数、出版日期和折扣率对数据按从高到低或从低到高的顺序排序，并取排序后的第一条数据即可。

编码实现

参考代码如下。

```
import re
```

```
import time
import requests
from lxml import etree
from fake_useragent import UserAgent
from bs4 import BeautifulSoup
import pandas as pd
from Chap5_MySQLLoader import MySQLLoader
import numpy as np


class DangDang:
    def __init__(self):
        self.url = "http://bang.dangdang.com/books/bestsellers/01.00.
00.00.00.00-recent7-0-0-1-"
        self.ua = UserAgent(verify_ssl=False)
        self.headers = {-
            "Cookie": "s_ViewType=10; _lxsdk_cuid=167ca93f5c2c8-
0c73da94a9dd08-68151275-1fa400-167ca93f5c2c8; _lxsdk=167ca93f5c2c8-0c73
da94a9dd08-68151275-1fa400-167ca93f5c2c8; _hc.v=232064fb-c9a6-d4e0-
cc6b-d6303e5eed9b.1545291954; cy=16; cye=wuhan; td_cookie=686763714;
_lxsdk_s=%7C%7CNaN",
            "User-Agent": self.ua.random    # 获取随机的User-Agent
        }
        self.dic = {}   # class-digit字典

    def get_page(self, page):
        self.rank_list = []
        self.name_list = []
        self.comment_list = []
        self.publish_date_list = []
        self.publisher_list = []
        self.price_discount_list = []
        self.price_original_list = []
        url = '%s%s'%(self.url,page)
        res = requests.get(url, headers=self.headers)
        #print(res.text)

        soup = BeautifulSoup(res.text, 'html.parser')
        tag = soup.find('ul', 'bang_list_mode')
```

```
li_list = tag.find_all('li')
#print(li_list[1])

for item in li_list:
    #排名
    rank = item.find('div', 'list_num')
    print(rank.string)
    self.rank_list.append(rank.string.replace('.', ''))

    #书名
    name = item.find('div', 'name')
    print(name.a['title'])
    self.name_list.append(name.a['title'])

    #评论
    comment = item.find('div', 'star')
    print(comment.a.string)
    self.comment_list.append(comment.a.string.replace('条评论',
''))

    #出版日期
    publish = item.find_all('div', 'publisher_info')
    print(publish[1].span.string)
    self.publish_date_list.append(publish[1].span.string)

    #出版社
    print(publish[1].a.string)
    self.publisher_list.append(publish[1].a.string)

    #折扣价
    price_discount = item.find('span', 'price_n')
    print(price_discount.string)
    self.price_discount_list.append(price_discount.string.
replace('¥', ''))

    #原价
    price_original = item.find('span', 'price_r')
```

```
                print(price_original.string)
                self.price_original_list.append(price_original.string.
replace('¥', ''))

    def to_db(self, filename, tablename, dbinfo):
        loader = MySQLLoader(filename, 'csv', tablename, dbinfo)
        loader.load()


    def to_csv(self, filename):
        df = pd.DataFrame({
            'rank': pd.Series(self.rank_list),
            'name': pd.Series(self.name_list),
            'comment': pd.Series(self.comment_list),
            'publish_date': pd.Series(self.publish_date_list),
            'publisher': pd.Series(self.publisher_list),
            'price_discount': pd.Series(self.price_discount_list),
            'price_original': pd.Series(self.price_original_list)
        })

        df.to_csv(filename, index=False, encoding = 'utf-8-sig')
        return df

if __name__ == '__main__':
    dp = DangDang()

    #传入页码
    dp.get_page(1)

    #爬取畅销榜并入库
    dp.to_db('chap7.csv', 'tb_dd_rank', db_info)

    db_info = {
        'host':'MySQL数据库服务器地址',
        'port':3306,
        'user':'数据库用户名',
        'password':'数据库密码',
        'database':'数据库名称'
    }
```

```
#评论数最多、出版日期最新、折扣最低
df = pd.read_csv('chap7.csv', sep=',')

#评论数最多
df['comment'] = df['comment'].astype('int')
comment_list = df.copy().sort_values(by='comment', ascending=
False)[:1]
print(comment_list)

#出版日期最新
publish_date_list = df.copy().sort_values(by='publish_date', as
cending=False)[:1]
print(publish_date_list)

#折扣最低
df['price_discount'] = df['price_discount'].astype('float32')
df['price_original'] = df['price_original'].astype('float32')
df['discount_rate'] = df['price_discount']/df['price_original']
discount_rate_list = df.copy().sort_values(by='discount_rate',
ascending=True)[:1]
print(discount_rate_list)
```

上述代码的运行结果如图 7-16 所示。

图7-16 在第6章采集当当网数据的基础上进行分析

本章小结

本章首先介绍了大数据的基本概念和大数据处理的主要环节（阶段），然后结合具体实例讲解了如何使用 NumPy 处理多维数组数据，以及如何使用 SciPy 完成高级数学计算，在个别例子中引入了简单的图形绘制代码。读者在掌握本章知识的基础上，结合后续数据可视化章节的内容，就可以快速将现有数据形成直观、丰富多彩的图形、图表了。

第8章

大蟒神通之一：使用Matplotlib
绘制基础图形

本章导读

　　本章介绍Python中绘制平面、3D图形和地图的功能。重点讲解使用Matplotlib绘制基本数据图形和进阶图形，以及互相关、自相关图形的绘制方法。

知识要点

　　读者学习完本章内容后能掌握以下知识技能：

　　◆ 使用Matplotlib的相关函数绘制折线图、柱状图、条形图、直方图、饼图、雷达图、散点图、棉棒图、箱线图、误差棒图、堆积折线图、间断条形图和阶梯图的方法

　　◆ 对数图、频谱图、矢量场流线图，以及互相关、自相关图形的绘制方法和应用场合

8.1 绘制简单图形

Matplotlib 是 Python 中一个强大的绘图工具箱，几乎能满足所有平面和 3D 图形绘制的需求，本节主要介绍折线图、柱状图等常见二维平面图形的绘制方法。

8.1.1 使用plot()绘制折线图

plot() 函数主要用于绘制各类函数曲线，其原型如下。

```
plot([x], y, [fmt], data=None, **kwargs)
```

其中各参数含义如下。

（1）x：横轴变量名。

（2）y：纵轴变量名。

（3）fmt：格式参数集合，可以使用关键字参数对单个属性赋值。

（4）data：参数可以使用所有可被索引的对象数据类型，如字典、Pandas 中的 DataFame 或 NumPy 中的结构化数组等。

以下代码绘制了一条正弦曲线。

```
import matplotlib.pyplot as pyplot
import numpy as np

x=np.linspace(0.1, 10, 100)
y=np.sin(x)
pyplot.plot(x,y, linestyle='-', linewidth=1,label='Sin() by plot()')
pyplot.legend()
pyplot.show()
```

运行上述代码将显示一个窗口，其中显示了绘制的图形及一些功能按钮，如图 8-1 所示。

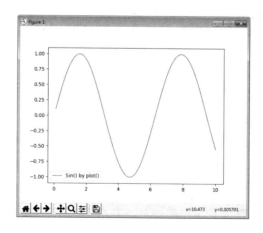

图8-1 使用plot()函数绘制一条正弦曲线

　　可以通过单击图形下方控制按钮中的"保存"按钮 💾 将图形存为图片文件。为节省篇幅，后续图形将只显示窗口中的图形本身，略去窗口细节。

　　事实上，plot() 函数能够在一幅图形中绘制多条曲线。如果 x 和 y 的对应关系是列表或元组，则图形将呈现出折线图效果。以下代码以红色和蓝色分别绘制了两条折线。

```
import matplotlib.pyplot as plt
import numpy as np

a=np.random.random((9,3))*2
y1=a[0:,1]
y2=a[0:,2]
x=np.arange(1,10)
ax = plt.subplot(111)
width=10
hight=3
ax.axes.set_xlim(-0.5,width+0.2)
ax.axes.set_ylim(-0.5,hight+0.2)
plotdict = { 'dx': x, 'dy': y1 }
ax.plot('dx','dy','bD-',data=plotdict)
ax.plot(x,y2,'r^-')
plt.show()
```

　　上述代码的运行结果如图 8-2 所示。

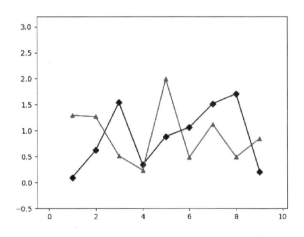

图8-2 使用plot()函数同时绘制两条曲线（折线）

> **温馨提示：关于格式参数关键字**
>
> plot()函数的格式参数关键字主要有color、linestyle、linewidth、marker、markersize等，分别表示图形的颜色、线型（实线、虚线、点线、点画线等）、线宽、拐点点形（圆点、圆圈、三角形、正方形、星形、+形、x形等）、拐点点形大小等。

color、linestyle 和 marker 的部分可能取值如表 8-1 所示。

表8-1 plot()函数的color、linestyle和marker格式参数的部分可能取值及其含义

格式参数	可能取值	含义
color	b	blue蓝色
	g	green绿色
	r	red红色
	c	cyan青色
	m	magenta洋红色
	y	yellow黄色
	k	black黑色
	w	white白色
	十六进制的RGB字符串	对应的颜色值
linestyle	-	实直线
	--	破折线
	:	点虚线
	-.	点画线
marker	.	点形
	o	圆圈
	v	向下的三角形
	^	向上的三角形
	<	向左的三角形
	>	向右的三角形
	s	正方形
	p	五边形
	*	星形
	+	+形
	x	x形
	|	竖线
	—	横线

8.1.2 使用bar()绘制柱状图

bar() 函数主要用于绘制柱状图——在横轴上绘制定性数据的分布特征，其原型如下。

```
bar(left, height, alpha=1, width=0.8, bottom=None, data=None, **kwargs)
```

其中各参数含义如下。

（1）left：x 轴位置序列，一般使用 range() 函数产生一个序列，也可以是字符串。

（2）height：y 轴数值序列，即柱形图的高度，通常是需要展示的数据。

（3）alpha：透明度，值越小越透明。

（4）width：柱形宽度。

（5）bottom：底部柱形变量。

（6）data：可以使用所有可被索引的对象数据类型，如字典、Pandas 中的 DataFame 或是 NumPy 中的结构化数组等。

bar() 也可以使用关键字参数，常用的关键字参数如下。

（1）color 或 facecolor：柱形填充的颜色。

（2）edgecolor：柱形边框颜色。

（3）label：解释每个图像代表的含义，该参数为 legend() 函数做铺垫，表示柱形的标签。

（4）linewidth 或 lw：柱形边框宽度。

以下代码绘制了某公司 4 个部门一季度亏损情况的柱状图。

```python
import numpy as np
import matplotlib as mpl
import matplotlib.pyplot as plt

mpl.rcParams['font.sans-serif']=['SimHei']
x = ['c', 'a', 'd', 'b']
y = [1, 2, 3, 4]
plt.bar(x, y, alpha=0.5, width=0.3, color='yellow', edgecolor='red',
label='The First Bar', lw=3)
plt.legend(loc='upper left')
plt.xticks(np.arange(4), ('A','B', 'C', 'D'), rotation=30)
plt.yticks(np.arange(0, 5, 0.4))
plt.ylabel('亏损情况（万元）', fontsize=10)
plt.xlabel('部门', fontsize=10)
plt.title('一季度各部门亏损情况', fontsize=10)
plt.tick_params(axis='both', labelsize=15)
plt.show()
```

上述代码的运行结果如图 8-3 所示。

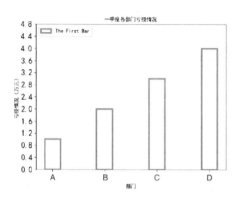

图8-3 使用bar()绘制某公司4个部门一季度亏损情况的柱状图

如果将 bar() 中的参数 bottom 的取值设定为列表 y，使用列表 y1 代表另一个数，那么 bar() 将输出堆积柱状图。以下代码绘制了一个堆积柱状图。

```
import matplotlib.pyplot as plt

x = [1,3,5]
y = [3,8,9]
y1 = [2,6,3]
plt.bar(x,y,align="center",color="#66c2a5",tick_label=["A","B","C"],label
="title_A")
plt.bar(x,y1,align="center",color="#8da0cb",tick_label=["A","B","C"],
label="title_B")
plt.legend()
plt.show()
```

上述代码的运行结果如图 8-4 所示。

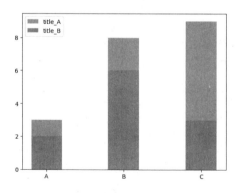

图8-4 堆积柱状图的例子

有时需要在图形中同时显示横轴的多个取值在不同时间点的情况，则可以使用 bar() 绘制多数据列柱状图。以下代码绘制了多数据列柱状图。

```
import matplotlib.pyplot as plt
import numpy as np

x = np.arange(3)
y = [2,6,3]
y1 = [6,10,4]
bar_width = 0.4
tick_label = ["A","B","C"]
plt.bar(x,y,align="center",color="c",width=bar_width,label="title_A",
alpha=0.5)
plt.bar(x+bar_width,y1,align="center",color="b",width=bar_width,label=
"title_B",alpha=0.5)
plt.xticks(x+bar_width/2,tick_label)
plt.legend()
plt.show()
```

上述代码的运行结果如图 8-5 所示。

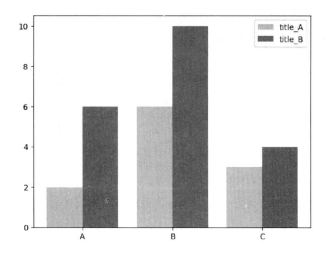

图8-5 多数据列柱状图的例子

当需要在同一幅图形中同时显示横轴在两个指标下的取值时，也可以使用 bar() 绘制水平线下方向的倒影柱状图。以下代码绘制了倒影柱状图。

```
import matplotlib.pyplot as plt
```

```
import numpy as np

n = 12
X = np.arange(n)
Y1 = (1 - X / float(n)) * np.random.uniform(0.5, 1.0, n)
Y2 = (1 - X / float(n)) * np.random.uniform(0.5, 1.0, n)
plt.bar(X, +Y1, facecolor='#9966ff', edgecolor='white')
plt.bar(X, -Y2, facecolor='#ff9966', edgecolor='white')
plt.xlim(-.5, n)
plt.ylim(-1.25, 1.25)
for x, y in zip(X, Y1):
    plt.text(x, y + 0.05, '%.2f' % y, ha='center', va='bottom')
for x, y in zip(X, Y2):
    plt.text(x, -y - 0.05, '%.2f' % y, ha='center', va='top')
plt.show()
```

上述代码运行的结果如图 8-6 所示。

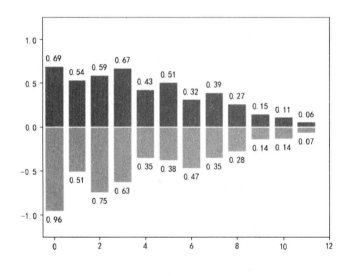

图8-6 倒影柱状图的例子

8.1.3 使用barh()绘制条形图

barh() 函数用于在纵轴上绘制定性数据的分布特征——也可以理解成把 bar() 的图形换了个方向，所以 barh() 的原型与 bar() 一样。以下代码绘制了条形图。

```
import matplotlib.pyplot as plt
import numpy as np

x = np.arange(4)
y = [6,10,4,5]
y1 = [2,6,3,8]
bar_width = 0.4
tick_label = ["A","B","C","D"]
plt.barh(x,y,bar_width,align="center",color="c",label="title_A",alpha=1)
plt.barh(x+bar_width,y1,bar_width,align="center",color="b",label="title_B",
alpha=1)
plt.yticks(x+bar_width/2,tick_label)
plt.legend()
plt.show()
```

上述代码的运行结果如图 8-7 所示。

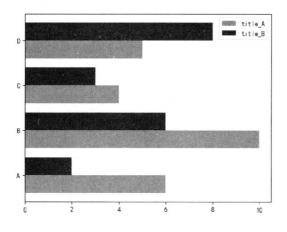

图8-7　使用barh()函数绘制条形图的例子

bar() 与 barh() 的功能、参数相似，其他如堆积柱状图、多数据列柱状图、倒影柱状图等均可以用相似方式转换为条形图。

8.1.4　使用hist()绘制直方图

hist() 函数用于绘制直方图，在横轴上展示定量数据的分布特征，其原型如下。

```
hist(x, bins=10, range=None, density=False, weights=None, cumulative=False,
bottom=None,      histtype=u'bar', align=u'mid', orientation=u'vertical',
```

```
rwidth=None, log=False, color=None, label=None, stacked=False, **kwargs)
```

其中各参数含义如下。

（1）x：n 维数组或者 n 维数组序列。多维数组长度不要求一致。

（2）bins：整数或序列或 auto。如果是整数，则按 bins+1 个组计算；如果是序列实例 [1, 2, 3, 4]，则第一个是 bin[1, 2)，第二个是 bin[2, 3)，第三个 bin 是 [3, 4]；如果安装了 NumPy 1.11 或更新版，则默认为 auto，取值为 numpy.histogram() 函数的 bins 参数。

（3）range：bins 参数的边界。如果 bins 是一个序列则无效，否则是 (x.min(), x.max())。

（4）density：如果为 True，则返回元组的第一个元素将是规范化以形成概率密度的计数，即直方图下的面积（或积分）总和为 1。如果 stacked 也为 True，则直方图的总和标准化为 1。

（5）weights：和数据 x 一致的 n 维数组，表示每一个数据的权重。

（6）cumulative：计算每一个集合的累加值。

（7）bottom：标量数组，表示柱形距离底边的高度。

（8）histtype：绘制的直方图样式，取值为 bar 时是传统的条形直方图。若给出多个数据，则条形并排排列；若取值为 barstacked 则是一种条形直方图，其中多个数据堆叠在一起；若取值为 step 则生成一个默认未填充的线图；若取值为 stepfilled 则生成一个默认填充的线图。

（9）align：图形中柱形的对齐方式，取值 left、mid、right 分别表示靠左、居中、靠右对齐。

（10）orientation：图形中柱形的方向，取值 horizontal、vertical 分别表示水平、竖直方向。

（11）rwidth：图形中柱形的宽度。

（12）log：纵轴坐标是否使用科学计数法。

（13）color：用于设置柱形的颜色。

（14）label：图形中的图例标签。

（15）stacked：是否垂直重叠，默认水平重叠。

以下代码绘制了直方图。

```
import numpy as np
import matplotlib.mlab as mlab
import matplotlib.pyplot as plt


mu = 100
sigma = 15
x = mu + sigma * np.random.randn(10000)
n, bins, patches = plt.hist(x, 50, normed=1, facecolor='blue', alpha=1)
y = mlab.normpdf(bins, mu, sigma)
plt.show()
```

上述代码的运行结果如图 8-8 所示。

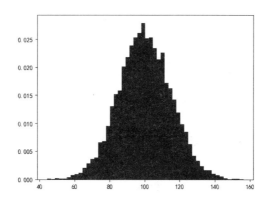

图8-8 使用hist()绘制直方图的例子

以下代码绘制了堆积直方图。

```
import matplotlib.pyplot as plt
import numpy as np

x1 = np.random.randint(0,100,100)
x2 = np.random.randint(0,100,100)
x = [x1,x2]
colors = ["#fc8d62","#66c2a5"]
labels = ["A","B"]
bins = range(0,101,10)
plt.hist(x,bins=bins,color=colors,histtype="bar",rwidth=10,stacked=True,
label=labels,edgecolor = 'k')
plt.show()
```

上述代码的运行结果如图 8-9 所示。

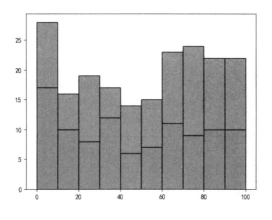

图8-9 堆积直方图的例子

8.1.5　使用pie()绘制饼图

pie() 函数用于绘制饼图，描述数值之间的比例关系，饼图中每个扇区的弧长大小对应的是数量的多少。pie() 函数原型如下。

```
pie(x, explode=None, labels=None, colors=None, autopct=None, pctdistance
=0.6, shadow=False, labeldistance=1.1, startangle=None, radius=None,
counterclock=True, wedgeprops=None, textprops=None, center=(0, 0),
frame=False, rotatelabels=False, hold=None, data=None)
```

其中主要参数含义如下。

（1）x：每个扇区的比例，若 sum(x)>1 则会使用 sum(x) 归一化。

（2）labels：每个扇区外侧显示的说明文字。

（3）explode：每个扇区离开中心的距离。

（4）startangle：起始绘制角度，默认是从横轴正方向逆时针画起。

（5）shadow：是否在饼图下方绘制阴影。

（6）labeldistance：label 标记的绘制位置相对于半径的比例，默认值为 1.1。如果 <1 则绘制在饼图内侧。

（7）autopct：设置每个扇区的百分比文字，可使用格式化字符串。

（8）pctdistance：每个扇区中百分比文字的距离。

（9）radius：饼图半径。

（10）counterclock：扇区绘制方向，True 为逆时针，False 为顺时针。

（11）wedgeprops：设置饼图线形参数及字典类型。

（12）textprops：设置饼图标签和比例文字的格式，以及字典类型。

（13）center：图标中心位置。

（14）frame：为 True 表示绘制带有表的轴框架。

（15）rotatelabels：旋转每个 label 到指定的角度。

以下代码绘制了饼图。

```
import matplotlib.pyplot as plt

plt.rcParams['font.sans-serif']=['SimHei']
labels = ["A部门","B部门","C部门","D部门"]
nums = [0.25,0.15,0.36,0.24]
colors = ["#377eb8","#4daf4a","#984ea3","#ff7f00"]
explode = (0.1,0.1,0.1,0.1)
plt.pie(nums,explode=explode,labels=labels,autopct="%3.1f%%",startangle
=45,shadow=True,colors=colors)
```

```
plt.title("一季度各部门盈利构成")
plt.show()
```

上述代码的运行结果如图 8-10 所示。

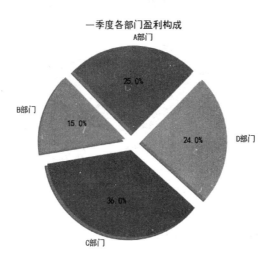

图8-10　饼图的例子

稍微变形一下，pie() 函数还可以绘制嵌套的环形图，以下代码绘制了一个嵌套环形图。

```
import matplotlib.pyplot as plt

labels = ["A","B","C","D","E"]
nums1 = [29,19,22,18,12]
nums2 = [22,27,18,11,22]
colors = ["#e41a1c","#377eb8","#4daf4a","#984ea3","#ff7f00"]
w1,t1,a1=plt.pie(nums1,autopct="%3.1f%%",radius=1,pctdistance=0.85,
colors=colors,textprops=dict(color="w"),wedgeprops=dict(width=0.3,
edgecolor="w"))
w2,t2,a2=plt.pie(nums2,autopct="%3.1f%%",radius=0.7,pctdistance=0.75,
colors=colors,textprops=dict(color="w"),wedgeprops=dict(width=0.3,
edgecolor="w"))
plt.setp(a1,size=8,weight="bold")
plt.setp(a2,size=8,weight="bold")
plt.setp(t1,size=8,weight="bold")
plt.show()
```

上述代码的运行结果如图 8-11 所示。

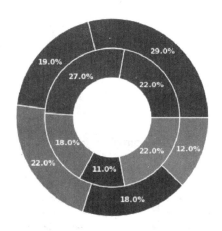

图8-11 嵌套环形图的例子

8.1.6 使用polar()绘制雷达图

polar() 函数用于绘制极坐标图，通常也被称为雷达图，用来以径向方式显示数据之间的关系。polar() 函数原型如下。

```
polar(theta, r, **kwargs)
```

其中各参数含义如下。

（1）theta：旋转角度。

（2）r：数据数值（离圆心的距离）。

（3）kwargs：关键字参数集合。

polar() 函数接受传入多组 theta 和 r 数据，以下代码绘制了雷达图。

```
import numpy as np
import matplotlib.pyplot as plt

labels = np.array(['a','b','c','d','e','f'])
dataLenth = 6
data = np.array([2,4,3,6,5,8])
angles = np.linspace(0, 2*np.pi, dataLenth, endpoint=False)
data = np.concatenate((data, [data[0]]))
angles = np.concatenate((angles, [angles[0]]))
plt.polar(angles, data, 'bo-', linewidth=2)
plt.thetagrids(angles * 180/np.pi, labels)
plt.fill(angles, data, facecolor='r', alpha=0.25)
```

```
plt.ylim(0,10)
plt.show()
```

上述代码的运行结果如图 8-12 所示。

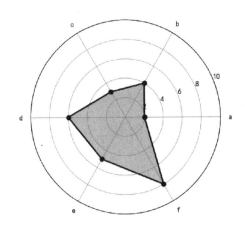

图8-12　雷达图的例子

8.1.7　使用scatter()绘制散点图

scatter() 函数用于绘制散点图，以描述两个变量之间的变化关系，其原型如下。

```
scatter(x, y, s=None, c=None, marker=None, cmap=None, norm=None, vmin=None,
vmax=None, alpha=None, linewidths=None, verts=None, edgecolors=None,hold=None,
data=None, **kwargs)
```

其中主要参数含义如下。

（1）x、y：用于绘制图形的数据数组。

（2）s：散点的大小。

（3）c：颜色值或颜色渐变顺序，可以是单个颜色格式的字符串，也可以是一系列颜色。

（4）marker：散点形状，可取值见表 8-1。

（5）cmap：一个 matplotlib.colors.Colormap 实例或已定义名称，仅在 c 是浮点数组时使用。

（6）norm：散点亮度，取值范围为 0~1。

（7）vmin、vmax：与 norm 结合使用来标准化亮度数据。

（8）alpha：混合值，其值范围为 0（透明）~1（不透明）。

（9）linewidths：散点边缘线宽。

（10）verts：当 marker 为 None 时用于构建标记的顶点集合，中心位于（0,0）。

（11）edgecolors：散点边缘颜色或颜色顺序。

以下代码绘制了散点图。

```
import numpy as np
import matplotlib.pyplot as plt

x1 = np.random.randn(20)
x2 = np.random.randn(20)
plt.figure(1)
plt.plot(x1, 'bo', markersize=20)
plt.plot(x2, 'ro', ms=10,)
plt.show()
```

上述代码的运行结果如图 8-13 所示。

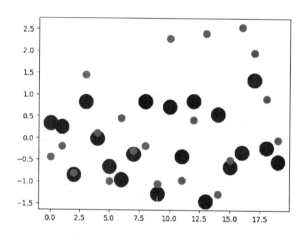

图8-13 散点图的例子

8.1.8 使用stem()绘制棉棒图

stem() 函数用于绘制棉棒图，展示离散而有序的数据，其原型如下。

```
stem([x,] y, linefmt=None, markerfmt=None, basefmt=None)
```

其中各参数含义如下。

（1）x、y：用于绘制图形的数据数组。x 取值对应横轴坐标，y 取值为离散点（棉棒头），对应纵轴坐标。

（2）linefmt：离散点到基线的垂线的样式。

（3）markerfmt：离散点的样式。

（4）basefmt：基线的样式。

以下代码绘制了棉棒图。

```
import matplotlib.pyplot as plt
import numpy as np

x = np.linspace(0, 10, 20)
y = np.random.randn(20)
plt.stem(x, y, linefmt='-', markerfmt='o', basefmt='-')
plt.show()
```

上述代码的运行结果如图 8-14 所示。

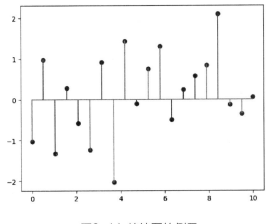

图8-14 棉棒图的例子

8.1.9　使用boxplot()绘制箱线图

boxplot() 函数用于绘制箱线图，展示出数据的上下四分位数、上下边缘、中位数的位置，还可以根据规则确定一些异常值。箱线图中各部位的含义如图 8-15 所示。

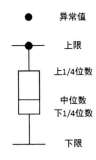

图8-15 箱线图中各部位的含义

boxplot() 函数的原型如下。

```
boxplot(x, notch=None, sym=None, vert=None, whis=None, positions=None,
widths=None, patch_artist=None, bootstrap=None, usermedians=None,
confintervals=None, meanline=None, showmeans=None, showcaps=None, showbox
=None, showfliers=None, boxprops=None, labels=None, flierprops=None,
medianprops=None, meanprops=None, capprops=None, whiskerprops=None, man
age_xticks=True, autorange=False, zorder=None, hold=None, data=None)
```

其中主要参数含义如下。

（1）x：绘制箱线图的数据。

（2）notch：是否以凹口形式展示箱线图。

（3）sym：异常点的形状。

（4）vert：是否将箱线图垂直摆放。

（5）whis：上下箱线与上下 1/4 位数的距离。

（6）positions：箱线图的位置。

（7）widths：箱线图的宽度。

（8）patch_artist：是否填充箱体的颜色。

（9）meanline：是否用线的形式表示均值。

（10）showmeans：是否显示均值。

（11）showcaps：是否显示箱线图顶端和底端的两条线。

（12）showbox：是否显示箱线图的箱体。

（13）showfliers：是否显示异常值。

（14）boxprops：设置箱体的属性，如边框色、填充色等。

（15）labels：为箱线图添加标签。

（16）flierprops：设置异常值的属性。

（17）medianprops：设置中位数的属性。

（18）meanprops：设置均值的属性。

（19）capprops：设置箱线图顶端和底端线条的属性。

（20）whiskerprops：设置箱线的属性。

以下代码绘制了箱线图。

```
import matplotlib.pyplot as plt
import numpy as np
import pandas as pd


df = pd.DataFrame(np.random.rand(8,5),columns=['A','B','C','D','E'])
```

```
df.boxplot()
plt.show()
```

上述代码的运行结果如图 8-16 所示。

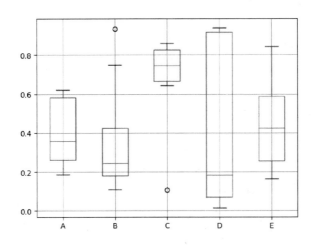

图8-16　箱线图的例子

8.1.10　使用errorbar()绘制误差棒图

errorbar() 函数用于绘制误差棒图，显示数据在横、纵轴方向的误差范围，其原型如下。

```
errorbar(x, y, yerr=None, xerr=None, fmt='', ecolor=None, elinewidth=None,
capsize=None, barsabove=False, lolims=False, uplims=False, xlolims=False,
xuplims=False, errorevery=1, capthick=None, *, data=None, **kwargs)[source]
```

其中主要参数含义如下。

（1）x、y：数据点的位置。

（2）xerr、yerr：单一数值的非对称形式误差范围。

（3）fmt：数据点的标记样式和数据点标记的连接线样式。

（4）ecolor：误差棒的线条颜色。

（5）elinewidth：误差棒的线条粗细。

（6）capthick：误差棒边界横线宽度。

（7）capsize：误差棒边界横线长度。

以下代码绘制了误差棒图。

```
import numpy as np
from matplotlib import pyplot as plt
```

```
from scipy.stats import t

X = np.random.randint(5, 15, 15)
n = X.size
X_mean = np.mean(X)
X_std = np.std(X)
X_se = X_std / np.sqrt(n)
dof = n - 1
alpha = 1.0 - 0.95
conf_interval = t.ppf(1-alpha/2., dof) * X_std*np.sqrt(1.+1./n)
fig = plt.gca()
plt.errorbar(1, X_mean, yerr=X_std, fmt='-s')
plt.errorbar(2, X_mean, yerr=X_se, fmt='-s')
plt.errorbar(3, X_mean, yerr=conf_interval, fmt='-s')
plt.xlim([0,4])
plt.ylim(X_mean-conf_interval-2, X_mean+conf_interval+2)
plt.tick_params(axis="both", which="both", bottom="off", top="off",
labelbottom="on", left="on", right="off", labelleft="on")
plt.show()
```

上述代码的运行结果如图 8-17 所示。

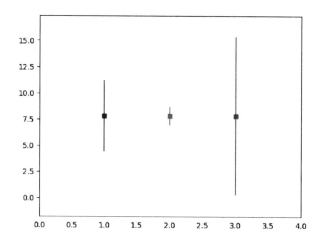

图8-17 误差棒图的例子

误差棒图可以结合柱状图（条形图）一起展示，以下代码绘制了带误差棒的柱状图。

```
import matplotlib.pyplot as plt
```

```
mean_values = [1, 2, 3]
variance = [0.2, 0.4, 0.5]
bar_labels = ['bar 1', 'bar 2', 'bar 3']
fig = plt.gca()
x_pos = list(range(len(bar_labels)))
plt.bar(x_pos, mean_values, yerr=variance, align='center', alpha=0.5)
max_y = max(zip(mean_values, variance))
plt.ylim([0, (max_y[0] + max_y[1]) * 1.1])
plt.xticks(x_pos, bar_labels)
plt.tick_params(axis="both", which="both", bottom="off", top="off",
labelbottom="on", left="on", right="off", labelleft="on")
plt.show()
```

上述代码的运行结果如图 8-18 所示。

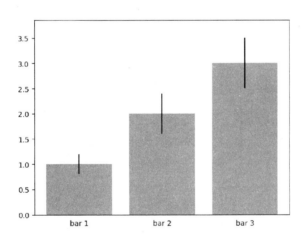

图8-18 带误差棒的柱状图的例子

8.1.11　使用stackplot()绘制堆积折线图

stackplot() 函数用于绘制堆积折线图，展示不同数据集在垂直方向上堆叠又不相互覆盖的关系，其原型如下。

```
stackplot(x,y或y1,y2,y3....., *args, data=None, labels,**kwargs)
```

其中主要参数含义如下。

（1）x：横轴数据。

227

（2）y 或 y1、y2、y3⋯：使用二维数组或多个一维数组表示纵轴数据。

（3）labels：各条折线的标签。

以下代码绘制了堆积折线图。

```python
import numpy as np
import matplotlib.pyplot as plt

x = [1, 2, 3, 4, 5]
y1 = [1, 1, 2, 3, 5]
y2 = [0, 4, 2, 6, 8]
y3 = [1, 3, 5, 7, 9]
y = np.vstack([y1, y2, y3])
labels = ["Fibonacci ", "Evens", "Odds"]
fig, ax = plt.subplots()
ax.stackplot(x, y1, y2, y3, labels=labels)
ax.legend(loc='upper left')
plt.show()
```

上述代码的运行结果如图 8-19 所示。

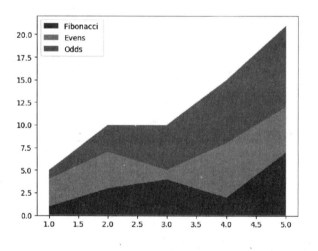

图8-19 堆积折线图的例子

8.1.12 使用broken_barh()绘制间断条形图

broken_barh() 函数用于绘制间断条形图，常用来直观地比较并展示可视化定性数据的相同指标在时间维度上的变化情况，其原型如下。

```
broken_barh(xranges, yrange, *, data=None, **kwargs)
```

其中主要参数含义如下。

（1）xranges：横轴方向起始点和宽度的元组序列数据。

（2）yranges：纵轴方向的最大和最小值。

以下代码绘制了间断条形图。

```python
import matplotlib.pyplot as plt

fig, ax = plt.subplots()
ax.broken_barh([(110, 30), (150, 10)], (10, 9), facecolors='blue')
ax.broken_barh([(10, 50), (100, 20), (130, 10)], (20, 9), facecolors
=('red', 'cyan', 'green'))
ax.set_ylim(5, 35)
ax.set_xlim(0, 180)
ax.set_yticks([15, 25])
ax.set_yticklabels(['A', 'B'])
ax.grid(True)
plt.show()
```

上述代码的运行结果如图 8-20 所示。

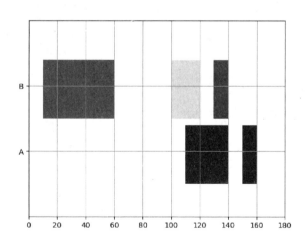

图8-20 间断条形图的例子

8.1.13　使用step()绘制阶梯图

step() 函数用于绘制阶梯图，常用在时间序列数据的可视化方面，显示时序数据的波动周期和规律，其原型如下。

```
step(x, y, *args, fmt,where='pre', data=None, **kwargs)
```

其中主要参数含义如下。

（1）x：横轴数据，表示单调增加的一维序列。

（2）y：纵轴数据。

（3）fmt：阶梯图格式字符串。

（4）where：y 值跳变的位置，可取值为 pre、mid 和 post，分别表示 y 值在 x 取值达到下一个值之前、之时和之后的跳变，默认为 pre。

以下代码绘制了阶梯图。

```python
import numpy as np
from numpy import ma
import matplotlib.pyplot as plt

x = np.arange(1, 7, 0.4)
y = np.sin(x) + 2.5
plt.step(x, y, label='pre')
y -= 0.5
plt.step(x, y, where='mid', label='mid')
y -= 0.5
plt.step(x, y, where='post', label='post')
plt.legend()
plt.xlim(0, 7)
plt.ylim(0, 4)
plt.show()
```

上述代码的运行结果如图 8-21 所示。

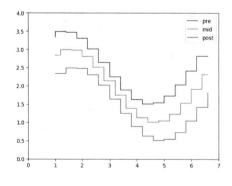

图8-21 阶梯图的例子

8.2 绘制高级图形

除了 8.1 节介绍的直方图、柱状图等简单图形，Matplotlib 还可以绘制较为复杂的高级图形，本节将介绍对数图、频谱图和矢量场流线图的绘制方法。

8.2.1　对数图

通过比较柱状图、折线图等图形可以发现，纵轴的连续值之间有固定的"距离"，这被称为线性标度。而对数图的纵轴连续值之间则有固定的"比例"，这被称为对数标度。以下代码绘制了对数函数图形。

```
from matplotlib import pyplot as plt
import numpy as np


x = np.linspace(1, 10)
y = [10 ** el for el in x]
fig, ax = plt.subplots()
ax.set_yscale('linear')
ax.plot(x, y, color='blue')
ax.grid(True)
plt.show()
```

上述代码的运行结果如图 8-22 所示。

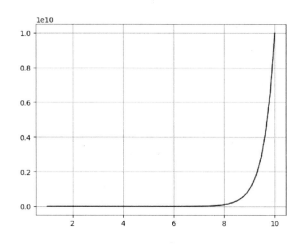

图8-22 对数函数图形的例子

可见，使用线性标度展示对数函数图形时，函数值变化率不大的两个部分难以呈现图形的细节。

因此，根据一般经验，当要展示的数据量级跨越较大，或是要展示数据的变化率，或是数据分布存在正偏态时，可以使用对数标度。

以图 8-22 为例，只需将代码中的这一行

```
ax.set_yscale('linear')
```

改为

```
ax.set_yscale('log')
```

即可使用对数标度展示该对数函数图形。该对数函数在对数标度下呈现为直线，可被观察到更多的细节。修改后的代码的运行结果如图 8-23 所示。

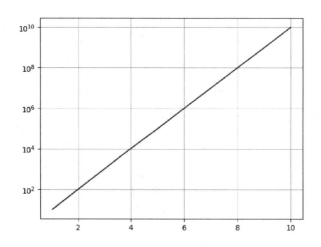

图8-23 使用对数标度展示对数函数图形

8.2.2 频谱图

频谱图是随时间变化的频谱表现，显示了信号频谱强度随时间变化的趋势，往往用于将声音或其他信号的频谱以可视化方式展示出来。通常，频谱图使用横轴表示时间，纵轴表示频率，第三维度使用颜色表示频率 - 时间的幅值。以下代码使用 specgram() 函数绘制了频谱图。

```
import wave
import matplotlib.pyplot as plt
import numpy as np
import os

f = wave.open('C:\\Users\\Administrator\\test.wav','rb')
params = f.getparams()
nchannels, sampwidth, framerate, nframes = params[:4]
```

```
strData = f.readframes(nframes)
waveData = np.fromstring(strData,dtype=np.int16)
waveData = waveData*1.0/(max(abs(waveData)))
waveData = np.reshape(waveData,[nframes,nchannels]).T
f.close()
plt.specgram(waveData[0],Fs = framerate, scale_by_freq = True, sides = 'default')
plt.ylabel('Frequency(Hz)')
plt.xlabel('Time(s)')
plt.show()
```

其中 "C:\\Users\\Administrator\\test.wav" 指向一个 WAV 文件，上述代码的运行结果如图 8-24 所示。

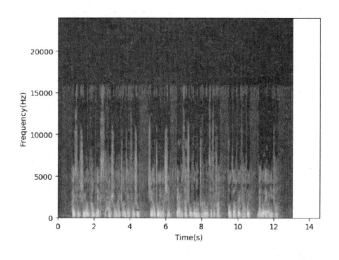

图8-24 频谱图的例子

8.2.3　矢量场流线图

在矢量场中，每个点除了有坐标值，还有方向。一般使用流线图展示矢量场的可视化流态，如磁场、力场或是流体运动等。在流线图中，使用线条长度或密度表示强度，使用指向特定方向的箭头表示矢量方向。以下代码使用 streamplot() 函数绘制了流线图。

```
import numpy as np
import matplotlib.pyplot as plt


w = 3
Y, X = np.mgrid[-w:w:100j, -w:w:100j]
```

```
U = -1 - X**2 + Y
V = 1 + X - Y**2
speed = np.sqrt(U*U + V*V)
fig, ax = plt.subplots()
ax.streamplot(X, Y, U, V, density=[0.5, 1])
ax.set_title('Varying Density')
plt.show()
```

上述代码的运行结果如图 8-25 所示。

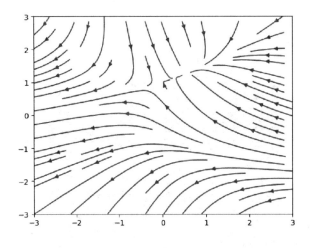

图8-25 流线图的例子

8.2.4 绘制两个变量间的互相关图形

互相关是指从两个不同的观察结果中得到的两个不同数据集合之间的相关情况，一般通过交叉关联查看其是否以某种方式相匹配，或是在一个较大的数据样本中寻找一个较小的数据样本。自相关一般用于表示一个给定的时间序列在一个连续的时间间隔上与自身延迟之间的相似度，常用于检测数据的随机性。以下代码使用 xcorr() 函数绘制了互相关图形，使用 acorr() 函数绘制了自相关图形。

```
import matplotlib.pyplot as plt
import numpy as np

np.random.seed(0)
x, y = np.random.randn(2, 100)
fig = plt.figure()
ax1 = fig.add_subplot(211)
```

```
ax1.xcorr(x, y, usevlines=True, maxlags=50, normed=True, lw=2)
ax1.grid(True)
ax1.axhline(0, color='black', lw=2)
ax2 = fig.add_subplot(212, sharex=ax1)
ax2.acorr(x, usevlines=True, normed=True, maxlags=50, lw=2)
ax2.grid(True)
ax2.axhline(0, color='black', lw=2)
plt.show()
```

上述代码的运行结果如图 8-26 所示。

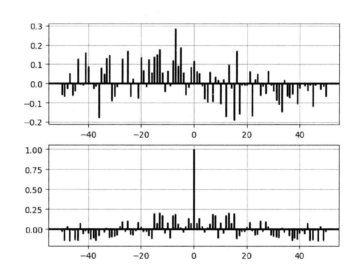

图8-26 相关图形与自相关图形的例子

★新手问答★

01. 用Matplotlib绘制图形时，各函数原型中的kwargs参数有什么作用？

答：kwargs 参数是 KeyWord Arguments（关键字参数）的缩写，意指可通过传入的多个关键字参数及取值来调整图形的字形、线形、颜色等相关属性，常见的关键字参数有 marker、linestyle、linewidth、picker、color、alpha 等。

02. 直方图与柱状图（条形图）有哪些共同点和不同点？

答：直方图与柱状图（条形图）外观很相似，都是使用矩形块展示数据之间相互变化的关系。但事实上它们有本质的区别，具体如下。

（1）矩形块宽和高所表示的意义不同：柱状图（条形图）用柱形长度表示各类别频数的多少，

其宽度（表示类别）是固定的；直方图用面积表示各组频数的多少，矩形高度表示每一组的频数或频率，宽度则表示各组组距。

（2）排列方式不同：由于分组数据具有连续性，直方图的各矩形通常是连续排列、展示连续型数据的分布，而柱状图（条形图）则是分开排列、展示离散型数据的分布。

（3）展示的数据类型不同：柱状图（条形图）主要用于展示分类数据，而直方图主要用于展示数据型数据。

★小试牛刀★

案例任务

选择适当的图形，使用正确的 Matplotlib 函数将第 7 章【小试牛刀】得到的部分数据绘制成图形。

技术解析

通过查看第 7 章【小试牛刀】得到的数据不难发现，其中包含了图书的名称、出版日期、评论数、原价、折后价等，较为简单的做法是将这些数值型的数据绘制成折线图，其中横轴表示每本书的序号，纵轴表示每一项指标的具体取值。下面选择评论数、折后价和原价、折扣率及出版日期四项数据绘制折线图。

编码实现

参考代码如下。

```
import pandas as pd
from pandas.plotting import register_matplotlib_converters
import numpy as np
import matplotlib.dates as mdates
import matplotlib.mlab as mlab
import matplotlib.pyplot as plt
from datetime import datetime

register_matplotlib_converters()
plt.figure(figsize=(20, 15))

book_list = pd.read_csv('chap7.csv', sep=',')
book_list['discount_rate']=book_list['price_discount']/book_list['price_
original']

x=book_list['rank']
ax1 = plt.subplot(221)
y1=book_list['comment']
```

```
ax1.plot(x,y1,'bD-')

ax2 = plt.subplot(222)
y2=book_list['price_discount']
y3=book_list['price_original']
ax2.plot(x,y2,'r^-')
ax2.plot(x,y3,'gH-')

ax3 = plt.subplot(223)
y4=(book_list['discount_rate']*100).round(1)
ax3.plot(x,y4,'ks-')

ax4 = plt.subplot(224)
y5=[datetime.strptime(d, '%Y-%m-%d').date() for d in book_list['publish_
date']]
ax4.plot(x,y5,'m4-')

plt.show()
```

上述代码的运行结果如图 8-27 所示。

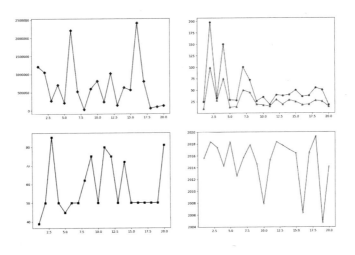

图8-27　将第7章【小试牛刀】得到的部分数据绘制成图形

本章小结

Matplotlib 是 Python 中最常用的可视化库之一，其内置的函数能够方便地绘制各种常见图形。本章以实例方式逐一介绍了常见图形的绘制方法，下一章将在此基础上讲解对图形的美化和修饰。

第9章

大蟒神通之二：使用Matplotlib 美化和修饰图形

 本章导读

　　没有适当的美化和修饰，很难让人理解图形的含义。本章主要介绍如何使用Matplotlib美化和修饰图形，读者可在学完本章知识点后，结合第8章知识美化绘制的图形。

 知识要点

　　读者学习完本章内容后能掌握以下知识技能：

- ♦ 调整图形坐标轴和刻度的方法
- ♦ 为图形添加标题、图例和注释的方法
- ♦ 设置线形和文字属性的方法
- ♦ 颜色参数的使用方法，了解色彩映射
- ♦ 划分画布的方法

9.1 调整坐标轴和刻度

作为函数图形的必要组成部分，坐标轴和刻度直接反映了图形中变量的数值规模范围，适当地调整和美化坐标轴及刻度能够让图形一目了然。

9.1.1 设置坐标轴刻度

刻度是图形的一部分，由刻度定位器（Tick Locator）和刻度格式器（Tick Formatter）两部分组成，其中刻度定位器用于指定刻度所在的位置，刻度格式器用于指定刻度显示的样式。刻度分为主刻度（Major Ticks）和次刻度（Minor Ticks），可以分别指定二者的位置和格式，次刻度默认为不显示。

为了展示设置刻度参数的效果，可以先使用 plot() 函数生成一条余弦曲线，代码如下。

```
import matplotlib.pyplot as plt
import numpy as np
from matplotlib.ticker import AutoMinorLocator, MultipleLocator, FormatStr
Formatter

x=np.linspace(0,5,100)
y=np.cos(x)
fig=plt.figure(figsize=(4,4))
ax=fig.add_subplot(111)
ax.plot(x,y,lw=2)
plt.show()
```

上述代码的运行结果如图 9-1 所示，由于刻度样式和范围暂未设置，图形将以默认方式显示坐标轴和刻度。

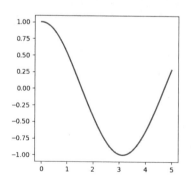

图9-1 绘制余弦曲线的一部分

接着设置坐标轴范围和主、次坐标轴（以下代码中的斜体部分）。

```
import matplotlib.pyplot as plt
import numpy as np
from matplotlib.ticker import AutoMinorLocator, MultipleLocator, FormatStr
Formatter

x=np.linspace(0,5,100)
y=np.cos(x)
fig=plt.figure(figsize=(4,4))
ax=fig.add_subplot(111)
ax.set_xlim(0,5)
ax.set_ylim(-1.5,1.5)
ax.xaxis.set_major_locator(MultipleLocator(1))
ax.yaxis.set_major_locator(MultipleLocator(1))
ax.xaxis.set_minor_locator(AutoMinorLocator(2))
ax.yaxis.set_minor_locator(AutoMinorLocator(5))
ax.plot(x,y,lw=2)
plt.show()
```

上述代码的运行结果如图 9-2 所示。

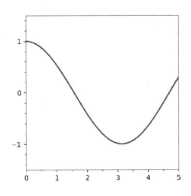

图9-2 加入设置坐标轴范围和主、次坐标轴的代码

可见，手工设置坐标轴范围和加入次坐标轴后，横轴的两个主刻度之间被平均分成了 2 等份，纵轴的两个主刻度之间被平均分成了 5 等份，而且曲线的弯曲程度也随之发生了一些变化。

9.1.2　设置坐标轴的标签文本

为了将次刻度对应的数值显示出来，可以使用以下代码调整坐标轴刻度的显示样式（以下代码中的斜体部分）。

```
import matplotlib.pyplot as plt
import numpy as np
from matplotlib.ticker import AutoMinorLocator, MultipleLocator, FormatStr
Formatter

x=np.linspace(0,5,100)
y=np.cos(x)
fig=plt.figure(figsize=(4,4))
ax=fig.add_subplot(111)
ax.set_xlim(0,5)
ax.set_ylim(-1.5,1.5)
ax.xaxis.set_major_locator(MultipleLocator(1))
ax.yaxis.set_major_locator(MultipleLocator(1))
ax.xaxis.set_minor_locator(AutoMinorLocator(2))
ax.yaxis.set_minor_locator(AutoMinorLocator(5))
ax.xaxis.set_minor_formatter(FormatStrFormatter('%5.1f'))
ax.yaxis.set_minor_formatter(FormatStrFormatter('%5.1f'))
ax.tick_params(which='minor',length=5,width=1,labelsize=8,labelcolor='r')
ax.tick_params('y',which='major',length=8,width=1,labelsize=10,labelcolor=
'b')
ax.plot(x,y,lw=2)
plt.show()
```

上述代码的运行结果如图 9-3 所示。

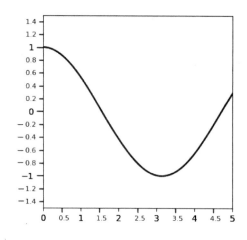

图9-3 调整坐标轴刻度的显示样式

其中，FormatStrFormatter() 函数将刻度值转化为格式化字符串，set_minor_formatter() 函数将刻度值显示出来，tick_params() 函数用于调整坐标轴的详细参数。调整后的坐标轴的两个主刻度之间的次刻度以红色 1 位小数标示，纵轴主刻度以蓝色显示，横轴主刻度仍然使用默认颜色显示。

9.1.3　绘制刻度线的网格线

为了更直观地看出图形在某些点的取值，可以给图形加上网格线，以下代码（斜体部分）增加了主刻度的网格线，以蓝色虚线显示。

```
import matplotlib.pyplot as plt
import numpy as np
from matplotlib.ticker import AutoMinorLocator, MultipleLocator, FormatStr
Formatter

x=np.linspace(0,5,100)
y=np.cos(x)
fig=plt.figure(figsize=(4,4))
ax=fig.add_subplot(111)
ax.set_xlim(0,5)
ax.set_ylim(-1.5,1.5)
ax.xaxis.set_major_locator(MultipleLocator(1))
ax.yaxis.set_major_locator(MultipleLocator(1))
ax.xaxis.set_minor_locator(AutoMinorLocator(2))
ax.yaxis.set_minor_locator(AutoMinorLocator(5))
ax.xaxis.set_minor_formatter(FormatStrFormatter('%5.1f'))
ax.yaxis.set_minor_formatter(FormatStrFormatter('%5.1f'))
ax.tick_params(which='minor',length=5,width=1,labelsize=8,labelcolor='r')
ax.tick_params('y',which='major',length=8,width=1,labelsize=10,labelcolor='b')
ax.plot(x,y,lw=2)
ax.grid(ls=':',lw=0.8,color='b')
plt.show()
```

上述代码的运行结果如图 9-4 所示。

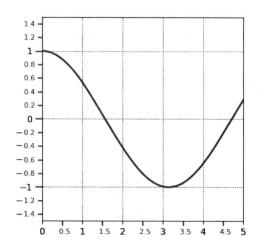

图9-4 绘制刻度线的网格线

如此便可直观地看出，函数在 x 取值为 0 时 y 为 1，x 取值在 3.14 左右浮动时 y 为 -1。

9.1.4 移动坐标轴的位置

很多人觉得图形只能绘制在直角坐标系的第一象限。其实不然，有时也可以通过移动坐标轴载体并设置刻度线的位置，来实现移动坐标轴，达到图形在四个象限完整显示形状的目的。以下代码将余弦函数显示在四个象限中，为了图形美观，增大了画布尺寸。

```
import matplotlib.pyplot as plt
import numpy as np
from matplotlib.ticker import AutoMinorLocator, MultipleLocator, FormatStr
Formatter

x=np.linspace(-5,5,100)
y=np.cos(x)
fig=plt.figure(figsize=(8,6))
ax=fig.add_subplot(111)
ax.set_xlim(-5,5)
ax.set_ylim(-1.5,1.5)
ax.xaxis.set_major_locator(MultipleLocator(1))
ax.yaxis.set_major_locator(MultipleLocator(1))
ax.xaxis.set_minor_locator(AutoMinorLocator(2))
ax.yaxis.set_minor_locator(AutoMinorLocator(5))
ax.xaxis.set_minor_formatter(FormatStrFormatter('%5.1f'))
```

```
ax.yaxis.set_minor_formatter(FormatStrFormatter('%5.1f'))
ax.tick_params(which='minor',length=5,width=1,labelsize=8,labelcolor='r')
ax.tick_params('y',which='major',length=8,width=1,labelsize=10,labelcolor='b')
ax.plot(x,y,lw=2)
ax.spines['right'].set_color('none')
ax.spines['top'].set_color('none')
ax.spines['bottom'].set_position(('data',0))
ax.spines['left'].set_position(('data',0))
ax.xaxis.set_ticks_position('bottom')
ax.yaxis.set_ticks_position('left')
ax.grid(ls=':',lw=0.8,color='b')
plt.show()
```

上述代码的运行结果如图 9-5 所示。

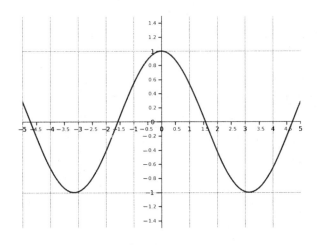

图9-5 移动坐标轴的位置

9.2 添加标题、图例和注释文本

好的图形需要给出恰当的标题、适当的注释及必要的图例，以方便阅读者理解图形的作用和每一部分的含义。

9.2.1 设置标题的展示样式

设置图形的标题可以通过 title() 函数实现，以下代码（斜体部分）使用蓝色 20 号楷体字为图 9-5 添加了标题。

```python
import matplotlib.pyplot as plt
import numpy as np
from matplotlib.ticker import AutoMinorLocator, MultipleLocator, FormatStr
Formatter

x=np.linspace(-5,5,100)
y=np.cos(x)
fig=plt.figure(figsize=(8,6))
ax=fig.add_subplot(111)
ax.set_xlim(-5,5)
ax.set_ylim(-1.5,1.5)
ax.xaxis.set_major_locator(MultipleLocator(1))
ax.yaxis.set_major_locator(MultipleLocator(1))
ax.xaxis.set_minor_locator(AutoMinorLocator(2))
ax.yaxis.set_minor_locator(AutoMinorLocator(5))
ax.xaxis.set_minor_formatter(FormatStrFormatter('%5.1f'))
ax.yaxis.set_minor_formatter(FormatStrFormatter('%5.1f'))
ax.tick_params(which='minor',length=5,width=1,labelsize=8,labelcolor='r')
ax.tick_params('y',which='major',length=8,width=1,labelsize=10,labelcolor='b')
ax.plot(x,y,lw=2)
ax.spines['right'].set_color('none')
ax.spines['top'].set_color('none')
ax.spines['bottom'].set_position(('data',0))
ax.spines['left'].set_position(('data',0))
ax.xaxis.set_ticks_position('bottom')
ax.yaxis.set_ticks_position('left')
ax.grid(ls=':',lw=0.8,color='b')
plt.title('余弦函数在[-5, 5]的图象', family='kaiti', size=20, color='b',
loc='right')
plt.show()
```

上述代码的运行结果如图 9-6 所示。

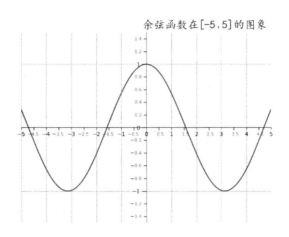

图9-6　为图9-5添加标题

需要注意的是，不论是标题、图例还是注释，显示中文时都需要指定字体名称（即 family 参数），否则将无法正常显示中文。在 Windows 操作系统中可使用以下方法查看中文字体名称。

步骤 1：打开"C:\Windows\Fonts"文件夹，其中显示了当前计算机中安装的字体，如图 9-7 所示。

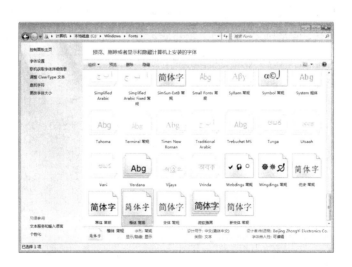

图9-7　查看当前计算机中安装的字体

步骤 2：选择合适的字体文件，单击右键，选择"属性"选项，在弹出的对话框中查看字体的属性，如图 9-8 所示。

图9-8 查看字体属性

步骤 3：图 9-8 中的"常规"选项卡中显示了字体名称，将其复制后粘贴到代码的 family 参数处即可显示中文字体。

9.2.2 设置图例的展示样式

图例是图形中各种符号和颜色所代表的内容与指标的说明，有助于我们更好地认识图形。为了展示图例的作用，在图 9-6 的基础上再绘制一条正弦曲线，并使用 legend() 函数为图形添加图例，以下代码（斜体部分）使用楷体字添加了图例，加下画线的代码用于绘制正弦曲线。

```
import matplotlib.pyplot as plt
import numpy as np
from matplotlib.ticker import AutoMinorLocator, MultipleLocator, FormatStr
Formatter

x=np.linspace(-5,5,100)
y=np.cos(x)
y1=np.sin(x)
elements=['正弦函数', '余弦函数']
fig=plt.figure(figsize=(8,6))
ax=fig.add_subplot(111)
ax.set_xlim(-5,5)
ax.set_ylim(-1.5,1.5)
ax.xaxis.set_major_locator(MultipleLocator(1))
ax.yaxis.set_major_locator(MultipleLocator(1))
ax.xaxis.set_minor_locator(AutoMinorLocator(2))
```

```
ax.yaxis.set_minor_locator(AutoMinorLocator(5))
ax.xaxis.set_minor_formatter(FormatStrFormatter('%5.1f'))
ax.yaxis.set_minor_formatter(FormatStrFormatter('%5.1f'))
ax.tick_params(which='minor',length=5,width=1,labelsize=8,labelcolor='r')
ax.tick_params('y',which='major',length=8,width=1,labelsize=10,labelcolor='b')
cosine, = ax.plot(x,y,lw=2)
sine, = ax.plot(x,y1,lw=4,ls='--')
ax.spines['right'].set_color('none')
ax.spines['top'].set_color('none')
ax.spines['bottom'].set_position(('data',0))
ax.spines['left'].set_position(('data',0))
ax.xaxis.set_ticks_position('bottom')
ax.yaxis.set_ticks_position('left')
ax.grid(ls=':',lw=0.8,color='b')
plt.title('正弦函数和余弦函数在[-5, 5]的图象', family='kaiti', size=20, color='b',
loc='left')
plt.legend([sine, cosine], elements, loc='best', prop={'family':'kaiti',
'size':12})
plt.show()
```

上述代码的运行结果如图 9-9 所示。

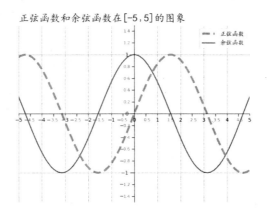

图9-9　为图9-6添加图例

9.2.3　添加注释文本

Matplotlib 的注释文本分为指向性注释和非指向性注释，它们分别使用 annotate() 函数和 text() 函数实现。以下代码（斜体部分）为图 9-9 添加了指向性注释和非指向性注释。

```
import matplotlib.pyplot as plt
import numpy as np
from matplotlib.ticker import AutoMinorLocator, MultipleLocator, FormatStr
Formatter

x=np.linspace(-5,5,100)
y=np.cos(x)
y1=np.sin(x)
elements=['正弦函数', '余弦函数']
fig=plt.figure(figsize=(8,6))
ax=fig.add_subplot(111)
ax.set_xlim(-5,5)
ax.set_ylim(-1.5,1.5)
ax.xaxis.set_major_locator(MultipleLocator(1))
ax.yaxis.set_major_locator(MultipleLocator(1))
ax.xaxis.set_minor_locator(AutoMinorLocator(2))
ax.yaxis.set_minor_locator(AutoMinorLocator(5))
ax.xaxis.set_minor_formatter(FormatStrFormatter('%5.1f'))
ax.yaxis.set_minor_formatter(FormatStrFormatter('%5.1f'))
ax.tick_params(which='minor',length=5,width=1,labelsize=8,labelcolor='r')
ax.tick_params('y',which='major',length=8,width=1,labelsize=10,labelcolor='b')
cosine, = ax.plot(x,y,lw=2)
sine, = ax.plot(x,y1,lw=4,ls='--')
ax.spines['right'].set_color('none')
ax.spines['top'].set_color('none')
ax.spines['bottom'].set_position(('data',0))
ax.spines['left'].set_position(('data',0))
ax.xaxis.set_ticks_position('bottom')
ax.yaxis.set_ticks_position('left')
ax.grid(ls=':',lw=0.8,color='b')
ax.annotate('y=sin(x)', xy=(2.5,0.6), xytext=(3.5,0.6), arrowprops=dict(arrowstyl
e='->', facecolor='black'))
ax.text(-2.1, 0.65, 'y=cos(x)', color='b', bbox=dict(facecolor='black',
alpha=0.2))
plt.title('正弦函数和余弦函数在[-5, 5]的图象', family='kaiti', size=20,
color='b', loc='left')
plt.legend([sine, cosine], elements, loc='best', prop={'family':'kaiti',
'size':12})
```

```
plt.show()
```

上述代码的运行结果如图 9-10 所示。

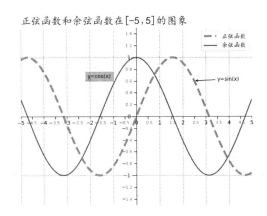

图9-10　为图9-9添加指向性注释和非指向性注释

annotate() 函数和 text() 函数都可以在图形上添加文本注释。二者的主要区别是 annotate() 可以使用 arrowprops 参数添加箭头，使用 xytext 参数添加文本，使用 xy 参数定位到图形的某个具体位置；text() 的第 1、第 2 个参数是注释文本左上角的坐标值。

9.3 设置线形和文本字体

9.1 节、9.2 节均以代码形式展示过图形中曲线相关属性的设置方法，本节将详细介绍线形和文本属性的设置方法。

9.3.1　设置线形样式

表 8-1 列出了常用的线形（linestyle）和标记（marker），以下代码分别绘制了这些线形和标记的样式，先来看常用的四种线形（点虚线、点画线、破折线、实直线）。

```
import matplotlib.pyplot as plt
import numpy as np


fig=plt.figure()
ax=fig.add_subplot(111)
linestyles=['-','--','-.',':']
```

```
x=np.arange(1,11,1)
y=np.linspace(1,1,10)
for i,ls in enumerate(linestyles):
    ax.text(0,i+0.5,"{}".format(ls),family='Arial',color='b',weight='black',si
ze=12)
    ax.plot(x,(i+0.5)*y,ls=ls,color='r',lw=3)
ax.set_xlim(-1,11)
ax.set_ylim(0,4.5)
ax.set_xticks([])
ax.set_yticks([])
plt.show()
```

上述代码的运行结果如图 9-11 所示。

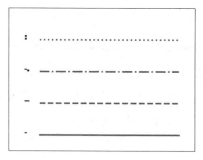

图9-11 常用的四种线形的例子

下面介绍常用标记的样式。

```
import matplotlib.pyplot as plt
import numpy as np

fig=plt.figure()
ax=fig.add_subplot(111)
linemarkernames=['. 点形',
        'o 圆圈',
        'v 向下的三角形',
        '^ 向上的三角形',
        '< 向左的三角形',
        '> 向右的三角形',
        's 正方形',
        'p 五边形',
        '* 星形',
```

```
         '+ +形',
         'x x形',
         '| 竖线',
         '_ 横线']
linemarkerstyles=['.','o','v','^','<','>','s','p','*','+','x','|','_']
x=np.arange(5,11,1)
y=np.linspace(1,1,6)
for i,marker in enumerate(linemarkerstyles):
    ax.text(0,i*1.8+1,linemarkernames[i],family='kaiti',color='b',weight=
'black',size=12)
    ax.plot(x,i*1.8*y+1,marker=marker,color='r',ls=':',lw=2,markersize=6)

ax.set_xlim(-1,11)
ax.set_ylim(0,24)
ax.margins(0.3)
ax.set_xticks([])
ax.set_yticks([])
plt.show()
```

上述代码的运行结果如图 9-12 所示。

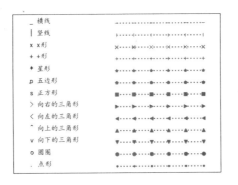

图9-12 常用标记的样式

9.3.2　设置文本属性和字体属性

简洁又有意义的文字是绘制一幅完美图形的必备元素。Matplotlib 中有众多函数都支持自定义
文本和字体属性，如 text()、xlabel()、ylabel()、title()、figtext() 等。文本和字体常用的属性、含义
和可能取值如表 9-1 所示。

表9-1 文本和字体常用的属性、含义和可能取值

属性参数	可能取值	含义
family	Arial、serif、kaiti…	字体名称或字体类型，可以使用字体列表，将按照顺序使用第一个匹配的字体
size/fontsize	9/10/11/12… 或 xx-small、x-small、small、medium、large、x-large、xx-large	字号大小
style/fontstyle	normal、italic、oblique	字体风格
variant	normal、small-caps	字体变体形式
weight/fontweight	0~1000 或 ultralight、light、normal、regular、book、medium、roman、semibold、demibold、demi、bold、heavy、extrabold、black	字体粗细程度

Arial、Tahoma 和 Verdana 三种字体的不同字号及斜体等显示效果的实现代码如下。

```python
import matplotlib.pyplot as plt

families=['arial','tahoma','verdana']
sizes=['xx-small','x-small','small','medium','large','x-large','xx-large']
styles=['normal','italic','oblique']
variants=['normal','small-caps']
weights=['light','normal','medium','roman','semibold','demibold','demi',
'bold',  'heavy','extra bold','black']

fig=plt.figure()
ax=fig.add_subplot(111)
ax.set_xlim(0,9)
ax.set_ylim(0,100)

y=0
size=sizes[0]
style=styles[0]
weight=weights[0]
variant=variants[0]
```

```
for family in families:
    x=0
    y=y+6
    for size in sizes:
        y=y+4
        sample=family+' '+size
        ax.text(x,y,sample,family=family,size=size,style=style,weight
=weight)

y=0
family=families[0]
size=sizes[4]
variant=variant[0]
for weight in weights:
    x=5
    y=y+0.5
    for style in styles:
        y=y+3
        sample=weight+' '+style
        ax.text(x,y,sample,family=family,size=size,style=style,weight=
weight)

ax.set_axis_off()
plt.show()
```

上述代码的运行结果如图 9-13 所示。

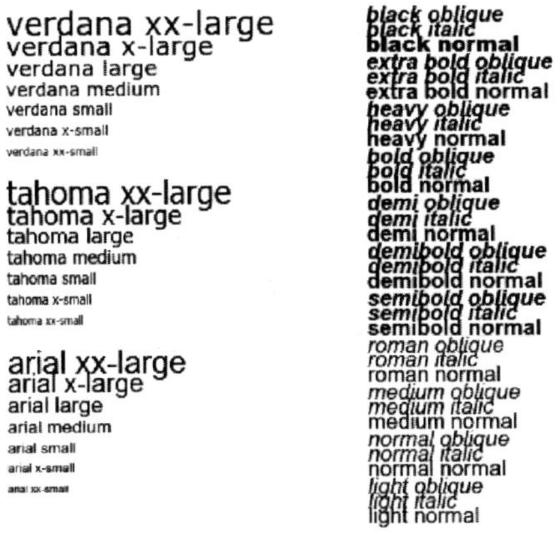

图9-13　Arial、Tahoma和Verdana三种字体的不同字号及斜体等显示效果

Python 共有 3 种设置文字属性的方法。

（1）对每个函数的每个参数单独指定取值，确定字体、字号、颜色等效果。

（2）使用字典存储字体、字号、颜色等属性和取值，作为函数的关键字参数传入。9.2.3 节图形绘制代码中的 annotate() 和 text() 函数即采用了字典方式设置箭头和阴影效果。

（3）通过调整属性字典 rcParams 中的字体、字号、颜色等属性值实现。

以下代码为图形中的文字指定了共同的字体、字号和颜色，为曲线指定了共同的线形和宽度。

```
import matplotlib.pyplot as plt
import numpy as np
from matplotlib.ticker import AutoMinorLocator, MultipleLocator, FormatStr
Formatter

x=np.linspace(-5,5,100)
y=np.cos(x)
y1=np.sin(x)
elements=['正弦函数', '余弦函数']
fig=plt.figure(figsize=(8,6))
ax=fig.add_subplot(111)
plt.rcParams['lines.linewidth']=2
plt.rcParams['lines.linestyle']='-'
plt.rcParams['font.family']='kaiti'
plt.rcParams['font.style']='normal'
plt.rcParams['font.weight']='black'
plt.rcParams['font.size']=14
plt.rcParams['text.color']='black'
ax.set_xlim(-5,5)
ax.set_ylim(-1.5,1.5)
ax.xaxis.set_major_locator(MultipleLocator(1))
ax.yaxis.set_major_locator(MultipleLocator(1))
ax.xaxis.set_major_formatter(FormatStrFormatter('%5.1f'))
ax.yaxis.set_major_formatter(FormatStrFormatter('%5.1f'))
ax.xaxis.set_minor_locator(AutoMinorLocator(2))
ax.yaxis.set_minor_locator(AutoMinorLocator(5))
ax.xaxis.set_minor_formatter(FormatStrFormatter('%5.1f'))
ax.yaxis.set_minor_formatter(FormatStrFormatter('%5.1f'))
ax.tick_params(which='minor',length=5,width=1,labelsize=8,labelcolor='r')
ax.tick_params('y',which='major',length=8,width=1,labelsize=10,labelcolor='b')
cosine, = ax.plot(x,y)
```

```
sine, = ax.plot(x,y1)
ax.spines['right'].set_color('none')
ax.spines['top'].set_color('none')
ax.spines['bottom'].set_position(('data',0))
ax.spines['left'].set_position(('data',0))
ax.xaxis.set_ticks_position('bottom')
ax.yaxis.set_ticks_position('left')
ax.grid(ls=':',lw=0.8,color='b')
ax.annotate('y=sin(x)', xy=(2.5,0.6), xytext=(3.5,0.6), arrowprops=dict
(arrowstyle='->', facecolor='black'))
ax.text(-2.1, 0.65, 'y=cos(x)', bbox=dict(facecolor='black', alpha=0.2))
plt.title(u'正弦函数和余弦函数在[-5, 5]的图象', loc='left')
plt.legend([sine, cosine], elements, loc='best')
plt.show()
```

上述代码运行的结果如图 9-14 所示。

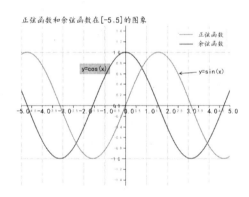

图9-14　使用属性字典rcParams调整文字和曲线属性

需要注意的是，采用第 3 种方法的话汉字有可能会出现乱码或无法正常显示的情况，此时需要修改 Matplotlib 的配置文件。

步骤 1：在 Lib/site-packages/matplotlib/mpl-data 目录下找到 Matplotlibrc 并打开，查找以下代码。

```
#axes.unicode_minus  : True
```

修改为

```
axes.unicode_minus  : false
```

保存后进入 Python 终端，执行以下代码。

```
from matplotlib.font_manager import _rebuild

_rebuild()
```

步骤 2：执行绘图代码，即可正常显示汉字。

事实上这 3 种方法不但可以用来设置文字属性，还可以运用到绘制图形的函数中。

9.4 使用颜色

使用多种颜色便于加深用户对数据可视化后的图形的理解，而且同一个图形中的不同维度、不同参数也能更直观地显示出来。

9.4.1 使用颜色参数

本书绘制的图形示例基本上都采用了颜色参数，使用颜色参数传入色彩值有 3 种方法。

（1）使用色彩的英文单词，其中常用颜色可以使用单字母缩写，如表 9-2 所示。

表9-2 常用颜色及其单字母缩写

颜色	英文单词	单字母缩写
白色	white	w
黑色	black	k
黄色	yellow	y
绿色	green	g
青色	cyan	c
红色	red	r
蓝色	blue	b
洋红色	maroon	m
浅绿色	lightgreen	
天蓝色	skyblue	
粉红色	pink	
紫色	purple	

（2）使用 16 进制 RGB 字符串，不用区分大小写，如 #8e3e1f 表示栗色、#f2eada 表示象牙色等。

（3）使用 RGB 或 RGBA 数字元组，表示每一个元素的取值范围为 0 ~ 1，如 (0.6, 0.3, 0.7, 0.8) 等。

以下代码选取了上述颜色中的 6 种来绘制直线。

```
import matplotlib.pyplot as plt
import numpy as np


fig=plt.figure()
```

```
ax=fig.add_subplot(111)
colors=['k','lightgreen','skyblue','#8e3e1f','#f2eada',(0.6, 0.3, 0.7, 0.8)]
x=np.arange(3,13,1)
y=np.linspace(1,1,10)
for i,color in enumerate(colors):
    ax.text(0,i+0.2,"{}".format(color),family='Arial',color='b',size=8)
    ax.plot(x,(i+0.2)*y,ls='-',color=color,lw=6)
ax.set_xlim(-1,12)
ax.set_ylim(0,5.5)
ax.set_xticks([])
ax.set_yticks([])
plt.show()
```

上述代码的运行结果如图 9-15 所示。

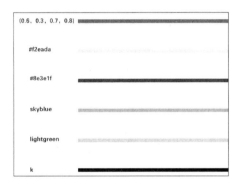

图9-15 使用颜色参数设置颜色的3种方法

9.4.2　使用色彩映射和添加颜色标尺

色彩映射是将不同亮度映射到不同色彩的操作，使用色彩映射可以重新调整图像，使其在新的颜色空间中显示。可以在 image()、pcolor() 和 scatter() 等函数上使用色彩映射。常用的色彩映射分为以下 3 类。

（1）Sequential：同一颜色从低饱和度过渡到高饱和度的单色色彩映射，如 Greys、Oranges、PuBuGn、autumn、winter 等。

（2）Diverging：从中间的明亮颜色过渡到两个不同颜色范围的方向上，如 PiYG、RdYlBu、Spectral 等。

（3）Qualitative：颜色反差较大，便于不同种类数据的直观区分，如 Accent、Paired 等。

所有的色彩映射都可以通过增加后缀 "_r" 来获取反向色彩映射。

　　以下分别对示例图片应用了 winter、RdYlBu 和 Accent 这 3 种色彩映射，首先来看原图。

```
import scipy.misc
import matplotlib.pyplot as plt

plt.imshow(scipy.misc.ascent())
plt.show()
```

　　上述代码的运行结果如图 9-16 所示。

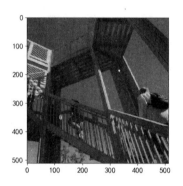

图9-16 示例图片原图

　　应用 winter 色彩映射，代码如下。

```
import scipy.misc
import matplotlib as mpl
import matplotlib.pyplot as plt

plt.imshow(scipy.misc.ascent(), cmap=mpl.cm.winter)
plt.show()
```

　　上述代码的运行结果如图 9-17 所示。

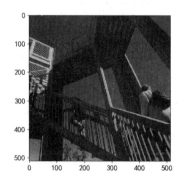

图9-17 对示例图片应用winter色彩映射的效果

应用 RdYlBu 色彩映射，代码如下。

```
import scipy.misc
import matplotlib as mpl
import matplotlib.pyplot as plt

plt.imshow(scipy.misc.ascent(), cmap=mpl.cm.RdYlBu)
plt.show()
```

上述代码的运行结果如图 9-18 所示。

图9-18 对示例图片应用RdYlBu色彩映射的效果

应用 Accent 色彩映射，代码如下。

```
import scipy.misc
import matplotlib as mpl
import matplotlib.pyplot as plt

plt.imshow(scipy.misc.ascent(), cmap=mpl.cm.Accent)
plt.show()
```

上述代码的运行结果如图 9-19 所示。

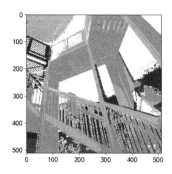

图9-19 对示例图片应用Accent色彩映射的效果

通过使用色彩映射，可以为图像添加颜色标尺，以下代码使用 colorbar() 函数为应用了灰度映射的示例图片添加了颜色标尺。

```
import scipy.misc
import matplotlib as mpl
import matplotlib.pyplot as plt

plt.imshow(scipy.misc.ascent(), cmap=mpl.cm.gray)
plt.colorbar()
plt.show()
```

上述代码的运行结果如图 9-20 所示。

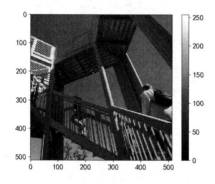

图9-20 对示例图片应用灰度映射并添加颜色标尺

9.5 划分画布

画布就是绘制和显示图形的区域。将画布划分为若干子区，目的是能更好地利用画布空间，实现在一张画布中绘制多个图形，以提高查看效率。

subplots() 函数用于将画布划分为网格状的若干子区，其原型如下。

```
subplots(nrows, ncols, **kwargs)
```

其中主要参数含义如下。

（1）nrows：划分后网格的行数。

（2）ncols：划分后网格的列数。

也可以使用 subplot() 函数直接定位到划分后的子区，其原型如下。

```
subplot(nrows, ncols, index, **kwargs)
```

其中主要参数含义如下。

（1）nrows：划分后网格的行数。

（2）ncols：划分后网格的列数。

（3）index：划分后子区的序号。子区序号按子区在画布中位置从左到右、从上到下的顺序，从 1 开始递增。例如，subplot(2, 3, 4) 表示第 2 行第 1 个子区（总第 4 个）。

以下代码将图 9-16、图 9-17、图 9-18 和图 9-19 绘制在一张画布的四个子区中。

```
import scipy.misc
import matplotlib.pyplot as plt

fig, ax=plt.subplots(2,2)
ax[0,0].imshow(scipy.misc.ascent())
ax[0,1].imshow(scipy.misc.ascent(), cmap=mpl.cm.winter)
ax[1,0].imshow(scipy.misc.ascent(), cmap=mpl.cm.RdYlBu)
ax[1,1].imshow(scipy.misc.ascent(), cmap=mpl.cm.Accent)
plt.show()
```

上述代码的运行结果如图 9-21 所示。

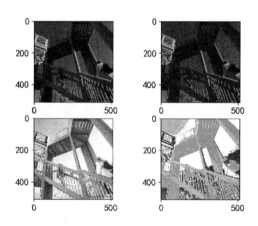

图9-21 将图9-16、图9-17、图9-18和图9-19绘制在一张画布的四个子区中

★新手问答★

01. 设置文字和曲线属性的三种方法有什么区别和联系？

答：这三种方法均可设置文字和曲线的属性参数。第一种方法最直观、灵活性也最强，可以为每个函数调用指定参数和取值；第二种方法可以复用属性设置，为需要设置相同文字和曲线属性的函数传入同一个字典；第三种方法需要做一些准备工作，但可以一劳永逸地设置当前绘图代码中的所有参数。这三种方法同时使用时，第一种方法的优先级高于第二、第三种方法。

02. subplots()和subplot()函数的区别是什么？

答：subplots() 函数生成指定行列数的网格，返回画布和子区集合，可以通过二维下标访问某个特定子区。subplot() 函数则是按照参数将画布划分为指定行列数的网格，并返回指定的子区。

★小试牛刀★

案例任务

根据本章知识点，美化和修饰第 8 章【小试牛刀】得到的图形。

技术解析

第 8 章【小试牛刀】案例的实现结果是，选择了图书的评论数、折后价与原价、折扣率及出版日期并绘制了折线图。图 8-27 使用不同颜色绘制了折线图，并对横纵坐标轴做了简单标识。在此基础上，本案例的任务如下。

（1）添加图形总标题。

（2）为每一幅图形分别添加小标题。

（3）为折线图上的每一个拐点标出具体数值。

（4）为【折后价、原价】图形添加图例。

编码实现

参考代码如下。

```python
import pandas as pd
from pandas.plotting import register_matplotlib_converters
import numpy as np
import matplotlib.dates as mdates
import matplotlib.mlab as mlab
from matplotlib.ticker import AutoMinorLocator, MultipleLocator, FormatStrFormatter
from matplotlib.font_manager import FontProperties
import matplotlib.pyplot as plt
from datetime import datetime

register_matplotlib_converters()
font_song = FontProperties(fname=r"c:\windows\fonts\simsun.ttc", size=12)
plt.figure(figsize=(20, 15))

book_list = pd.read_csv('chap7.csv', sep=',')
book_list['discount_rate']=book_list['price_discount']/book_list['price_original']
```

```
plt.suptitle('当当网【图书畅销榜】【总榜】【第一页】【近七日】的图书评论数、价格、
折扣率和出版日期对比折线图', family='simhei', size=24, color='b')

x=book_list['rank']
ax1 = plt.subplot(221)
y1=book_list['comment']
ax1.xaxis.set_major_locator(MultipleLocator(1))
for a, b in zip(x, y1):
    plt.text(a, b, '%2d'%b, ha='center', va='bottom', fontsize=10, color='red')
ax1.plot(x,y1,'bD-')
ax1.set_title('评论数对比折线图', family='kaiti', size=16)

ax2 = plt.subplot(222)
y2=book_list['price_discount']
y3=book_list['price_original']
ax2.xaxis.set_major_locator(MultipleLocator(1))
ax2.yaxis.set_major_locator(MultipleLocator(100))
ax2.yaxis.set_minor_locator(MultipleLocator(10))
for a, b in zip(x, y2):
    plt.text(a, b, '%2.1f'%b, ha='center', va='top', fontsize=10, color='red')
for a, b in zip(x, y3):
    plt.text(a, b, '%2.1f'%b, ha='center', va='bottom', fontsize=10, color='red')
ax2.plot(x,y2,'r^-',label='折扣价')
ax2.plot(x,y3,'gH-',label='原价')
plt.legend(prop=font_song)
ax2.set_title('价格（折扣价、原价）对比折线图', family='kaiti', size=16)

ax3 = plt.subplot(223)
y4=(book_list['discount_rate']*100).round(1)
ax3.xaxis.set_major_locator(MultipleLocator(1))
ax3.yaxis.set_major_locator(MultipleLocator(10))
ax3.yaxis.set_minor_locator(MultipleLocator(5))
ax3.yaxis.set_major_formatter(FormatStrFormatter('%2d%%'))
for a, b in zip(x, y4):
    plt.text(a, b, '%2d%%'%b, ha='center', va='bottom', fontsize=10, color='red')
ax3.plot(x,y4,'ks-')
ax3.set_title('折扣率（折扣价/原价）对比折线图', family='kaiti', size=16)
```

```
ax4 = plt.subplot(224)
y5=[datetime.strptime(d, '%Y-%m-%d').date() for d in book_list['publish_date']]
ax4.xaxis.set_major_locator(MultipleLocator(1))
ax4.yaxis.set_minor_locator(mdates.YearLocator())
for a, b in zip(x, y5):
    plt.text(a, b, b, ha='center', va='bottom', fontsize=10, color='red')
ax4.plot(x,y5,'m4-')
ax4.set_title('出版日期对比折线图', family='kaiti', size=16)

plt.show()
```

上述代码的运行结果如图 9-22 所示。

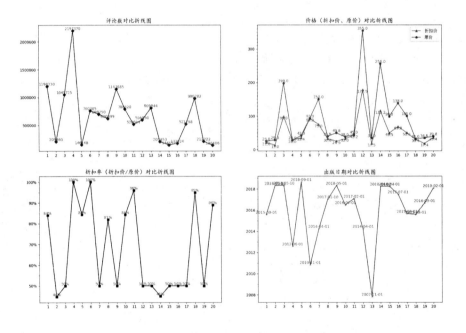

图9-22 美化和修饰第8章【小试牛刀】得到的图形

本章小结

本章在第 8 章的基础上介绍了使用 Matplotlib 美化和修饰图形的基本操作，读者在掌握本章知识的基础上，可对使用 Matplotlib 绘制的各类图形进行美化和修饰调整，使图形更美观、更直观。

第10章

大蟒神通之三：数据可视化之3D 图形应用

本章导读

在学习了使用Matplotlib绘制二维图形后，本章将主要介绍使用mplot3d绘制3D（三维）图形，以及使用Matplotlib制作简单的动画图形。

知识要点

读者学习完本章内容后能掌握以下知识技能：

● 使用mplot3d绘制3D柱状图、3D直方图和3D曲面图的方法

● 使用Matplotlib制作简单动画图形的方法

10.1 创建3D可视化图表

与二维图形相比，3D 图形增加了一个表示纵深的坐标轴，相当于把横轴和纵轴在纵深方向上做了旋转。使用 mpl_toolkits.mplot3d.Axes3D 将增加名为 Axes3D 的坐标轴表示纵深，同时需要指定 xs、ys、zs 和 zdir 等参数，其含义如下。

（1）xs、ys、zs：横轴、纵轴、深轴。

（2）zdir：作为深轴的坐标轴，一般是 zs。

其中 xs、ys 和 zs 并不是固定表示横轴、纵轴、深轴的含义，可根据具体情况定义其含义。

10.1.1 3D柱状图和3D直方图

二维柱状图和直方图可以展示同一系列数据的趋势，为了同时展示和比较多个系列的数据，可以选择使用 3D 柱状图和直方图。以下代码在纵深方向的 3 排横轴的每一排上都绘制了 8 根柱形。

```python
import random
import numpy as np
import matplotlib.pyplot as plt
import matplotlib.dates as mdates
from mpl_toolkits.mplot3d import Axes3D

fig = plt.figure()
ax = fig.add_subplot(111, projection='3d')
for z in range(1, 4):
    xs = range(1, 9)
    ys = 10 * np.random.rand(8)
    color = plt.cm.plasma(random.choice(range(plt.cm.plasma.N)))
    ax.bar(xs, ys, zs=z, zdir='y', color=color)
plt.show()
```

其中 projection='3d' 表明将图形显示为 3D 效果，上述代码的运行结果如图 10-1 所示。

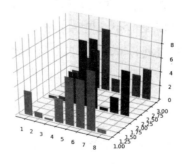

图10-1 3D柱状图的例子

为了演示 zdir 不同取值达到的不同效果，将 zdir 分别设置为 z 和 x，运行结果如图 10-2 和图 10-3 所示。

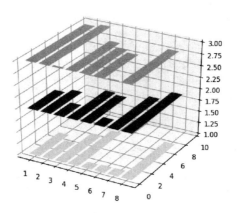

图10-2　zdir设置为z的效果

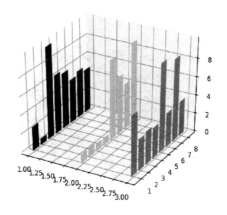

图10-3　zdir设置为x的效果

事实上，从图形及对应的坐标轴刻度上可以看出，zdir 的取值仅仅改变了观察图形的角度，并没有改变图形本身与坐标轴的关系。

3D 直方图能够同时显示多个维度数据的区别和联系。结合第 8 章绘制直方图的方法，可以使用 bar3d() 函数绘制 3D 直方图，以下代码绘制了一个 3D 直方图。

```
import matplotlib.pyplot as plt
import numpy as np
from mpl_toolkits.mplot3d import Axes3D
```

```
np.random.seed(20190415)
fig = plt.figure()
ax = fig.add_subplot(111, projection='3d')
x, y = np.random.rand(2, 100) * 4
hist, xedges, yedges = np.histogram2d(x, y, bins=4, range=[[0, 4], [0, 4]])
xpos, ypos = np.meshgrid(xedges[:-1] + 0.25, yedges[:-1] + 0.25, indexing="ij")
xpos = xpos.ravel()
ypos = ypos.ravel()
zpos = 0
dx = dy = 0.5 * np.ones_like(zpos)
dz = hist.ravel()
ax.bar3d(xpos, ypos, zpos, dx, dy, dz, color='lightgreen', zsort='average')
plt.show()
```

上述代码的运行结果如图 10-4 所示。

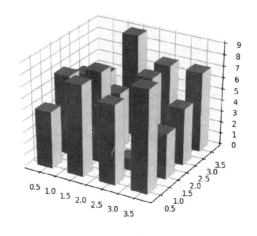

图10-4 3D直方图的例子

10.1.2 3D线框图、3D曲面图和3D三翼面图

相对于二维图形，有些图形只能绘制于三维坐标系下，本节将介绍只能在三维坐标系中绘制的 3D 线框图、3D 曲面图和 3D 三翼面图。

线框图是采用直线和曲线对真实世界对象的一种骨架表示。线框由物体上两个数学上连续光滑的表面相交生成或者用直线或曲线连接物体顶点得到，通过绘制每一条边，即可将物体映射为线框图。以下代码使用 plot_wireframe() 函数绘制了一个 3D 线框图。

```
from mpl_toolkits.mplot3d import axes3d
import matplotlib.pyplot as plt

fig = plt.figure()
ax = fig.add_subplot(111, projection='3d')
X, Y, Z = axes3d.get_test_data(0.04)
ax.plot_wireframe(X, Y, Z, rstride=10, cstride=10)
plt.show()
```

上述代码的运行结果如图 10-5 所示。

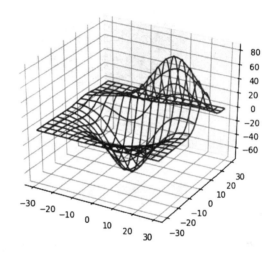

图10-5 3D线框图的例子

3D 曲面图和 3D 三翼面图则用于绘制复杂函数的图形，以下代码使用 plot_surface() 函数绘制了一个 3D 帽形曲面。

```
import matplotlib.pyplot as plt
import numpy as np
from mpl_toolkits.mplot3d import Axes3D

fig = plt.figure()
ax = fig.add_subplot(111, projection='3d')
r = np.linspace(0, 1.25, 50)
p = np.linspace(0, 2*np.pi, 50)
R, P = np.meshgrid(r, p)
Z = ((R**2 - 1)**2)
```

```
X, Y = R*np.cos(P), R*np.sin(P)
ax.plot_surface(X, Y, Z, cmap=plt.cm.YlGnBu_r)
plt.show()
```

上述代码的运行结果如图 10-6 所示。

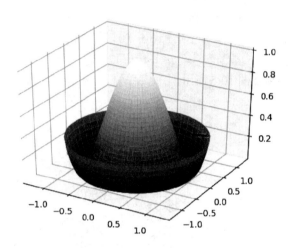

图10-6 3D曲面图的例子

以下代码使用 plot_trisurf() 函数绘制了一个 "莫比乌斯环" 的 3D 三翼面图。

```
import numpy as np
import matplotlib.pyplot as plt
import matplotlib.tri as mtri
from mpl_toolkits.mplot3d import Axes3D

fig = plt.figure()
u = np.linspace(0, 2.0 * np.pi, endpoint=True, num=50)
v = np.linspace(-0.5, 0.5, endpoint=True, num=10)
u, v = np.meshgrid(u, v)
u, v = u.flatten(), v.flatten()
x = (1 + 0.5 * v * np.cos(u / 2.0)) * np.cos(u)
y = (1 + 0.5 * v * np.cos(u / 2.0)) * np.sin(u)
z = 0.5 * v * np.sin(u / 2.0)
tri = mtri.Triangulation(u, v)
ax = fig.add_subplot(111, projection='3d')
ax.plot_trisurf(x, y, z, triangles=tri.triangles, cmap=plt.cm.Spectral)
```

```
ax.set_zlim(-1, 1)
plt.show()
```

上述代码的运行结果如图 10-7 所示。

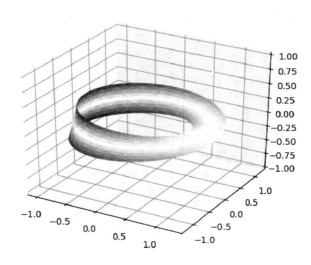

图10-7　使用plot_trisurf()函数绘制3D三翼面图的例子

10.2 使用Matplotlib创建动画

有些复杂的函数即使绘制成图形也很难看出自变量发生变化时因变量的变化情况，当自变量和因变量数目不止一个时就更加难以看出两者之间的变化关系了。因此，使用 Matplotlib 的动画框架让图形动起来，就可以将这种变化变得直观和容易理解。

Matplotlib 中动画框架的主要类是 matplotlib.animation.Animation，其派生了几个子类专门用于绘制动画，如表 10-1 所示。

表10-1　matplotlib.animation.Animation的派生类

类名	用途
FuncAnimation	通过反复调用同一个函数生成动画
ArtistAnimation	使用固定的Artist对象集合成动画

以下代码使用 FuncAnimation 类生成了正弦函数的动画图像。

```
from matplotlib import pyplot as plt
```

```
from matplotlib import animation
import numpy as np

fig, ax = plt.subplots()
x = np.arange(0, 2*np.pi, 0.01)
line, = ax.plot(x, np.sin(x))
def animate(i):
    line.set_ydata(np.sin(x + i/10.0))
    return line,

def init():
    line.set_ydata(np.sin(x))
    return line,

ani = animation.FuncAnimation(fig=fig, func=animate, frames=100, init_func=init,
interval=20, blit=False)
plt.show()
```

运行上述代码将生成不断向左运动的正弦函数图像，如图 10-8 所示。

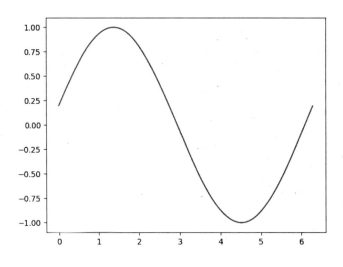

图10-8 使用FuncAnimation类生成正弦函数的动画图像

生成的动画可以保存为视频文件，因此需要安装 ffmpeg 编码器。从 "https://ffmpeg.zeranoe. com/builds/" 下载适合本机的编码器文件包并解压。以 64 位 Windows 7 SP1 系统为例，下载 ffmpeg-20190430-19af948-win64-static.zip，解压得到 ffmpeg.exe，将其放到当前 Python 程序所在的目录下，

然后对上述程序稍作修改（斜体部分）。

```
from matplotlib import pyplot as plt
from matplotlib import animation
import numpy as np

fig, ax = plt.subplots()
x = np.arange(0, 2*np.pi, 0.01)
line, = ax.plot(x, np.sin(x))
def animate(i):
    line.set_ydata(np.sin(x + i/10.0))
    return line,

def init():
    line.set_ydata(np.sin(x))
    return line,

ani = animation.FuncAnimation(fig=fig, func=animate, frames=100, init_func=init,
interval=20, blit=False)
ani.save('Sin(x).mp4', fps=30, extra_args=['-vcodec', 'libx264'], writer=
'ffmpeg_file')
```

上述代码运行后将生成一个名为"Sin(x).mp4"的视频文件，如图 10-9 所示。

Sin(x)

图10-9　生成的Sin(x).mp4视频文件

★新手问答★

01. 什么类型的数据适合使用3D图展示？

答：数据可视化的目的在于清晰、明确地表达信息，一份适合使用 3D 图展示的数据应当至少具有三个维度，如汽车自动化、航空、地理等自带 3D 坐标的数据。少于三个维度的数据难以在 3D 图中表达其本意；当太多的维度无法一次性完全表达清楚时，可以选取其中最关注的三个维度，将其绘制在 3D 图中。

02. 除了mplot3d，还有哪些Python库可以绘制3D图形?

答：Python 语言支持多种图形库，以下是一些可以用于绘制 3D 图形的库。

（1）VTK：一个开源的免费软件系统，主要用于三维计算机图形学、图像处理和可视化。

（2）Mayavi：一个方便实用的可视化软件，可以使用 Python 编写扩展嵌入到用户编写的 Python 程序中，或者直接使用其面向脚本的 mlab API 快速绘制三维图。

（3）Visual：Python 的一个简单易用的 3D 图形库，可以快速创建 3D 场景、动画，适用于创建交互式的 3D 场景。

★小试牛刀★

案例任务

选择适当的图形，使用正确的 Matplotlib 函数将第 7 章【小试牛刀】得到的部分数据绘制成 3D 图形。

技术解析

根据第 7 章【小试牛刀】采集的数据，从图 8-27 和图 9-22 可见，图书的折后价、原价和折扣率三项指标存在一定的关联关系，可以将这三项指标绘制在同一 3D 图形中，直观地对比其区别和联系。为了清楚地展现数据，将折后价、原价绘制为折线图，将折扣率绘制为柱状图。

编码实现

参考代码如下。

```
import random
import pandas as pd
from datetime import datetime
from pandas.plotting import register_matplotlib_converters
from matplotlib.ticker import AutoMinorLocator, MultipleLocator, FormatStr
Formatter
from matplotlib.font_manager import FontProperties
import matplotlib.pyplot as plt
from mpl_toolkits.mplot3d import Axes3D

register_matplotlib_converters()
font_song = FontProperties(fname=r"c:\windows\fonts\simsun.ttc", size=10)
fig = plt.figure(figsize=(10, 7.5))

book_list = pd.read_csv('chap7.csv', sep=',')
```

```
book_list['discount_rate']=book_list['price_discount']/book_list['price_
original']
plt.suptitle('当当网【图书畅销榜】【总榜】【第一页】【近七日】的价格和折扣率对比',
family='simhei', size=18, color='b')

x=book_list['rank']
ax = fig.add_subplot(111, projection='3d')
ax.xaxis.set_major_locator(MultipleLocator(1))
ax.yaxis.set_major_locator(MultipleLocator(1))
ax.set_xlim(1, 20)
ax.set_ylim(0.5, 2.5)
ax.plot(x, book_list['price_discount'], zs=[1], zdir='y', label='折扣价')
ax.plot(x, book_list['price_original'], zs=[1], zdir='y', label='原价')
ax.bar(x, (book_list['discount_rate']*100).round(1), zs=[2], zdir='y')

ax.set_xlabel('书籍排名', family='kaiti', size=16)
ax.set_ylabel('价格和折扣率', family='kaiti', size=16)

plt.legend(prop=font_song)
plt.show()
```

上述代码的运行结果如图 10-10 所示。

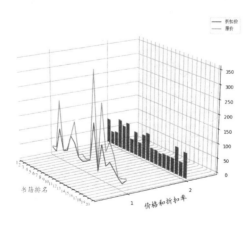

图10-10 将第7章【小试牛刀】得到的部分数据绘制成3D图形

本章小结

3D 图形具有立体化、直观性更强的特点。本章重点介绍了使用 mplot3d 绘制 3D 图形和使用 Matplotlib 制作简单动画图形的方法，读者可根据需要，结合本章和第 9 章相关内容绘制各类 3D 图形。

第11章

大蟒神通之四：图像处理

本章导读

本章主要介绍使用Python Imaging Library（PIL）处理图像和生成
CAPTCHA图像的方法，用户可基于PIL对图像文件进行加工处理。

知识要点

读者学习完本章内容后能掌握以下知识技能：

- 使用PIL批量处理图像文件的方法
- 使用PIL生成CAPTCHA图像的方法

11.1 使用Python Imaging Library处理图像

Python Imaging Library（PIL）支持常见的图像格式，常用于操作二维像素点、线、文字，以及对现有图片进行缩放、变形、通道处理，可以实现创建缩略图、转换文件格式、打印图像、转换图片编码格式、比较图片差异等操作。

PIL 包括若干模块，分别具备图像文件操作、绘图、颜色管理、字体管理等功能，其主要模块及其功能如表 11-1 所示。

表11-1 PIL主要模块及其功能

模块	用途
Image	提供一个与模块同名的类，用来表示一个PIL图像。这个模块同时提供一些工厂函数，包括从文件读取图像的函数及创建新图像的函数
ImageChops	包含许多算术图像操作，称为通道操作（chops），可用于特殊效果、图像合成、算法绘画等
ImageColor	包含从CSS3样式颜色说明符到RGB元组的颜色表和转换器，此模块由Image.new和ImageDraw等模块使用
ImageDraw	为Image对象提供简单的2D图形，可以使用此模块创建新图像、添加注释或润饰现有图像，以及动态生成图形以供Web使用
ImageEnhance	包含许多可用于图像增强的类
ImageFile	为图像的"打开"和"保存"功能提供支持。它提供了一个Parser类，可以用于逐个解码图像。此类实现与标准sgmllib模块和xmllib模块使用相同的接口
ImageFileIO	可以用来从套接字或者任何其他流设备读取图像。这个模块已被废弃，可使用ImageFile模块提供的Parser类来代替
ImageFilter	包含预定义过滤器集的定义，可以与Image类的过滤器方法结合使用
ImageFont	定义了一个与模块同名的类，此类的实例存储位图字体，并与ImageDraw类的text方法一起使用。PIL使用自己的字体文件格式来存储位图字体，可以使用pilfont程序将BDF和PCF字体描述符（X Window字体格式）转换为此格式
ImageGrab	可用于将屏幕或剪贴板的内容复制到PIL图像存储器。当前版本仅适用于Windows
ImageOps	包含许多开箱即用的图像处理操作。这是一个实验性模块，大多数操作员只能处理L和RGB图像
ImagePath	用来存储和操作二维向量数据，路径对象可以被传到ImageDraw模块的方法中
ImagePalette	定义或转换图像的调色板模式
ImageSequence	创建一个图像序列的包装类，用于循环遍历一个序列中的所有帧
ImageStat	计算图像或图像区域的全局统计数据
ImageTk	包含对创建和修改Tkinter BitmapImage和PhotoImage对象的支持
ImageWin	包含对在Windows上创建和显示图像的支持，可以与PythonWin及提供对Windows设备上下文访问的其他用户界面工具包一起使用
PSDraw	为Postscript打印机提供简单的打印支持，可以通过此模块打印文本、图形和图像

280

续表

模块	用途
ImageCrackCode	用于检测和测量图像中的要素，该模块仅适用于PIL Plus软件包
ImageMath	用来计算图像表达式，该模块仅适用于PIL Plus软件包

以下代码引入了 Image 模块，打开图 11-1 所示的名为 test.jpg 的图像文件，获取其基本信息。

图11-1 示例图片，宽1024像素，高768像素，JPG格式

```
from PIL import Image

im=Image.open('test.jpg')
print(im.width)
print(im.height)
print(im.mode)
```

上述代码的运行结果如图 11-2 所示。

图11-2 获取图像的宽、高和模式信息

在此基础上，以下代码调整了示例图片的大小及提高了 20% 的图片质量，并重新保存。

```
from PIL import Image

im=Image.open('test.jpg')
im=im.resize((256, 256))
im.save(os.getcwd()+'/test1.jpg', 'JPEG', quality = 20)
```

上述代码运行后生成的图片如图 11-3 所示。

图11-3 调整尺寸大小后，图像的宽、高都为256像素，其质量也发生了变化

在保存时还可以改变图像文件格式，以下代码将图 11-1 调整大小后，使用 PNG 格式进行存储。

```
from PIL import Image

im=Image.open('test.jpg')
im=im.resize((320, 240))
im.save(os.getcwd()+'/test1.png', 'PNG', quality = 96)
```

上述代码的运行结果如图 11-4 所示。

图11-4 调整尺寸大小并存储为PNG格式

加上循环功能，即可实现为当前目录下的所有图片文件生成指定尺寸的缩略图，代码如下。

```
import os, sys
from PIL import Image

size = 128, 128
for infile in os.listdir(os.getcwd()):
    outfile = os.path.splitext(infile)[0] + "_thumbnail.jpg"
    if infile != outfile:
        try:
            im = Image.open(infile)
            im.thumbnail(size)
```

```
        im.save(outfile, "JPEG")
except IOError:
        print(infile+'无法创建缩略图')
```

上述代码的运行结果如图 11-5 所示。

```
管理员：命令提示符 - python
C:\Users\Administrator\.spyder-py3\U>python
Python 3.7.2 (tags/v3.7.2:9a3ffc0492, Dec 23 2018, 23:09:28) [MSC v.1916 64 bit
(AMD64)] on win32
Type "help", "copyright", "credits" or "license" for more information.
>>> import os, sys
>>> from PIL import Image
>>>
>>> size = 128, 128
>>> for infile in os.listdir(os.getcwd()):
...     outfile = os.path.splitext(infile)[0] + "_thumbnail.jpg"
...     if infile != outfile:
...         try:
...             im = Image.open(infile)
...             im.thumbnail(size)
...             im.save(outfile, "JPEG")
...         except IOError:
...             print(infile+'无法创建缩略图')
...
Chap10.py无法创建缩略图
Chap11.py无法创建缩略图
Chap5.py无法创建缩略图
Chap8.py无法创建缩略图
Chap9.py无法创建缩略图
ffmpeg.exe无法创建缩略图
Sin(x).mp4无法创建缩略图
test.json无法创建缩略图
test.wav无法创建缩略图
test.xlsx无法创建缩略图
test2.json无法创建缩略图
test2.xlsx无法创建缩略图
test3.json无法创建缩略图
TXT_COMMA.txt无法创建缩略图
TXT_COMMA2.txt无法创建缩略图
TXT_COMMA3.txt无法创建缩略图
TXT_COMMA4.txt无法创建缩略图
TXT_SPACE.txt无法创建缩略图
TXT_TAB.txt无法创建缩略图
TXT_VERTICALBAR.txt无法创建缩略图
>>>
```

图11-5　遍历当前目录下的所有图片，为图片文件生成缩略图

生成后的缩略图如图 11-6 所示。

test_thumbnail　　　　test　　　　test1　　　　test1_thumbnail

图11-6　生成的缩略图图片文件

11.2 生成CAPTCHA图像

CAPTCHA（Completely Automated Public Turing Test to Tell Computers and Humans Apart，全自动区分计算机和人类的图灵测试）是区分计算机和人类的一种程序算法，是一种人类极易通过但计算机很难通过的测试。常见的形式有填写表单、识别验证码、语音或图像识别等。

以下代码使用 PIL 生成英文 CAPTCHA 验证码图像。

```
import random
```

```
from PIL import Image, ImageDraw, ImageFont, ImageFilter

_letter_cases = "abcdefghjkmnpqrstuvwxy"  # 小写字母, 去除可能干扰的i、l、o、z
_upper_cases = _letter_cases.upper()  # 大写字母
_numbers = ''.join(map(str, range(3, 10)))  # 数字
init_chars = ''.join((_letter_cases, _upper_cases, _numbers))

def create_captcha_code(size=(120, 30), chars=init_chars, img_type="GIF",
mode="RGB", bg_color=(255, 255, 255), fg_color=(0, 0, 255), font_size=18,
font_type="Roboto-Bold.ttf", length=4, draw_lines=True, n_line=(1, 2),
draw_points=True, point_chance=2):
    width, height = size
    img = Image.new(mode, size, bg_color)
    draw = ImageDraw.Draw(img)

    def get_chars():
        #生成给定长度的字符串
        return random.sample(chars, length)

    def create_lines():
        #绘制干扰线
        line_num = random.randint(*n_line)
        for i in range(line_num):
            begin = (random.randint(0, size[0]), random.randint(0, size
[1]))
            end = (random.randint(0, size[0]), random.randint(0, size
[1]))
            draw.line([begin, end], fill=(0, 0, 0))

    def create_points():
        #绘制干扰点
        chance = min(100, max(0, int(point_chance)))
        for w in range(width):
            for h in range(height):
                tmp = random.randint(0, 100)
                if tmp > 100 - chance:
                    draw.point((w, h), fill=(0, 0, 0))
```

```
    def create_strs():
        #绘制验证码字符
        c_chars = get_chars()
        strs = ' %s ' % ' '.join(c_chars)
        font = ImageFont.truetype(font_type, font_size)
        font_width, font_height = font.getsize(strs)
        draw.text(((width - font_width) / 3, (height - font_height) /
3), strs, font=font, fill=fg_color)
        return ''.join(c_chars)

    if draw_lines:
        create_lines()
    if draw_points:
        create_points()
    strs = create_strs()

    params = [1 - float(random.randint(1, 2)) / 100, 0, 0, 0, 1 - float(ran
dom.randint(1, 10)) / 100, float(random.randint(1, 2)) / 500, 0.001, float(
random.randint(1, 2)) / 500]
    img = img.transform(size, Image.PERSPECTIVE, params)
    img = img.filter(ImageFilter.EDGE_ENHANCE_MORE)
    return img, strs

img, code = create_captcha_code()
img.save('code.png','PNG')
print(code)
```

这段代码定义了一个 create_captcha_code() 函数用来生成验证码图像并返回验证码字符串。其主要参数及含义如下。

（1）size：图片的大小、格式（宽、高），默认为 (120, 30)。

（2）chars：允许的字符集合、格式字符串。

（3）img_type：图片保存的格式，默认为 GIF。可选格式有 GIF、JPEG、TIFF、PNG。

（4）mode：图片模式，默认为 RGB。

（5）bg_color：背景颜色，默认为白色。

（6）fg_color：前景色、验证码字符颜色，默认为蓝色 #0000FF。

（7）font_size：验证码字体大小。

（8）font_type：验证码字体，默认为 Roboto-Bold.ttf。

（9）length：验证码字符个数。

（10）draw_lines：是否画干扰线。

（11）n_lines：干扰线的条数范围、格式元组，默认为 (1, 2)，只有 draw_lines 为 True 时有效。

（12）draw_points：是否画干扰点。

（13）point_chance：干扰点出现的概率，大小范围为 [0, 100]。

确保当前目录下存在名为 Roboto-Bold.ttf 的字体文件，运行上述代码将生成名为 code.png 的图像文件，并输出当前 CAPTCHA 验证码字符串，code.png 的内容如图 11-7 所示。

图11-7 生成包含英文、数字的CAPTCHA验证码图像

每次运行上述代码将生成不同的 CAPTCHA 验证码并存入 code.png 文件。

★新手问答★

01. PIL能否识别生成的CAPTCHA验证码？

答：识别本章介绍的 CAPTCHA 验证码实际上属于模式识别范畴，一般来说识别 CAPTCHA 验证码分为以下几个步骤：灰度处理、二值化、去除边框（如果有的话）、降噪、切割字符或者倾斜度矫正、训练字体库、识别。

需要用到的 Python 库有：PIL（用于图像处理）、OpenCV（高级图像处理）、pytesseract（识别库）等。为了提高准确度，还可以结合当前流行的人工智能和深度学习的相关知识进行多轮识别。

02. PIL如何转换图片格式？

答：将图片文件打开并重新以目标格式保存即可，例如：

```
from PIL import Image
im = Image.open("a.png")
im.save("a.jpg")
```

★小试牛刀★

案例任务

使用 PIL 生成包含汉字的 CAPTCHA 验证码。

技术解析

与英文字母验证码相比，汉字 CAPTCHA 验证码并不复杂，只需将生成随机英文字母的地方改为汉字即可。以下代码定义了 ChineseImageChar 类以生成包含汉字的 CAPTCHA 验证码，其中

GB2312() 函数用于生成随机汉字，rotate() 函数用于旋转字符，drawText() 函数用于在背景图像上插入字符，randRGB() 函数用于生成随机颜色，randPoint() 和 randLine() 函数用于生成随机干扰点和线，randChinese() 则在 GB2312() 函数的基础上生成最终的汉字验证码。

编码实现

　　参考代码如下。

```python
from PIL import Image,ImageDraw,ImageFont
import random
import math, string


def GB2312():
    head = random.randint(0xb0, 0xf7)
    body = random.randint(0xa1, 0xf9)
    val = f'{head:x}{body:x}'
    str = bytes.fromhex(val).decode('gb2312')
    return str


class ChineseImageChar:
    def __init__(self, fontColor = (0, 0, 0), size = (260, 60), fontPath = 'sim
kai.ttf', bgColor = (255, 255, 255), fontSize = 60):
        self.size = size
        self.fontPath = fontPath
        self.bgColor = bgColor
        self.fontSize = fontSize
        self.fontColor = fontColor
        self.font = ImageFont.truetype(self.fontPath, self.fontSize)
        self.image = Image.new('RGB', size, bgColor)

    def rotate(self):
        self.image.rotate(random.randint(0, 30), expand=0)

    def drawText(self, pos, txt, fill):
        draw = ImageDraw.Draw(self.image)
        draw.text(pos, txt, font=self.font, fill=fill)

    def randRGB(self):
        return (random.randint(0, 255), random.randint(0, 255), random.
randint(0, 255))
```

```
    def randPoint(self):
        (width, height) = self.size
        return (random.randint(0, width), random.randint(0, height))

    def randLine(self, num):
        draw = ImageDraw.Draw(self.image)
        for i in range(0, num):
        draw.line([self.randPoint(), self.randPoint()], self.randRGB())

    def randChinese(self, num):
        gap = 5
        start = 0
        for i in range(0, num):
            char = GB2312()
            x =start+self.fontSize * i+random.randint(0, gap) + gap * i
            self.drawText((x, random.randint(-5, 5)), GB2312(), self.
randRGB())
            self.rotate()
        self.randLine(18)

    def save(self, path):
        self.image.save(path)

ic = ChineseImageChar(fontColor=(100,211, 90))
ic.randChinese(4)
ic.save("code2.png")
```

运行上述代码后将生成一个名为 code2.png 的图像文件，其内容如图 11-8 所示。

图11-8 生成包含中文的CAPTCHA验证码图像

本章小结

本章主要介绍了使用 PIL 处理图像和生成 CAPTCHA 验证码等内容。PIL 是专用于图像处理的功能强大的组件库，读者可结合自身兴趣和需要进行深入研究。

第3篇

实战篇

本篇内容综合了第1、第2篇相关章节的内容，以一个完整案例展示了使用Python语言获取数据、处理数据和将数据绘制成图表的全过程，读者既可以按照本章步骤一步一步操作，验证所学知识，也可结合本书前两篇的有关内容进行综合学习。

第12章
综合案例：全国县级市天气预报的数据可视化分析

本章导读

本章通过全国县级市天气预报的数据可视化分析案例，为读者呈现数据爬取、数据保存、数据清洗与预处理、数据可视化等环节的完整过程，手把手教会读者使用Python抓取网页数据并保存到MySQL数据库，再对已抓取数据进行检查和清洗，最后使用适当的图形将数据走势展示出来。

知识要点

读者学习完本章内容后能掌握以下知识技能：

- 使用Request、BeautifulSoup等爬取网页数据的方法
- 使用PyMySQL操作MySQL数据库的方法
- MySQL数据库的基本操作语句
- 用Matplotlib绘制基本图形的方法

12.1 目标与计划

天气数据作为一类重要的数据资源，在各行业都有着广泛且重要的应用。开展大范围、长时间的气象历史大数据分析和可视化，对生产和生活都具有积极的指导意义。

12.1.1 具体目标

选取中国天气网（http://www.weather.com.cn）作为数据来源，如图 12-1 所示。

图12-1 中国天气网首页

该网站首页右侧以图表形式展现了当前用户所在地区的基本天气情况，通过单击此处链接可查看详细的天气信息和走势，如图 12-2 所示。

图12-2 当前用户所在地区的详细天气信息和走势

通过查看该页面的源代码可以发现，其中包含了页面上展示的图形所对应的天气预报数据，如图 12-3 所示。

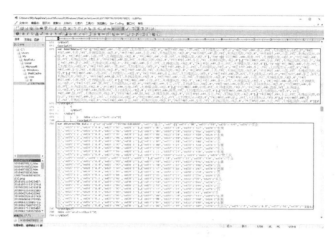

图12-3 页面源代码中包含了天气预报数据

有了一个地区的天气数据，接下来只要能获取到全部地区数据，就可以遍历获取全国各地区的天气数据了。单击图 12-2 中左上方"全国 > 重庆 > 渝北"中的"重庆"进入重庆市天气预报主页，该页面右上方提供了按城市查询的下拉列表，同样通过查看页面源代码，可以发现这个级联下拉列表中包括了全国全部的省级行政区划、地级市（计划单列市）和县（县级市），如图 12-4 所示。

图12-4 通过按城市查询找到所有地区和对应的代码

至此，就基本上梳理清楚了数据来源和获取方式，也明确了具体目标：编写 Python 程序抓取中国天气网全国县级以上地区的天气预报数据，存入 MySQL 数据库，在完成数据检查和清理后绘制可视化图形。

12.1.2　工作计划

按照已确定的具体目标，将接下来的工作主要分成以下 5 个步骤。

步骤 1：确定目标数据。分析目标站点结构，查看页面源代码，确定待抓取的数据结构。

步骤 2：试验抓取数据。准备基础数据和代码，抓取测试数据。

步骤 3：保存数据入库。准备 MySQL 数据库，修改代码并将抓取到的数据入库。

步骤 4：检查清理数据。分析已抓取数据，检查不合理数据，执行数据清理和预处理。

步骤 5：绘制图形图表。根据数据特点选择适当的图表绘制可视化图形。

12.2 确定目标数据

从图 12-3 中可以看到，该页面的源代码中已经提供了该地区天气预报的 JSON 数据，只需要分析清楚其数据结构，就可以使用 Python 爬虫获取。

步骤 1：使用在线 JSON 格式化校验工具（http://www.bejson.com/）分别检查图 12-3 中的两段 JSON 数据，可以得到如下两种数据结构。

```
{
    "1d": ["18日08时,d07,小雨,22℃,无持续风向,<3级,3", "18日11时,d07,小
雨,23℃,无持续风向,<3级,3", "18日14时,d01,多云,24℃,无持续风向,<3级,2", "18
日17时,d01,多云,24℃,无持续风向,<3级,3", "18日20时,n01,多云,24℃,无持续风向,<3级,
0", "18日23时,n02,阴,23℃,无持续风向,<3级,0", "19日02时,n07,小雨,23℃,无持
续风向,<3级,0", "19日05时,n07,小雨,23℃,无持续风向,<3级,0", "19日08时,d07,
小雨,23℃,无持续风向,<3级,3"],
    "23d": [
        ["22日08时,d03,阵雨,22℃,无持续风向,<3级,3", "22日14时,d02,阴,
27℃,无持续风向,<3级,3", "22日20时,n02,阴,26℃,无持续风向,<3级,0", "23日02
时,n01,多云,24℃,无持续风向,<3级,0"],
        ["23日08时,d01,多云,23℃,无持续风向,<3级,2", "23日14时,d01,多云,
26℃,无持续风向,<3级,2", "23日20时,n01,多云,27℃,无持续风向,<3级,0", "24日
02时,n01,多云,25℃,无持续风向,<3级,0"]
        ],
```

```
    "7d": [
            ["18日08时,d07,小雨,22℃,无持续风向,<3级,3", "18日11时,d07,小
雨,23℃,无持续风向,<3级,3", "18日14时,d01,多云,24℃,无持续风向,<3级,2", "18
日17时,d01,多云,24℃,无持续风向,<3级,3", "18日20时,n01,多云,24℃,无持续风向,
<3级,0", "18日23时,n02,阴,23℃,无持续风向,<3级,0", "19日02时,n07,小雨,
23℃,无持续风向,<3级,0", "19日05时,n07,小雨,23℃,无持续风向,<3级,0"],
            ["19日08时,d07,小雨,23℃,无持续风向,<3级,3", "19日11时,d01,多云,
26℃,无持续风向,<3级,1", "19日14时,d02,阴,27℃,无持续风向,<3级,3", "19日17
时,d01,多云,27℃,无持续风向,<3级,2", "19日20时,n00,晴,27℃,无持续风向,<3级,0",
"19日23时,n07,小雨,26℃,无持续风向,<3级,0", "20日02时,n07,小雨,25℃,无持续风
向,<3级,0", "20日05时,n07,小雨,25℃,无持续风向,<3级,0"],
            ["20日08时,d07,小雨,25℃,无持续风向,<3级,3", "20日11时,d01,多
云,27℃,无持续风向,<3级,1", "20日14时,d02,阴,29℃,无持续风向,<3级,3", "20日
17时,d02,阴,29℃,无持续风向,<3级,3", "20日20时,n01,多云,27℃,无持续风向,<3级,0",
 "20日23时,n08,中雨,25℃,无持续风向,<3级,0", "21日02时,n08,中雨,25℃,无持续
风向,<3级,0", "21日05时,n08,中雨,24℃,无持续风向,<3级,0"],
            ["21日08时,d08,中雨,25℃,无持续风向,<3级,3", "21日14时,d03,阵
雨,26℃,无持续风向,<3级,3", "21日20时,n03,阵雨,24℃,无持续风向,<3级,0", "22
日02时,n03,阵雨,23℃,无持续风向,<3级,0"],
            ["22日08时,d03,阵雨,22℃,无持续风向,<3级,3", "22日14时,d02,阴,
27℃,无持续风向,<3级,3", "22日20时,n02,阴,26℃,无持续风向,<3级,0", "23日02
时,n01,多云,24℃,无持续风向,<3级,0"],
            ["23日08时,d01,多云,23℃,无持续风向,<3级,2", "23日14时,d01,多
云,26℃,无持续风向,<3级,2", "23日20时,n01,多云,27℃,无持续风向,<3级,0", "24
日02时,n01,多云,25℃,无持续风向,<3级,0"],
            ["24日08时,d01,多云,24℃,无持续风向,<3级,3", "24日14时,d01,多
云,26℃,无持续风向,<3级,3", "24日20时,n01,多云,27℃,无持续风向,<3级,0", "25
日02时,n01,多云,25℃,无持续风向,<3级,0"]
        ]
    }
}

{
    "od": {
        "od0": "20190618060000",
        "od1": "渝北",
        "od2": [{
```

```
        "od21": "06",
        "od22": "20",
        "od23": "129",
        "od24": "东南风",
        "od25": "1",
        "od26": "0.0",
        "od27": "97",
        "od28": ""
}, {
        "od21": "05",
        "od22": "20",
        "od23": "127",
        "od24": "东南风",
        "od25": "1",
        "od26": "0.0",
        "od27": "96",
        "od28": ""
}, {
        "od21": "04",
        "od22": "20",
        "od23": "186",
        "od24": "南风",
        "od25": "2",
        "od26": "0.0",
        "od27": "97",
        "od28": ""
}, {
...
}, {
        "od21": "07",
        "od22": "19",
        "od23": "139",
        "od24": "东南风",
        "od25": "2",
        "od26": "0.0",
        "od27": "96",
```

```
        "od28": ""
    }, {
        "od21": "06",
        "od22": "19",
        "od23": "139",
        "od24": "东南风",
        "od25": "2",
        "od26": "0.0",
        "od27": "96",
        "od28": ""
    }]
    }
}
```

分别对应图 12-2 中的两幅图形：分时段天气预报和整点天气实况，如图 12-5 所示。

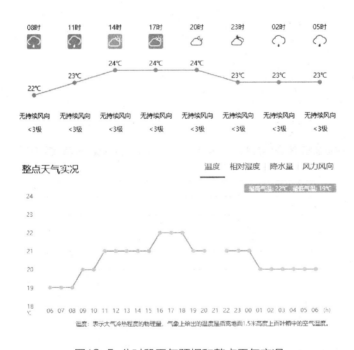

图12-5 分时段天气预报和整点天气实况

数据有了，怎样让爬虫跑起来呢？可以把注意力放在图 12-2 中的浏览器地址栏上，会看到这样一个 URL "http://www.weather.com.cn/weather/101040700.shtml"。10104 是什么呢？ 图 12-4 的下拉列表里就有答案。

步骤 2：依次把三个级联下拉列表选择为"重庆 > 重庆 > 渝北"，此时打开开发者工具，查看下拉列表的内容，如图 12-6 所示。

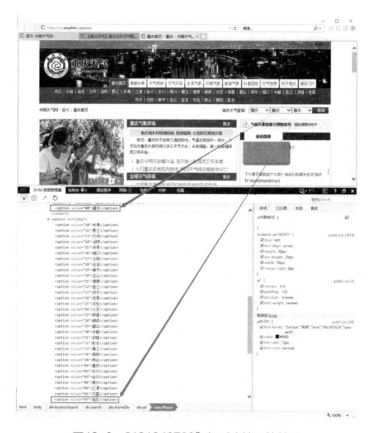

图12-6 "101040700"与对应地区的关系

如此，便可以使用 Python 爬虫轻松获取信息了。

12.3 试验抓取数据

思路清楚后，就要动手写代码抓取试验数据，验证一下前面的想法。

步骤 1：目标地址很明确，就是"http://www.weather.com.cn/weather/101040700.shtml"，使用 urllib.request 打开页面（也可以使用第 5 章介绍的 requests），然后用 BeautifulSoup 的 html.parser 分析页面内容。这部分代码如下。

```
url = 'http://www.weather.com.cn/weather/101040700.shtml'
res = urllib.request.urlopen(url)
soup = BeautifulSoup(res.read(), 'html.parser')
```

步骤 2：通过查看图 12-3 中源代码的内容，可以将两段 JSON 数据所在的位置定位到名为 "left-div"的层附近，接着使用步骤 1 中 soup 对象的 find 和 find_all() 方法得到其中的内容，然后再整理，这样便可分别得到对应的 JSON 数据。这部分代码如下。

```
div_info = soup.find_all('div', 'left-div')
for div in div_info:
    script_info = div.find('script')
    if (script_info!=None):
        data = script_info.text.replace('\r', '').replace('\n', '').
replace(';', '').replace('},]}}', '}]}}')
        if (data.startswith('var hour3data=')):
            hour_3 = json.loads(data[14:])
            for v in hour_3['7d']:
                for v1 in v:
                    print(v1)
        if (data.startswith("var observe24h_data =")):
            day_24 = json.loads(data[21:])
            for v in day_24['od']['od2']:
                print(v)
```

步骤 3：把需要的库 import 进来，即可得到完整的测试代码。

```
import io
import re
import sys
import time
import requests
import urllib.request
from lxml import etree
from fake_useragent import UserAgent
from bs4 import BeautifulSoup
import json

url = 'http://www.weather.com.cn/weather/101040700.shtml'
res = urllib.request.urlopen(url)
soup = BeautifulSoup(res.read(), 'html.parser')

div_info = soup.find_all('div', 'left-div')
for div in div_info:
    script_info = div.find('script')
    if (script_info!=None):
        data = script_info.text.replace('\r', '').replace('\n', '').
replace(';', '').replace('},]}}', '}]}}')
        if (data.startswith('var hour3data=')):
```

```
        hour_3 = json.loads(data[14:])
        for v in hour_3['7d']:
            for v1 in v:
                print(v1)
    if (data.startswith("var observe24h_data =")):
        day_24 = json.loads(data[21:])
        for v in day_24['od']['od2']:
            print(v)
```

上述代码的运行结果如图 12-7 所示。

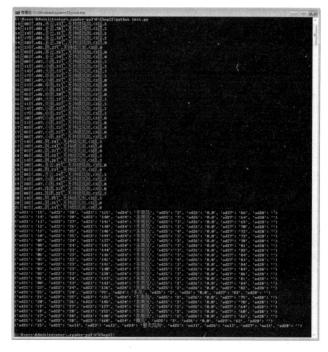

图12-7 抓取到的试验数据：重庆市渝北区的天气预报数据

经过观察对比，图 12-7 中得到的天气预报数据与图 12-5 中图形显示的数据相吻合，试验成功。

12.4 保存数据入库

得到一个地区的天气预报数据后，就要学会找到地区列表数据，然后遍历即可挨个获取每个地区的天气预报数据。

步骤 1：再次打开图 12-4 所示的页面，进入开发者工具的"网络"选项卡，然后刷新加载页面，这时可以看到页面载入过程中加载的所有文件和 URL，其中有两个 URL 比较特别，如图 12-8 所示。

图12-8 使用开发者工具查看页面载入过程

这两个 URL 分别如下。

http://cq.weather.com.cn/data/city3jdata/provshi/10101.html

http://cq.weather.com.cn/data/city3jdata/station/1010100.html

这两个 URL 正是用来获取地级市（计划单列市）和县（县级市）的。

步骤 2：把这两个 URL 复制到浏览器地址栏并打开，如图 12-9 和图 12-10 所示。

图12-9 获取地级市（计划单列市）数据的页面

图12-10 获取县（县级市）数据的页面

先别急着改程序，可以把图 12-4 中省级行政区划的代码放到图 12-9 和图 12-10 中，试试看是不是真的和预想的一样，如 10108 内蒙古，上述两个页面的内容如图 12-11 和图 12-12 所示。

图12-11　获取内蒙古自治区的地级市（计划单列市）数据

图12-12　获取通辽的县（县级市）数据

需要注意的是，通辽的霍林郭勒县（县级市）代码是 101081108，与只有两位的其他代码不同，所以要小心处理。

然后把地区数据 [省级行政区划、地级市（计划单列市）和县（县级市）] 和天气预报数据全部写入数据库。

步骤 3：建立 MySQL 数据库，名称为"weather_forecast"，字符集为"utf8"，排序规则为"utf8_general_ci"，如图 12-13 所示。

图12-13　建立"weather_forecast"数据库

步骤 4：建立存放数据的表，按照前面对天气预报数据的观察，需要建立 3 个数据表，即

districts、forecast 和 forecast24h，分别存放地区数据、地区 3 小时天气预报数据和地区 24 小时天气预报数据。这 3 个数据表的结构分别如表 12-1、表 12-2 和表 12-3 所示。

表12-1 districts表结构

序号	列	类型	长度	注释
1	code	varchar	20	地区代码
2	prov_code	varchar	5	省级行政区划代码
3	prov_name	varchar	50	省级行政区划名称
4	dist_code	varchar	2	地级市（计划单列市）代码
5	dist_name	varchar	50	地级市（计划单列市）名称
6	city_code	varchar	10	县（县级市）代码
7	city_name	varchar	50	县（县级市）名称

表12-2 forecast表结构

序号	列	类型	长度	注释
1	code	varchar	10	地区代码
2	dist_name	varchar	50	地区名称
3	yc_time	varchar	20	预报时刻
4	tq_code	varchar	10	天气代码
5	tq_mc	varchar	20	天气名称
6	wd	varchar	10	温度
7	fx	varchar	20	风向
8	fl_mc	varchar	10	风力名称
9	fl	varchar	2	风力

表12-3 forecast24h表结构

序号	列	类型	长度	注释
1	code	varchar	10	地区代码
2	dist_name	varchar	50	地区名称
3	q_time	varchar	20	查询预报数据时刻
4	yc_hour	varchar	10	预报时刻（整点）

序号	列	类型	长度	注释
5	wd	varchar	10	温度
6	wz	varchar	10	未知数据
7	fx	varchar	20	风向
8	fl	varchar	10	风力
9	jy	varchar	10	降雨量
10	sd	varchar	10	湿度（百分比）
11	kq	varchar	10	空气状况指数

步骤 5：根据前面的准备工作，可以把获取天气预报数据的操作封装成名为 Weather 的类，便于后续调用。

这个类应该具有以下功能：获取省级行政区划下所有地区的天气预报数据、获取省级行政区划下的所有地区列表、抓取页面上的天气预报数据并过滤，再写入数据库。经过分析整理，Weather 类的代码如下。

```python
import io
import re
import sys
import time
import requests
import urllib.request
from lxml import etree
from fake_useragent import UserAgent
from bs4 import BeautifulSoup
import numpy as np
import pandas as pd
from Chap5_MySQLLoader import MySQLLoader
import json
import pymysql

#改变标准输出的默认编码
sys.stdout = io.TextIOWrapper(sys.stdout.buffer,encoding='utf8')

class Weather:
    def __init__(self):
        self.url = "http://www.weather.com.cn/weather/101040700.shtml"
```

```python
        self.ua = UserAgent(verify_ssl=False)
        self.headers = {
            "Cookie": "s_ViewType=10; _lxsdk_cuid=167ca93f5c2c8-
0c73da94a9dd08-68151275-1fa400-167ca93f5c2c8; _lxsdk=167ca93f5c2c8-0c73
da94a9dd08-68151275-1fa400-167ca93f5c2c8; _hc.v=232064fb-c9a6-d4e0-
cc6b-d6303e5eed9b.1545291954; cy=16; cye=wuhan; td_cookie=686763714;
_lxsdk_s=%7C%7CNaN",
            #获取随机的User-Agent
            "User-Agent": self.ua.random
        }
        self.write = False
        self.csv = open('districts.csv', 'w', encoding='utf-8')
        self.conn = None
        self.cur_yc = None
        self.cur_yc_24 = None
        self.cur_dist = None
        self.sql_yc = 'insert into forecast(code, dist_name, yc_time,
 tq_code, tq_mc, wd, fx, fl_mc, fl) values(%s,%s,%s,%s,%s,%s,%s,%s,%s)'
        self.sql_yc_24 = 'insert into forecast24h(code, dist_name,
yc_time, yc_hour, wd, wz, fx, fl, jy, sd, kq) values(%s,%s,%s,%s,%s,%s,%s,
%s,%s,%s,%s)'
        self.sql_dist = 'insert into districts(code, prov_code, prov_name,
dist_code, dist_name, city_code, city_name) values(%s,%s,%s,%s,%s,%s,%s)'

    #获取省级行政区划下所有地区的天气预报数据
    def get_prov(self, prov, prov_name, flag):
        url = 'http://www.weather.com.cn/data/city3jdata/provshi/%s.
html'%(prov)
        res = urllib.request.urlopen(url)
        prov_info = json.loads(res.read())
        for code in prov_info:
            dist_code = code
            self.get_district(prov, prov_name, dist_code, prov_info
[dist_code], flag)

    #获取省级行政区划下的所有地区
    def get_district(self, prov, prov_name, dist, dist_name, flag):
        url = 'http://cq.weather.com.cn/data/city3jdata/station/%s%s.
```

```
html'%(prov, dist)
        #print(url)
        res = urllib.request.urlopen(url)
        dist_info = json.loads(res.read())
        for code in dist_info:
            if (int(flag) > 0):
                page = '%s%s%s'%(prov, code, dist)
            else:
                page = '%s%s%s'%(prov, dist, code)
            if (self.write):
                self.csv.write('%s,%s,%s,%s,%s,%s,%s\n'%(page, prov,
prov_name, dist, dist_name, code, dist_info[code]))
            else:
                self.get_page(page)
        res.close()

    #抓取页面上的天气预报数据并过滤，再写入数据库
    def get_page(self, page):
        self.rank_list = []
        self.name_list = []
        self.comment_list = []
        self.publish_date_list = []
        self.publisher_list = []
        self.price_n_list = []
        self.price_r_list = []
        url = 'http://www.weather.com.cn/weather/%s.shtml'%(page)
        res = urllib.request.urlopen(url)
        soup = BeautifulSoup(res.read(), 'html.parser')

        if soup.text!='' and soup.text!=None:
            nav_div=soup.find('title')
            dist_name=nav_div.text

            div_info = soup.find_all('div', 'left-div')
            for div in div_info:
                script_info = div.find('script')
                if (script_info!=None):
                    data = script_info.text.replace('\r', '').replace('
```

305

```
\n', '').replace(';', '').replace('},]}}', '}]}}')
                        if (data.startswith("var observe24h_data =")):
                            day_24 = json.loads(data[21:])
                            for v in day_24['od']['od2']:
                                self.cur_yc_24.execute(self.sql_yc_24,
(page, day_24['od']['od0'], dist_name[1:3], v['od21'], v['od22'],
v['od23'], v['od24'], v['od25'], v['od26'], v['od27'], v['od28'], ))
                                self.conn.commit()
                        if (data.startswith('var hour3data=')):
                            hour_3 = json.loads(data[14:])
                            for v in hour_3['7d']:
                                for v1 in v:
                                    row = '%s,%s'%(page, v1)
                                    row = row.split(',')
                                    self.cur_yc.execute(self.sql_yc, (row[0],
dist_name[1:3], row[1], row[2], row[3], row[4], row[5], row[6], row[7], ))
                                    self.conn.commit()
```

步骤 6：获取所有的地区。全国的省级行政区划是固定的，依据图 12-4 中级联下拉列表的内容可以整理得到 prov.csv，其内容如下。

```
code,prov,city
10101,北京,1
10102,上海,1
10103,天津,1
10104,重庆,1
10105,黑龙江,0
10106,吉林,0
10107,辽宁,0
10108,内蒙古,0
10109,河北,0
10110,山西,0
10111,陕西,0
10112,山东,0
10113,新疆,0
10114,西藏,0
10115,青海,0
10116,甘肃,0
10117,宁夏,0
10118,河南,0
```

```
10119,江苏,0
10120,湖北,0
10121,浙江,0
10122,安徽,0
10123,福建,0
10124,江西,0
10125,湖南,0
10126,贵州,0
10127,四川,0
10128,广东,0
10129,云南,0
10130,广西,0
10131,海南,0
10132,香港,0
10133,澳门,0
10134,台湾,0
```

步骤 7：通过三级遍历 prov.csv 中的省级行政区划，得到所有的地区信息并存储在 districts.csv 中。对应的 GetDistricts.py 程序代码如下。

```python
import pandas as pd
from Weather import Weather


dp = Weather()
prov = pd.read_csv('prov.csv')


#获取地区编码
dp.write = True
dp.csv = open('districts.csv', 'w', encoding='utf-8')


for i, row in prov.iterrows():
    #print(row['prov'])
    dp.get_prov(row['code'], row['prov'], row['city'])
    #time.sleep(2)
dp.csv.close()
```

生成的地区数据如图 12-14 所示。

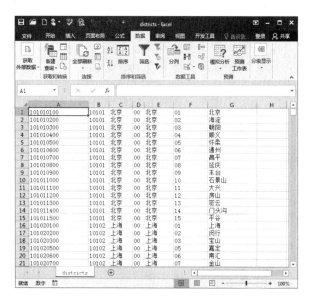

图12-14 生成的districts.csv文件内容

步骤8：将地区数据写入数据表 districts 中，相应的代码如下。

```python
import numpy as np
import pandas as pd
from Chap5_MySQLLoader import MySQLLoader
from Weather import Weather
import pymysql


dp = Weather()


dp.conn = pymysql.connect(host='数据库服务器地址', port=3306, user='数据库
用户名', passwd='数据库密码', db='数据库名称', charset='utf8', cursorclass=
pymysql.cursors.DictCursor)


#地区编码入库
districts = pd.read_csv('districts.csv', dtype=np.str, header=None)
dp.cur_dist = dp.conn.cursor()


for i,row in districts.iterrows():
    print(row)
    cnt = dp.cur_dist.execute(dp.sql_dist, (row[0], row[1], row[2],
row[3], row[4], row[5], row[6], ))
dp.conn.commit()
```

```
dp.cur_dist.close()
dp.conn.close()
```

步骤 9：遍历地区数据，获取每个地区的天气预报数据。先用重庆市来测试一下。

```
import time
import numpy as np
import pandas as pd
from Chap5_MySQLLoader import MySQLLoader
from Weather import Weather
import pymysql


dp = Weather()

prov = pd.read_csv('prov.csv')
dp.conn = pymysql.connect(host='数据库服务器地址', port=3306, user='数据库
用户名', passwd='数据库密码', db='数据库名称', charset='utf8', cursorclass=
pymysql.cursors.DictCursor)


#获取城市预测信息
dp.cur_yc = dp.conn.cursor()
dp.cur_yc_24 = dp.conn.cursor()
dp.get_prov('10104', '重庆', 1)
dp.cur_yc.close()
dp.cur_yc_24.close()
dp.conn.close()
```

上述代码成功运行完毕后，将把重庆市所有区（县）的天气预报数据写入 forecast 表和 forecast24h 表，其中部分数据如图 12-15 所示。

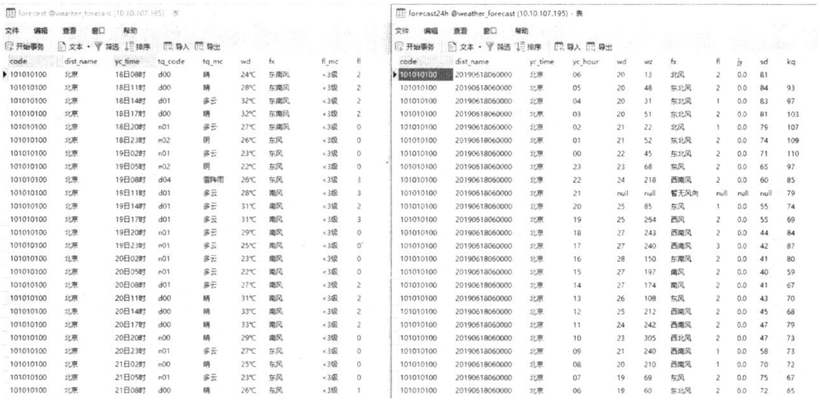

图12-15 测试获取重庆市所有地区的天气预报数据并写入数据库

309

步骤 10：一个省级行政区划的数据获取无误后，只需遍历 prov.csv 即可把全部地区的天气预报数据写入数据库，方法很简单。将下面的代码

```
dp.get_prov('10104', '重庆', 1)
```

替换为

```
dp.write = False
for i, row in prov.iterrows():
  #print(row['prov'])
  dp.get_prov(row['code'], row['prov'], row['city'])
  time.sleep(30)
```

这里 sleep(30) 的作用是，每写入一个省级行政区划的数据就中断 30 秒，避免被服务器认为是恶意攻击。

12.5 检查清理数据

截至目前，所需的地区和天气预报数据都已经入库了，下面需要对已入库的数据进行检查和清理。通常，检查清理数据主要有 2 个步骤，即检查数据完整性与合法性和清理或预处理数据。

12.5.1 检查数据完整性与合法性

检查数据完整性与合法性有 3 个步骤。

步骤 1：检查 forecast 和 forecast24h 两个表里有没有不在 districts 表里的地区，运行以下 SQL 语句。

```
select distinct code from forecast where code not in (select distinct
code from districts);
select distinct code from forecast24h where code not in (select distinct
code from districts);
```

若都没有返回任何结果，则说明这两个表里获取到天气预报数据的地区都在 districts 表里。

步骤 2：反向检查 districts 表里的地区数据是否都获取到天气预报数据了，运行以下 SQL 语句。

```
select * from districts where code not in (select distinct code from
forecast);
select * from districts where code not in (select distinct code from
forecast24h);
```

返回了图 12-16 所示的结果。

code	prov_code	prov_name	dist_code	dist_name	city_code	city_name
101070404	10107	辽宁	04	抚顺	04	望花
1010805101081108	10108	内蒙古	05	通辽	101081108	霍林郭勒
101080604	10108	内蒙古	06	赤峰	04	洛尔吐
101081208	10108	内蒙古	12	阿拉善盟	08	中泉子
101130110	10113	新疆	01	乌鲁木齐	10	白杨沟
101190106	10119	江苏	01	南京	06	江浦
1012008101201406	10120	湖北	08	荆州	101201406	沙市
101210609	10121	浙江	06	台州	09	洪家
101260109	10126	贵州	01	贵阳	09	小河
101291206	10129	云南	12	怒江	06	六库
101291304	10129	云南	13	迪庆	04	中甸
1013101101310101	10131	海南	01	海南	101310101	海口
1013101101310201	10131	海南	01	海南	101310201	三亚
1013101101310202	10131	海南	01	海南	101310202	东方
1013101101310203	10131	海南	01	海南	101310203	临高
1013101101310204	10131	海南	01	海南	101310204	澄迈
1013101101310205	10131	海南	01	海南	101310205	儋州
1013101101310206	10131	海南	01	海南	101310206	昌江
1013101101310207	10131	海南	01	海南	101310207	白沙
1013101101310208	10131	海南	01	海南	101310208	琼中
1013101101310209	10131	海南	01	海南	101310209	定安
1013101101310210	10131	海南	01	海南	101310210	屯昌
1013101101310211	10131	海南	01	海南	101310211	琼海
1013101101310212	10131	海南	01	海南	101310212	文昌
1013101101310214	10131	海南	01	海南	101310214	保亭
1013101101310215	10131	海南	01	海南	101310215	万宁
1013101101310216	10131	海南	01	海南	101310216	陵水
1013101101310217	10131	海南	01	海南	101310217	西沙
1013101101310220	10131	海南	01	海南	101310220	南沙岛
1013101101310221	10131	海南	01	海南	101310221	乐东
1013101101310222	10131	海南	01	海南	101310222	五指山

code	prov_code	prov_name	dist_code	dist_name	city_code	city_name
101070404	10107	辽宁	04	抚顺	04	望花
1010805101081108	10108	内蒙古	05	通辽	101081108	霍林郭勒
101080604	10108	内蒙古	06	赤峰	04	洛尔吐
101080615	10108	内蒙古	06	赤峰	15	宝国吐
101081208	10108	内蒙古	12	阿拉善盟	08	中泉子
101130110	10113	新疆	01	乌鲁木齐	10	白杨沟
101190106	10119	江苏	01	南京	06	江浦
1012008101201406	10120	湖北	08	荆州	101201406	沙市
101210609	10121	浙江	06	台州	09	洪家
101260109	10126	贵州	01	贵阳	09	小河
101291206	10129	云南	12	怒江	06	六库
101291304	10129	云南	13	迪庆	04	中甸
1013101101310101	10131	海南	01	海南	101310101	海口
1013101101310201	10131	海南	01	海南	101310201	三亚
1013101101310202	10131	海南	01	海南	101310202	东方
1013101101310203	10131	海南	01	海南	101310203	临高
1013101101310204	10131	海南	01	海南	101310204	澄迈
1013101101310205	10131	海南	01	海南	101310205	儋州
1013101101310206	10131	海南	01	海南	101310206	昌江
1013101101310207	10131	海南	01	海南	101310207	白沙
1013101101310208	10131	海南	01	海南	101310208	琼中
1013101101310210	10131	海南	01	海南	101310210	屯昌
1013101101310211	10131	海南	01	海南	101310211	琼海
1013101101310212	10131	海南	01	海南	101310212	文昌
1013101101310214	10131	海南	01	海南	101310214	保亭
1013101101310215	10131	海南	01	海南	101310215	万宁
1013101101310216	10131	海南	01	海南	101310216	陵水
1013101101310217	10131	海南	01	海南	101310217	西沙
1013101101310220	10131	海南	01	海南	101310220	南沙岛
1013101101310221	10131	海南	01	海南	101310221	乐东
1013101101310222	10131	海南	01	海南	101310222	五指山

图 12-16 没有获取到天气预报数据的地区

步骤 3：经过观察，这些没有获取到天气预报数据的地区都有一个共同特点，即无法打开该地区的天气预报页面，这应该是中国天气网本身的问题。同时，与图 12-12 中出现异常代码的霍林郭勒情况相同的地区不止一个，还有若干地区的代码都出现了异常，但由于这些代码是直接获取自数据源页面的，因此只能认为是数据源的问题。

12.5.2 清理或预处理数据

在发现数据完整性或合法性问题后，即可据此进一步清理数据，或对数据进行预处理。

由于本章获取的数据均来自原始数据源，数据获取过程简单且没有进行额外处理，目前仅能估计是中国天气网确定地区代码时可能有不同的规则，或是一些不得而知的原因。因此暂时不能将没有获取到天气预报数据的地区从 districts 表中删除或是自行修改其代码。

可以稍后再次运行获取天气预报数据的程序，将新的天气预报数据入库，并再次检查数据的完整性和合法性，通过多次检查和比对，最终确定数据源是否能成功生成该地区的天气预报页面。

12.6 绘制图形图表

根据已经入库的地区和天气预报数据绘制图形。结合图 12-2 中的图形样式，以重庆市渝北区为例，选择绘制 18 日 08 时至 19 日 05 时这一时间段内的温度和风力趋势折线图。

步骤 1：在数据库中查找相关数据，并运行以下 SQL 语句。

```
select yc_time, wd wd_label, substr(wd, 1, 2) as wd, fl, CONCAT(fl_mc, ', ',
```

```
fx) fxfl from forecast where dist_name='渝北' and yc_time between '18日08
时' and '19日05时'
```

可以得到图 12-17 所示的数据。

yc_time	wd_label	wd	fl	fxfl
18日08时	22℃	22	3	<3级, 无持续风向
18日11时	23℃	23	3	<3级, 无持续风向
18日14时	24℃	24	2	<3级, 无持续风向
18日17时	24℃	24	3	<3级, 无持续风向
18日20时	24℃	24	0	<3级, 无持续风向
18日23时	23℃	23	0	<3级, 无持续风向
19日02时	23℃	23	0	<3级, 无持续风向
19日05时	23℃	23	0	<3级, 无持续风向

图12-17 重庆市渝北区温度和风力趋势（18日8时—19日5时）数据

其中 wd_label 字段是带有温度单位（℃）的数据，wd 字段则是只有温度数字的数据，fxfl 字段是将风向和风力两个字段数据拼合后的结果。

步骤 2：编写程序代码，连接 MySQL 数据库，获取数据，参考代码如下。

```
import matplotlib.pyplot as plt
import numpy as np
import pandas as pd
import pymysql
from sqlalchemy import create_engine

conn = create_engine('mysql+pymysql://数据库用户名:数据库密码@数据库服务器地址:
3306/数据库名称')
df = pd.read_sql_query("select yc_time, wd wd_label, substr(wd, 1, 2)
as wd, fl, CONCAT(fl_mc, ', ', fx) fxfl from forecast where dist_name='渝北'
and yc_time between '18日08时' and '19日05时'", conn)
```

为了便于操作，可以使用 SQLAlchemy 库，执行步骤 1 中的 SQL 语句，将结果放入 pandas 的 DataFrame 中。

步骤 3：将温度和风力数据分别绘制成图形，参考代码如下。

```
ax1 = plt.subplot(211)
ax1.plot(df['yc_time'], pd.DataFrame(df['wd'], dtype='int8'), 'bD-')
ax2 = plt.subplot(212)
ax2.plot(df['yc_time'], pd.DataFrame(df['fl'], dtype='int8'), 'r^-')
plt.show()
```

生成的图形如图 12-18 所示。

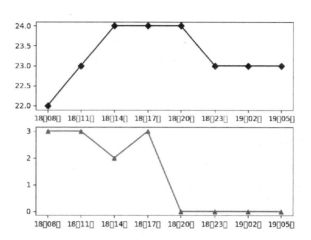

图12-18　重庆市渝北区温度和风力趋势（18日8时—19日5时）折线图

　　看上去和图 12-2 是不是很接近了？但这样的图形连汉字都无法正常显示，因此还需要进一步美化和修饰。

　　步骤 4：为图形添加坐标轴名称、调整坐标轴刻度、添加图形标题、设置图形大小和字体，修改后的完整代码如下。

```python
import matplotlib.pyplot as plt
import numpy as np
import pandas as pd
import pymysql
from sqlalchemy import create_engine

conn = create_engine('mysql+pymysql://数据库用户名:数据库密码@数据库服务器地址:
3306/数据库名称')
df = pd.read_sql_query("select yc_time, wd wd_label, substr(wd, 1, 2)
as wd, fl, CONCAT(fl_mc, ', ', fx) fxfl from forecast where dist_name='渝北'
and yc_time between '18日08时' and '19日05时'", conn)

plt.rcParams['font.family']='Microsoft YaHei'
plt.rcParams['font.size']='10'
plt.figure(figsize=(8, 6))
plt.suptitle('重庆市渝北区温度和风力趋势（18日8时—19日5时）', family='kaiti',
 size=20, color='b')

ax1 = plt.subplot(211)
ax1.set_ylim(21, 25)
```

```
ax1.set_yticks([21, 22, 23, 24, 25])
ax1.set_ylabel('温度')
ax1.grid(True, linestyle = "-", color = "lightgray", linewidth = "1")
ax1.plot(df['yc_time'], pd.DataFrame(df['wd'], dtype='int8'), 'bD-')

ax2 = plt.subplot(212)
ax2.set_ylim(-1, 4)
ax2.set_ylabel('风力')
ax2.grid(True, linestyle = "-", color = "lightgray", linewidth = "1")
ax2.plot(df['yc_time'], pd.DataFrame(df['fl'], dtype='int8'), 'r^-')

plt.show()
```

生成的图形效果如图 12-19 所示。

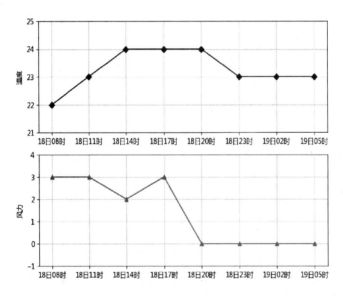

图12-19 美化和修饰后的重庆市渝北区温度和风力趋势（18日8时—19日5时）折线图

至此，重庆市渝北区 18 日 08 时至 19 日 05 时这段时间内的温度和风力趋势折线图绘制完毕。读者可参考本章内容自行完成其他省份、地区的天气预报数据抓取、入库保存和图形绘制与美化工作。

本章小结

本章整合本书前面章节内容，通过完整案例详细讲解，介绍了抓取中国天气网的地区和天气预报数据并写入 MySQL 数据库，再根据这些数据绘制图表的过程。读者可在此基础上抓取并积累一定时间跨度的天气预报数据并绘制成图形，还可以举一反三，抓取其他站点数据，保存并绘制成图形。

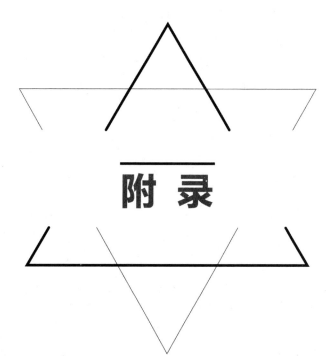

附 录

附录 A

Python命令行参数处理模块argparse简介

作为脚本型程序语言，Python 既支持以命令行方式运行，也支持获取命令行传入的参数并作出相应的反应。Python 中常用的命令行参数处理模块主要有 getopt、optparse 和 argparse。getopt 模块是命令行选项的解析器，其 API 与 C 语言的 getopt() 函数相似。optparse 模块则已被 Python 3.2 和 Python 2.7 弃用。因此推荐使用 argparse 模块，其具有可编写友好的命令行界面、自动生成帮助和使用信息、对无效参数可产生相应的错误提示等优点。

使用 argparse 模块需要先安装，方法如下。

```
python -m pip install argparse
```

下面是一个简单的示例，主要包括 3 个步骤：创建 argumentParser() 对象、调用 add_argument() 方法添加参数、使用 parse_args() 解析添加的参数。

```
import argparse


parser = argparse.ArgumentParser()
parser.add_argument('test', type=str, help='Output test information')
args = vars(parser.parse_args())


print(args['test'])
```

步骤 1：用 Python 命令行方式运行上述代码，使用 -h 参数运行，输出帮助信息，结果如图 A-1 所示。

图A-1 使用-h参数运行并输出帮助信息

步骤 2：将参数换成字符串，如图 A-2 所示。

图A-2 传入字符串参数

上面演示了使用 argparse 模块处理定位参数的用法，下面演示用 argparse 模块处理可选参数的方法。

```python
import argparse

parser = argparse.ArgumentParser()
parser.add_argument('-s', '--square', dest='square', help='返回输入
值的平方', type=int)
args = vars(parser.parse_args())

if args['square']:
    print(args['square']**2)
```

步骤 1：使用 -h 参数查看帮助信息，结果如图 A-3 所示。

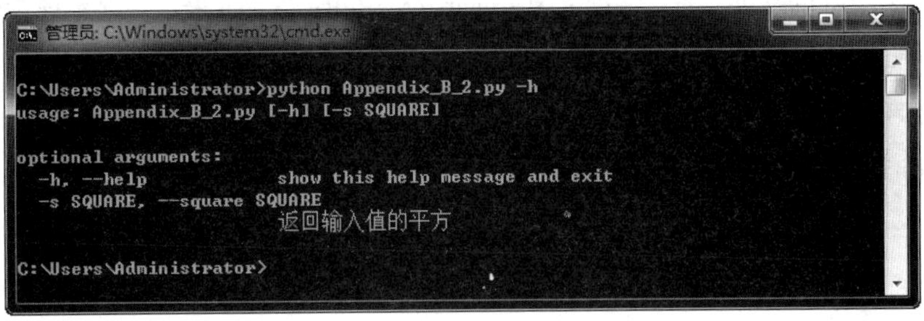

图A-3 使用-h参数运行并输出帮助信息

步骤 2：使用 -s 参数输入一个数字，程序返回了这个数字的平方，结果如图 A-4所示。

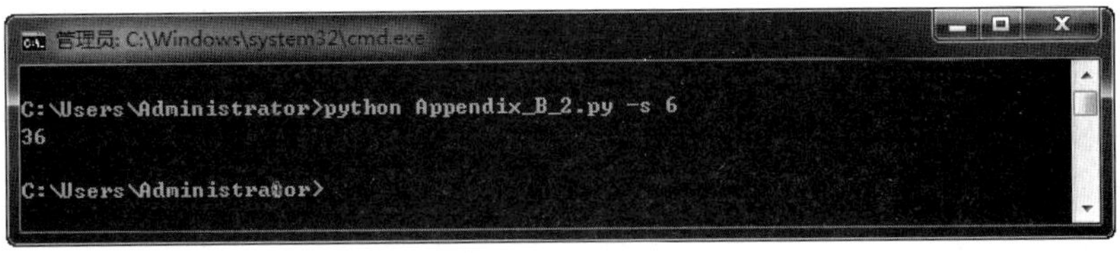

图A-4 使用-s参数输入数字参数，并返回该数字的平方值

add_argument() 方法原型如下。

```python
add_argument(name or flags...[, action][, store_const][, append]
[, append_const][, count][, nargs][, const][, default][, type][, choices]
```

```
[, required][, help][, metavar][, dest])
```
各参数及相应含义如下。

（1）name or flags：选项字符串的名字或者列表，如 foo 或者 -f, --foo。

（2）action：命令行遇到参数时的动作，默认值为 store。

（3）store_const：表示赋值为 const。

（4）append：将遇到的值存储成列表，如果参数重复则会保存多个值。

（5）append_const：将参数规范中定义的一个值保存到一个列表。

（6）count：存储遇到的次数，可以继承 argparse.Action 自定义参数解析。

（7）nargs：应该读取的命令行参数个数，可以是具体的数字，或者是"?"，当不指定值时对于定位参数使用 default，对于可选参数使用 const；或者是"*"，表示 0 或多个参数；或者是"+"，表示 1 或多个参数。

（8）const：action 和 nargs 所需要的常量值。

（9）default：不指定参数时的默认值。

（10）type：命令行参数应该被转换成的类型。

（11）choices：参数可允许值的一个容器。

（12）required：可选参数是否可以省略（仅针对可选参数）。

（13）help：参数的帮助信息。当指定为 argparse.SUPPRESS 时，表示不显示该参数的帮助信息。

（14）metavar：在 usage 说明中的参数名称。对于必选参数默认就是参数名称，对于可选参数默认是全大写的参数名称。

（15）dest：解析后的参数名称。默认情况下，对于可选参数选取最长的名称，并由中画线转换为下画线。

附录 B

Python编程代码的风格

程序代码除了被计算机执行，还会被其他人员反复阅读，因此编写代码时必须遵循一些基本原则和风格。

1. 基本原则

以下是编写代码时需要遵循的一些基本原则，不仅适用于 Python 语言，也适合其他程序开发场合。

（1）是代码就一定会被修改。

程序员是人不是神，所谓的大师、牛人在编写代码时也会犯错误，再加上越来越频繁的需求变更，修改（哪怕是半个小时之前写的）代码已经成为新常态。因此，编码者首先需要调整好心态，做好随时修改代码的心理准备。

（2）保持一致性。

代码风格的一致性分为内部一致性和外部一致性。内部一致性是指同一个项目内的代码风格要保持一致，同样类型的代码应放在一起以保持结构的一致性；外部一致性是指自己编写的代码风格和结构应尽量与团队中其他人保持一致，这不仅是团队开发的内在要求，也是其他开发人员加入该项目时的期望。

（3）写好注释。

良好的注释内容对于阅读者来说是愉快的阅读体验，可以从零开始快速了解代码结构、帮助理解代码意图，还可以解释代码中较为复杂的部分。有句话说得好，"注释写得好，编码结束早"。

（4）"奥卡姆剃刀"原则。

这个原则的原文是"Entities should not be multiplied unnecessarily"，通常被意译为"简单有效""最简单的办法通常是最好的办法"，等等。具体到代码编写工作中，可以理解为简单的系统（或流程）更容易维护（错误更少），应该以尽可能简洁的方式编写和组织代码。

2. PEP8标准（节选）

Python 社区大都遵循 Python 创始人 Guido van Rossum 编写并被大多数主流 Python 项目采用的名为 PEP8 的编码原则和风格指南，其最新版可以在 "https://www.python.org/dev/peps/pep-0008/" 找到。以下介绍其中部分重点内容。

（1）基本规则。

① 使用 4 个空格作为缩进而不是使用制表符。

② Python 3 中不允许混合使用 Tab 和空格缩进。

③ 关键字参数和默认值参数的前后不要加空格。

④ 在表达式的二元运算符前后加上单个空格（如 x + y，而不是 x+y）。在优先级高的运算符或操作符的前后不建议有空格。

⑤ 括号内避免空格（如 [1, 2, 3]，而不是 [1, 2, 3]），逗号、冒号、分号之前避免空格。

⑥ 限制所有行的最大行宽为 79 字符。文本长宽，如文档字符串或注释，其行长度应限制为 72 个字符。

⑦ 用两行空行分割顶层函数和类的定义，类的方法定义用单个空行分割。

（2）命名约定。

① 变量名和函数名使用下画线连接并且不使用驼峰式命名（如 my_var，而不是 myVar）。

② 作用域为内部的变量，在变量名前添加下画线（如 _interal_var）。

③ 类方法第一个参数是 cls，实例方法第一个参数是 self。如果函数的参数名与保留关键字冲突，通常在参数名后加一个下画线。

（3）版本标签。

如果需要在源文件中包含 git、Subversion 或 CVS 信息，将其放置在模块的文档字符串之后、任何其他代码之前，上下各用一个空行，例如：

```
__version__ = "$Revision$"# $Source$
```

（4）编程建议。

① None 比较用 is 或 is not，而不用等号。

② 使用函数定义 def 代替 lambda 赋值给标识符。

③ 异常类继承自 Exception，而不是 BaseException。

④ 捕获异常时尽量指明具体异常，而不是空的 except 子句。

⑤ 所有 try/except 子句的代码要尽量少，以免屏蔽其他的错误。

⑥ 函数或者方法在没有返回时要明确返回 None。

⑦ 使用字符串方法而不是 string 模块。

⑧ 使用 .startswith() 和 .endswith() 代替字符串切片来检查前缀和后缀。

⑨ 使用 isinstance() 代替对象类型的比较。

附录 C

Python常见面试题精选

1. 基础知识（7题）

题 01：Python 中的不可变数据类型和可变数据类型是什么意思？

题 02：请简述 Python 中 is 和 == 的区别。

题 03：请简述 function(*args, **kwargs) 中的 *args, **kwargs 分别是什么意思？

题 04：请简述面向对象中的 __new__ 和 __init__ 的区别。

题 05：Python 子类在继承自多个父类时，如多个父类有同名方法，子类将继承自哪个方法？

题 06：请简述在 Python 中如何避免死锁。

题 07：什么是排序算法的稳定性？常见的排序算法如冒泡排序、快速排序、归并排序、堆排序、Shell 排序、二叉树排序等的时间、空间复杂度和稳定性如何？

2. 字符串与数字（7题）

题 08：s = "hfkfdlsahfgdiuanvzx"，试对 s 去重并按字母顺序排列输出 "adfghiklnsuvxz"。

```
s = "add"
t = "apple"
```

题 09：试判定给定的字符串 s 和 t 是否满足 s 中的所有字符都可以替换为 t 中的所有字符。

题 10：使用 Lambda 表达式实现将 IPv4 的地址转换为 int 型整数。

题 11：罗马数字使用字母表示特定的数字，试编写函数 romanToInt( )，输入罗马数字字符串，输出对应的阿拉伯数字。

题 12：试编写函数 isParenthesesValid( )，确定输入的只包含字符 "（" "）" "{" "}" "[" 和 "]" 的字符串是否有效。注意括号必须以正确的顺序关闭。

题 13：编写函数输出 count-and-say 序列的第 n 项。

题 14：不使用 sqrt 函数，试编写 squareRoot( ) 函数，输入一个正数，输出它的平方根的整数部分。

3. 正则表达式（4题）

题 15：请写出匹配中国大陆手机号且结尾不是 4 和 7 的正则表达式。

题 16：请写出以下代码的运行结果。

```
import re
str =' <div class="nam" >中国</div>'
```

```
res = re.findall(r' <div class=".*">(.*?)</div>' ,str)
print(res)
```

题 17：请写出以下代码的运行结果。

```
import re

match = re.compile(' www\....?').match("www.baidu.com")
if match:
    print(match.group())
else:
    print("NO MATCH")
```

题 18：请写出以下代码的运行结果。

```
import re

example = "<div>test1</div><div>test2</div>"
Result = re.compile("<div.*").search(example)
print("Result = %s" % Result.group())
```

4. 列表、字典、元组、数组、矩阵（9题）

题 19：使用递推式将矩阵转换为一维向量。

题 20：写出以下代码的运行结果。

```
def testFun():
    temp = [lambda x : i*x for i in range(5)]
    return temp
for everyLambda in testFun():
    print (everyLambda(3))
```

题 21：编写 Python 程序，打印星号金字塔。

题 22：获取数组的支配点。

题 23：将函数按照执行效率高低排序。

题 24：以螺旋顺序返回以下矩阵的所有元素。

```
[[ 1, 2, 3 ],
[ 4, 5, 6 ],
[ 7, 8, 9 ]]
```

题 25：生成一个新的矩阵，并且将原矩阵的所有元素以与原矩阵相同的行遍历顺序填充进去，将该矩阵重新整形为一个不同大小的矩阵，但保留其原始数据。

题 26：查找矩阵中的第 k 个最小元素。

题 27：试编写函数 largestRectangleArea( )，求一幅柱状图中包含的最大矩形的面积。

5. 设计模式（3题）

题 28：使用 Python 语言实现单例模式。

题 29：使用 Python 语言实现工厂模式。

题 30：使用 Python 语言实现观察者模式。

6. 树、二叉树、图（5题）

题 31：使用 Python 编写实现二叉树前序遍历的函数 preorder(root, res=[ ])。

题 32：使用 Python 实现一个二分查找函数。

题 33：编写 Python 函数 maxDepth( )，实现获取二叉树 Root 的最大深度。

题 34：输入两棵二叉树 Root1、Root2，判断 Root2 是否是 Root1 的子结构（子树）。

题 35：判断数组是否是某棵二叉搜索树后序遍历的结果。

7. 文件操作（3题）

题 36：计算 test.txt 中的大写字母数。注意，test.txt 为含有大写字母在内、内容任意的文本文件。

题 37：补全缺失的代码。

题 38：设计内存中的文件系统。

8. 网络编程（4题）

题 39：请至少说出 3 条 TCP 和 UDP 协议的区别。

题 40：请简述 Cookie 和 Session 的区别。

题 41：请简述向服务器端发送请求时 GET 方式与 POST 方式的区别。

题 42：使用 threading 组件编写支持多线程的 Socket 服务端。

9. 数据库编程（6题）

题 43：简述数据库的第一、第二、第三范式的内容。

题 44：根据以下数据表结构和数据编写 SQL 语句，查询平均成绩大于 80 的所有学生的学号、姓名和平均成绩。

题 45：按照 44 题所给条件，编写 SQL 语句查询没有学全所有课程的学生信息。

题 46：按照 44 题所给条件，编写 SQL 语句查询所有课程第 2 名和第 3 名的学生信息及该课程成绩。

题 47：按照 44 题所给条件，编写 SQL 语句查询所教课程有 2 人及以上不及格的教师、课程、学生信息及该课程成绩。

题 48：按照 44 题所给条件，编写 SQL 语句生成每门课程的一分段表（课程 id、课程名称、分数、该课程的该分数人数、该课程累计人数）。

10. 图形图像与可视化（2题）

题 49：绘制一个二次函数的图形，同时画出使用梯形法求积分时的各个梯形。

题 50：将给定数据可视化并给出分析结论。

注：习题答案可扫描前言二维码获取。